普通高等教育“十一五”国家级规划教材

现代遥感导论

（第二版）

尹占娥　李巍岳　付　晶　编著

科学出版社

北京

内 容 简 介

本书主要介绍了遥感的基本概念、特征、原理以及遥感图像分析和判读的原理与方法。全书共 13 章：第 1 章主要介绍了遥感的概念、特性、技术系统以及发展历程、现状和未来趋势等内容。第 2～3 章主要介绍了遥感的物理基础与传感器相关理论。第 4～8 章主要介绍了遥感的主要类型及特征，包括航空遥感、地球资源卫星、微波遥感、热红外遥感和高光谱遥感，其中以航空遥感和陆地卫星为主介绍了遥感图像的目视判读和分析方法。第 9～13 章主要介绍了遥感数字图像分析的预处理方法、增强处理方法、分类和分类精度的评价方法等。

本书可作为地理科学、遥感科学与技术、测绘工程、环境科学等专业本科生教材，也可供相关专业研究生、教师以及各领域的广大遥感科学工作者参考。

图书在版编目（CIP）数据

现代遥感导论 / 尹占娥，李巍岳，付晶编著. 2 版. -- 北京：科学出版社，2025. 3. --（普通高等教育“十一五”国家级规划教材）. -- ISBN 978-7-03-080933-9

Ⅰ. TP7

中国国家版本馆 CIP 数据核字第 20241FG273 号

责任编辑：杨　红　郑欣虹 / 责任校对：杨　赛
责任印制：张　伟 / 封面设计：有道设计

科学出版社 出版
北京东黄城根北街 16 号
邮政编码：100717
http://www.sciencep.com
北京天宇星印刷厂印刷
科学出版社发行　各地新华书店经销
*
2008 年 7 月第　一　版　开本：787×1092　1/16
2025 年 3 月第　二　版　印张：15 1/4
2025 年 3 月第十七次印刷　字数：361 000

定价：59.00 元
（如有印装质量问题，我社负责调换）

第二版前言

截至 2024 年 7 月，《现代遥感导论》已经出版发行了 16 年。自本书出版以来，编者一直将其用于地理科学及相关专业的教学中，在使用过程中，对教材的内容有了新的认识与体会；此外，本书也被多所院校采用作为地理科学、环境科学等专业的遥感概论课程教材，多位授课教师对本书提出了一些意见与建议；随着遥感技术的迅速发展，也有必要对教材内容进行相应的更新。基于以上情况，编者对本书进行了修订。

第二版仍沿用第一版的结构和体系，但在多个方面进行了完善和改进，主要修订内容如下：

（1）完善和更新了相关内容。如第 1 章遥感的现状与趋势，第 4 章无人机航空摄影，第 6 章地球资源卫星等，第 12 章遥感图像计算机分类的其他分类方法等。

（2）对第一版教材中某些不够精准的表述进行了更正，并对个别图表进行了调整。

（3）完善了每章的思考题，便于读者和学生对教学中所述内容的理解和掌握。

（4）针对教材中涉及的遥感图像处理与信息提取方法，第二版采用流行的 ENVI 软件和新的遥感实习数据，对第一版中的实习内容进行了全面更新。有需要的读者可以发邮件至 dx@mail.sciencep.com 索取实验内容。

（5）为配合网络教学的需求和教学的方便，制作了微课视频，对重点内容进行讲解，并提供了部分遥感影像的彩图。读者可扫描下方二维码浏览相关数字化资源。

上海师范大学环境与地理科学学院尹占娥教授、李巍岳教授、付晶博士、刘睿博士、林昱坤博士参与了本书的修订，最后由尹占娥和李巍岳统稿并定稿。此外，还有很多学生和学者都对再版工作给予了很多支持，在此一并表示感谢。

在本次修订过程中，编者查阅了大量的参考文献，并引述了其中部分资料，在此谨向有关作者表示衷心的感谢。

由于编者水平有限，书中疏漏之处在所难免，敬请读者批评指正。

编著者

2024 年 4 月于上海

第一版前言

遥感是采集地表空间信息，探测其动态变化的现代技术。进入 21 世纪以来，遥感技术和遥感数据的分析方法已经取得了长足的进步，遥感应用的领域日益广阔。特别是米级以下高分辨率遥感数据的成功获取，进一步开拓了遥感数据应用的行业领域。遥感技术每天向人类提供全方位的对地观测数据，应用遥感数据解决国民经济很多领域的实际问题已成为趋势，遥感技术应用的发展已由研究阶段转入实用阶段。如何快速提取和挖掘遥感数据所提供的信息，是当前海量遥感数据在国民经济建设中发挥更大作用的关键。如果遥感数据能快速转入地理信息系统中，遥感技术就能更好地发挥实时管理决策的作用。

随着我国社会经济的迅速发展，急需培养大量遥感信息资源应用方面的人才，推广遥感技术在国民经济各领域的广泛应用。各高校的地理、地理信息系统、遥感、测绘、环境、生态、城市规划、国土资源等本科和研究生专业，都从不同的角度开设了各种类型的遥感课程。普通高等教育“十一五”国家级规划教材《现代遥感导论》是为高等院校各类相关专业遥感概论类课程而编写的，教材重点阐述遥感的基本原理、主要遥感数据的特征、遥感数据的目视分析解译和计算机分析处理方法等基础内容，突出遥感数据及其信息分析方法，注重遥感技术发展和前沿，加强遥感数据计算机处理的实践技能，强调遥感数据的信息理念，以满足高等院校本科遥感概论课程和研究生遥感应用课程的教学要求，为学生今后更进一步的深入学习和工作打下坚实的基础。

本书所附光盘主要是为教学使用方便而制作的，包括了教材中的重要示例遥感数据和图件（清晰图件），以及教材中有些章节设计的实习内容。实习内容编写成实习指导，配合书中相应章节的教学内容，加强遥感实践技能，理论联系实际，提高教学效果和水平。

本书是在长期教学实践过程中所编写的教学讲义的基础上，进一步修订而成的。为了适应遥感技术和分析方法的新发展，在本书编写过程中收集和整理了国内外大量相关教材和专著，并综合考虑了学生学习知识的渐进性及知识体系的全面与实用性，力求读者使用本书时能获得全面系统的遥感应用原理与方法，了解和掌握遥感技术的前沿与进展。

具体编写分工是：尹占娥，第 1 章、第 4～6 章、第 9～13 章；张安定，第 2、3 章；林文鹏，第 7 章；施润和，第 8 章；李卫江，第 10～13 章部分内容和实习指导。戴盛、殷杰、暴丽杰、陈珂、王飞、景垠娜等协助收集整理国内外资料、图表，并做了一些校对工作。全书由尹占娥统稿、修改和审定。

本书的编写得到教育部“十一五”国家级规划教材专家组的审定与支持，同时也得到了上海市教育委员会课程建设项目、重点学科建设项目“地理学与城市环境”(J50402)、国家自然科学基金重点项目（40730526）和上海师范大学重点培育学科项目（DZL801）的资助。华东师范大学许世远教授和刘敏教授，上海城市地理信息研究中心主任孙建中教授，上海师范大学温家洪教授都对本书的编写提出了不少建设性的建议。华东师范大学的益建芳老师提供了大量教学示例数据和资料。很多同事和同行业专家学者也对本书的编写提供了大量的帮助和支持。在此一并致以衷心的感谢。

由于遥感技术的快速发展和编者水平的限制，书中不当之处敬请读者批评指正。

编著者

2008 年 4 月于上海

目　　录

第1章　绪　　论

1.1　遥感概念

自古以来人类就在想方设法扩大自己感官的能力和感测的范围，古代神话中的千里眼和顺风耳即是人类梦寐以求的幻想。站得高看得远及借助望远镜对月球进行观测是人类最初的遥感萌芽。直到 1858 年，人类利用气球获得巴黎上空的第一张鸟瞰照片，人类从遥远空中感知地表的梦想才真正得以实现。

20 世纪初，莱特兄弟成功飞上了蓝天，人类第一次可以从高空鸟瞰地球。把照相机带上飞机，保存高空鸟瞰到的地面信息开启了航空摄影的时代。而当苏联宇航员加加林在遥远的太空，看到蔚蓝的地球时，航天遥感的时代就开始了。今天，随着航空航天技术的发展，人类可以自由地翱翔天空，随时随地监测人们生活的地球，这就是遥感探测技术的由来。

遥感是 20 世纪发展最迅速的科学技术之一。自 20 世纪 60 年代以后，遥感主要是指利用航空航天技术，宏观地研究地球、综合评价地球环境、进行资源调查与开发管理的一种技术手段。它是伴随着现代物理学（包括光学技术、红外技术、微波技术、雷达技术和全息技术）、空间科学、计算机技术等逐渐发展起来的一种先进、实用的探测技术。

遥感（remote sensing），顾名思义，就是从遥远的地方观察目标。遥感的科学定义就是从远处探测感知物体，也就是不直接接触物体，从远处通过探测仪器接收来自目标地物的电磁波信息，经过对信息的处理，判别出目标地物的属性。而广义遥感是泛指一切无接触的远距离探测，包括对电磁场、力场、机械波（声波、地震波）等的探测（吕国楷等，1995）。

1987 年 5 月，我国大兴安岭森林大火，过火有林地面积达 104.36 万 hm^2。有关部门根据卫星影像测得东西两个火区位置及发展趋势，及时准确地掌握火情，正确设置防火隔离带，确认人工增雨灭火具体地点，为迅速有效地指挥现场灭火提供了非常及时有效的信息。

遥感技术以遥感影像的方式提供地表的真实信息，一幅影像能够包含数千文字所表达的信息，影像能够表示物体的位置、大小及相互关系。通过眼睛观察影像而获得地面信息，称为遥感影像的目视解译（常庆瑞等，2004）。

人类对影像目视解译获取复杂信息的能力非常强，就连计算机都无法完全复制人类的这种能力。但是，人眼只能观察到可见光波段的地表特征。凭借现代物理学的成就和发展，通过遥感技术可以观察到包括可见光之外的其他波段，如红外线、紫外线和微波等的地表特征。例如，利用红外遥感研究地热、热污染及探测地下水等。

应用遥感影像研究地球表面很有优势，从影像上可以看出不同地物的分布模式和不同地物之间的空间关系。这样有利于利用遥感监视地面的变化，测量地物面积大小、深度和高度。概括来说，利用遥感影像获得地面信息是其他方法无法比拟的，它真实客观地记录了某一时刻一定地域范围的状况。通过遥感影像可以提取各类地面信息，但遥感影像与人们日常见到的普通像片不同，因此必须要学习和掌握遥感影像的特征和解译技巧，如遥感影像成像方式、比例尺和分辨率的概念、遥感探测的电磁波谱段等（周成虎等，1999）。

1.2 遥感的特性

1. 空间特性

运用遥感技术从飞机或卫星上获得的地面航空像片或卫星影像，比地面上观察的视域范围要大得多，为宏观研究地面各种自然现象及其分布规律提供了条件。根据探测距离的远近，目前遥感可以提供不同空间范围和宏观特性的影像，例如，一幅 1∶1 万航空像片可以表示 2.3km×2.3km 的地面，连续拍摄的航空像片又可以镶嵌为更大的区域，以便进行全区域宏观的分析和研究。卫星遥感影像覆盖的空间范围更大，以美国陆地卫星 5 号（Landsat-5）为例，它距离地面的高度是 705.3km，对地球表面的扫描宽度是 185km，一幅专题制图仪（thematic mapper，TM）图像覆盖的地面大小为 185km×185km，约为我国海南岛大小的面积。这为区域的宏观研究提供了有利的条件（秦其明，1993）。

2. 时相特性

不论航空还是卫星都能够周期成像，有利于动态监测和研究。一般卫星的成像周期短，可以获得多时段遥感影像。例如，Landsat-9 每天环绕地球 14 圈，覆盖地球一遍所需时间仅 16 天，如果两颗卫星同时运行，只需要 8 天。而气象卫星的周期更短，只有 0.5 天。航空遥感的成像周期取决于人为要求和计划，例如，上海的城市综合航空遥感飞行一般 4～5 年一次，近年来 2～3 年就重复飞行一次。总之，通过遥感的周期成像，可以反映地表过程动态变化，如作物病虫害、洪水、污染、火灾的情形和土地利用的变化、两极冰盖的变化等（杨清华等，2001）。

3. 波谱特性

遥感探测的波段从可见光向电磁波谱的两侧延伸，扩大了人们对地物特性的研究。目前遥感能探测的电磁波段有紫外线、可见光、红外线、微波。地物在各波段的性质差异很大，即使是同一波段内的几个更窄的波段范围也有不少差别。因此遥感可以探测到人眼观察不到的地物的一些特性和现象，扩大了人们观测的范围，加深了对地物的认识。例如，植物在近红外波段的高反射特性是人眼无法识别出来的，但是在彩色红外航片和 TM 的近红外波段的图像上能清晰地反映出来，事实上，遥感作为一门技术是对人类感知的延伸（宫鹏，2009）。

上述特性决定了遥感具有信息量巨大、受地面限制条件少、经济效益好、用途广等优势。例如，Landsat-5 所携带的专题制图仪（TM）共有 7 个电磁波通道，可以记录从可见光到热红外的电磁波信息，每秒可接收 100 亿个信息单位，而最先进的成像光谱仪在可见光到红外波段具有 100～200 多个波段。遥感图像为在自然条件恶劣、地面工作困难的地区（高山峻岭、密林、沙漠、沼泽、冰川、极地、海洋等）或因国界限制而不宜到达地区开展研究工作提供了有利条件。

1.3 遥感的分类

目前遥感主要从以下 6 个方面进行分类。

1. 遥感探测的对象

（1）宇宙遥感：是对宇宙中的天体和其他物质进行探测的遥感。

（2）地球遥感：是对地球和地球上的事物进行探测的遥感。以地球表层环境（包括大气圈、陆海表面和陆海表面下的浅层）为对象的遥感，称为环境遥感，它属于地球遥感。在环境遥感中，以地球表层资源为对象的遥感，称为地球资源遥感（郑威和陈述彭，1995）。

2. 遥感平台

（1）航天遥感：在航天平台上进行的遥感称为航天遥感。航天平台有探测火箭、卫星、宇宙飞船和航天飞机。其中以卫星为平台的遥感称为卫星遥感。航天平台一般位于距地表150km以上的空中。

（2）航空遥感：在航空平台上进行的遥感称为航空遥感。航空平台包括飞机和气球，其中飞机是航空遥感的主要平台。航空平台一般处于距地表12km以下的空中。

（3）地面遥感：平台处在地面或近地面的遥感。地面平台有三脚架、遥感车、遥感塔和船等。地面遥感一般只作为航空遥感和航天遥感的辅助手段，为它们提供地面试验的参考数据。

3. 遥感获取的数据形式

（1）成像方式遥感。分为两类，①摄影方式遥感，以照相机或摄影机进行的遥感。②扫描方式遥感，以扫描方式获取图像的遥感，如TM、雷达等。

（2）非成像方式遥感。不能获取遥感对象的图像的遥感，如光谱辐射计只能得到一些数据而不能成像。

4. 传感器工作方式

（1）被动遥感：传感器只能被动地接收地物反射的太阳辐射电磁波信息进行遥感，这样的遥感即被动遥感。目前主要的遥感方式是被动遥感。

（2）主动遥感：传感器本身发射电磁波，并接收目标地物反射回来的电磁波，这种探测地物信息的遥感即主动遥感，雷达即属于主动遥感。

5. 遥感探测的电磁波

包括可见光遥感、红外遥感、微波遥感、紫外遥感等。现在常用的是前三种遥感，紫外遥感只用于某些特殊场合，如监测海面石油污染情况。

6. 遥感应用

包括地质遥感、地貌遥感、农业遥感、林业遥感、草原遥感、水文遥感、测绘遥感、环保遥感、灾害遥感、城市遥感、土地利用遥感、海洋遥感、大气遥感和军事遥感等。

遥感分类如图1.1所示。

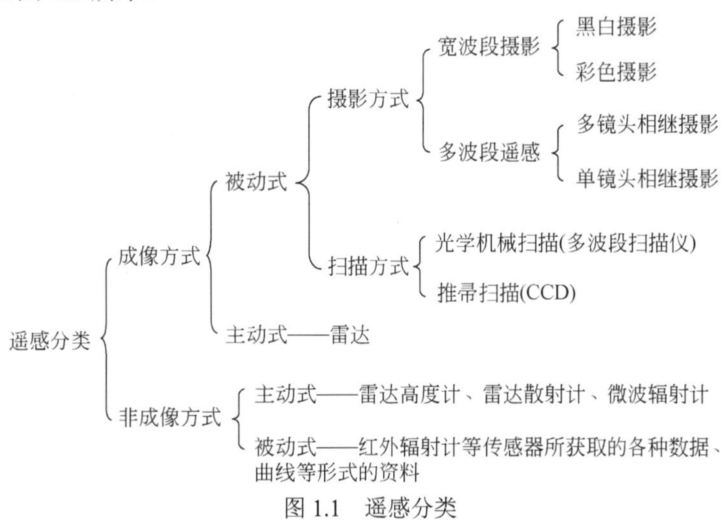

图1.1　遥感分类

（CCD：电荷耦合器件，charge coupled device）

1.4　遥感技术系统

遥感技术系统主要由遥感平台、传感器、遥感信息的接收和处理、遥感图像判读和应用四个部分组成。

1. 遥感平台

遥感平台是指遥感中搭载传感器的运载工具。遥感平台的种类很多，按平台距地面的高度大体上可分为 3 类：地面平台、航空平台和航天平台。

图 1.2　遥感车

地面平台是指用于安置传感器的三脚架、遥感塔、遥感车（图 1.2）等，高度在 100m 以下。通常三脚架的放置高度在 0.75～2.0m，在三脚架上放置地物波谱仪、辐射计、分光光度计等地物光波测试仪器，用于测定各类地物的野外波谱曲线。遥感车、遥感塔上的悬臂常安置在 6～10m 甚至更高的高度上，在这样的高度上对各类地物进行波谱测试，可测出地物的综合波谱特性。为了便于研究波谱特性与遥感影像之间的关系，也可将成像传感器置于同高度的平台上，在测定地物波谱特性的同时获取地物的影像（童庆禧，1990）。

航空平台主要是指高度在 12km 以内的飞机和气球平台。按照飞机不同的飞行高度，又可分为低空平台、中空平台和高空平台。在航空平台上进行的遥感称为航空遥感。

图 1.3　航天平台

航天平台（图 1.3）是指高度在 150km 以上的人造地球卫星、宇宙飞船、空间站和航天飞机等。在航天平台上进行的遥感称为航天遥感。航天遥感可以对地球进行宏观的、综合的、动态的和快速的观测。目前对地观测中使用的航天平台主要是人造地球卫星。按人造地球卫星运行轨道高度和寿命，可分为 3 种类型：①低高度、短寿命卫星，轨道高度为 150～350km，寿命只有几天到几十天。可获得较高地面分辨率的图像，多数用于军事侦察，最近发展的高空间分辨率小卫星遥感多采用此类卫星。②中高度、长寿命卫星，轨道高度为 350～1800km，寿命一般为 3～5 年。属于这类的有陆地卫星、海洋卫星、气象卫星等，是目前遥感卫星的主体。③高高度、长寿命卫星，也称为地球同步卫星或静止卫星，高度约为 36000km，寿命长达 10 年以上。这类卫星大多是通信卫星和气象卫星，也用于地面动态监测，如火山、地震、林火监测及洪水预报等（刘良明，2005）。

气象卫星是以研究全球大气要素为目的，海洋卫星是以研究海洋资源和环境为目的，陆地卫星是以研究地球资源和环境动态监测为目的。这三者构成了地球环境卫星系列，它们在实际应用中互相补充，使人们能从不同角度对大气、陆地和海洋及它们之间的相互联系进行研究，或用来研究地球或某一个区域各地理要素之间的内在联系和变化规律（张永生和王仁礼，1999）。

2. 传感器

传感器（remote sensor）也称为遥感器或探测器，是远距离感测和记录地物环境辐射或反射电磁波能量的遥感仪器，通常安装在不同类型和不同高度的遥感平台上。它的性能决定遥感的能力，即传感器对电磁波段的响应能力、传感器的空间分辨率及图像的几何特征、传感器获取地物信息量的大小和可靠程度。传感器是遥感技术系统的核心部分。

传感器根据记录方式的不同，分为成像方式和非成像方式两类。非成像方式是传感器把所探测到的地物辐射能量，用数字或曲线图表示，如光谱辐射计、微波辐射计、红外辐射温度计、激光高度计等。成像方式是传感器把所探测到的地物辐射能量，用图像形式表示，如航空摄影机、多光谱扫描仪（multi-spectral scanner，MSS）、专题制图仪（TM）等。

3. 遥感信息的接收和处理

遥感信息主要是指由航空遥感和卫星遥感所获取的胶片和数字图像。对于航空遥感信息一般是航摄结束后待航空器返回地面时回收，又称为直接回收方式。对于卫星遥感信息（如Landsat 等），不可能用直接回收方式，而是采用视频传输方式接收遥感信息。视频传输是指传感器将接收到的地物反射或发射电磁波信息，经过光电转换，将光信号转变为电信号，以无线电传送的方式将遥感信息传送到地面接收站。根据数据是否立即传送回地面接收站，又可分为实时传输和非实时传输。实时传输是指传感器接收到信息后，立即传送回地面接收站。非实时传输是将信息暂时存储在磁盘上，待卫星通过地面接收站接收范围时，再把数据发送到地面接收站，也称为延时传输。

地面接收站接收到的遥感信息，受到多种因素的影响，如传感器性能、平台姿态不稳定性、大气、地球曲率、地形起伏等，使得遥感图像上记录的地物几何特性和光谱特性发生变化，即几何畸变和光谱畸变。因此必须经过地面接收站的一系列校正后，主要是辐射校正和几何校正，才能提供给用户使用。辐射校正是消除图像在灰度方面的失真和干扰，几何校正是消除图像的几何畸变，进行图像的投影变换和配准等。

4. 遥感图像判读和应用

遥感图像的判读是将遥感图像的光谱信息转化为用户的类别信息，也就是为了有效地利用遥感数据，对数据进行分析分类和解译，从而将图像数据转化为能解决实际问题的有用信息。只有掌握了遥感数据的解译方法和解译过程，才能有效提取影像上不同类型的地物信息。从不同的应用角度研究相同的遥感数据，能产生不同的解译结果。因此，根据分析的不同目的，一幅影像经过解译后能提供如土壤、土地利用或者水文等信息，因此遥感图像判读是遥感信息应用的基础。图像判读分为目视判读和计算机分类。目视判读是通过人眼观察，依据判读标志和遥感图像的成像原理及区域的地理特征等，识别地物的类型或属性，并编制判读专题地图。计算机分类是依据图像灰度值的统计特征，采用一定算法对数字图像进行归类，形成分类图。根据分类方法的不同，有监督分类、非监督分类、半监督分类、模糊分类、神经元网络分类、模式识别等分类方法。

图像判读是按照应用目的和要求进行的。例如，应用于农业，要判读出土壤类别信息和作物类型信息，形成土壤分类图和作物分类图等；应用于林业和生态，要判读出植物或植被类型信息，形成植被分类图；应用于地质，要判读出岩石类型信息和地质构造信息，形成岩石类型图和地质构造图；应用于地貌，要判读出地貌类型信息，形成地貌类型图；应用于土地研究，要判读出土地利用类型信息，形成土地利用类型图等。遥感图像经过判读出的数据可以与其他数据集成在地理信息系统（geographic information system，GIS）中解决某些实际问题，例如，遥感数据能提供精确的土地利用信息，这些信息能与土壤、地质或交通信息和行政边界等集成在 GIS 中，进行垃圾掩埋场选址、土地利用规划、矿产开采或水体质量制图等。

遥感过程和遥感技术系统如图 1.4 所示。

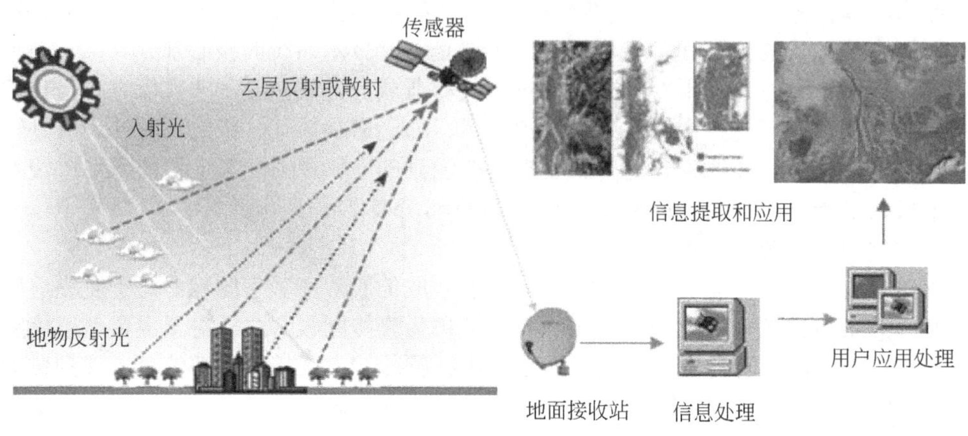

图 1.4　遥感过程和遥感技术系统

1.5　遥感的几个基本术语

遥感技术及其应用还处于发展阶段，所以它的基本理论和方法并不完善，很多科学家还致力于研究遥感中许多基本原理和方法。下面列出目前遥感技术及应用中一些重要的概念和术语（陈述彭，1990）。

1. 地物光谱差异

地物光谱的差异是进行遥感的基础。地物的光谱差异主要表现在以下几个方面：①不同地面物体反射或发射能量之间的光谱差异，遥感图像通过记录这个能量差异来判别地表不同物体的属性和分布特征。例如，由于玉米和小麦两种作物的光谱特征差异，在遥感影像上就能够把它们区分开来。②不同地面物体的反射或发射能量是随波长而变化的，利用不同波长的电磁波探测地面物体，获得遥感的多波段图像能反映这种地物在不同波段的光谱差异，从而可以获得识别地物的有用信息。③不同时期地物的反射或发射能量之间的光谱差异。就同一种农作物光谱特征来说，在播种的时候是一种光谱反射值，在生长初期是另一种光谱反射值，而在成熟和收获阶段又有着完全不同的光谱反射值。因此，同一种作物在其不同的生长期反射信息也是有差异的。不同时间进行遥感探测，就可以获得地物的不同光谱特征差异的图像，从而可以区分不同的地物类型。因此，在特定的时间和地点，应用不同地物的光谱反射差异，可以作为区分地物的重要特征。研究地物光谱特征差异是进行遥感的基础工作。“光谱特征”这个术语就是用来表达在某个波长范围内观测地物所得到的反射信息（Parker and Wolff，1965）。对于初学者而言，这个术语是比较难以准确掌握的，因为它所表达的光谱差异很难用眼睛在自然界中观察到。

2. 辐射记录差异

研究任何遥感影像都依赖于物体与目标地物的亮度差异。影像本身必须具备足够的亮度对比，才能在遥感影像判读前被传感器准确记录。因此，传感器的灵敏度以及地物与背景之间的对比度，都是遥感研究中的重要因素。

3. 空间分辨率差异

空间分辨率决定了影像的空间细节水平。空间分辨率取决于很多因素：①传感器。对于航空摄影遥感系统，航空摄影镜头和胶片质量决定了空间细节水平（空间分辨率）；而对扫描成像遥感系统，传感器记录的最小地面采样单元的大小决定了空间细节水平（空间分辨率）。不同类型传感器获取的影像其空间分辨率是不同的。②成像高度。③地面景观的空间复杂度。对于地面空间景观不太复杂的地区（如大的草原或牧场），用较低的空间分辨率影像就可以清晰地表示；而对于地面景观极其复杂的地区，则需要较高的空间分辨率影像才能较好地反映地物特征，例如，城市空间景观就需要高分辨率的影像。

4. 几何误差

每幅遥感影像都是通过一定的几何关系来表达地面景观，这种几何关系是由遥感仪器的设计、成像方式、地形起伏及其他一些因素决定的。理想的情况是遥感仪器获得的影像与地面景观具有一致几何关系，即地面点与影像上相应点之间的精准几何关系，这样的影像能够进行精确的面积和距离等测量工作。而实际上，任何影像都具有一定的位置误差，这主要是传感器镜头的观察角度、扫描仪的运动，地形起伏和地球的曲率造成的。不同的遥感影像具有不同的误差源，但几何位置误差是所有遥感影像所共有的，并非偶然发生，这也是遥感影像的一个共同特点。可以用不同的方法消除或者减小这种位置误差，但遥感影像用于测量面积和距离时，一定存在几何误差问题。因此在应用遥感数据时，几何误差是应该加以注意的。

5. 像片格式与数字格式的可转换性

大多数遥感系统都能生成地球表面的像片格式，而任何影像又都能以数字格式来表示。像片格式的影像通过重采样用离散的格网形式的值来表示地物的亮度，就转换成了数字格式。相反，数字格式的遥感影像，可以生成和输出为像片格式的影像。

像片格式与数字格式这两种类型的遥感数据是两种不同的数据表示方法，但它们所要表达的信息却是相同的。根据研究需要任何影像可以采取任意一种表示格式，但这两种格式转换时会有一定的信息损失。

6. 遥感成像系统

在遥感成像的复杂系统中，各组成部分紧密协作、缺一不可。如今，仅提升传感器镜头品质已无法满足高精度成像需求，提升与之适配的图像记录介质至关重要。在传统胶片时代，胶片质量必须与镜头协同优化，方可捕捉镜头观测到的细微特征，提升影像空间分辨率，丰富影像细节信息。

目前，数字图像技术蓬勃发展，成为遥感成像的关键技术。数字传感器性能不断进阶，其像元尺寸持续缩小、灵敏度大幅跃升、光谱响应范围精准拓展，有效提高了遥感影像的分辨率与精度。数据采集卡、信号传输链路等部件也不断革新，以保障海量、高速图像数据稳定、精准传输与高效存储。同时，图像处理算法持续优化，可有效抑制噪声、增强图像对比度、锐化边缘、精准校正几何畸变与辐射误差，深度挖掘图像细节与特征，有力提升了图像质量与信息丰富度。

总之，遥感成像需要构建各部件协同进化、高度适配的有机整体，方能满足多元遥感应用对高精度图像数据的严苛需求，为地理测绘、环境监测、农业评估、城市规划等领域提供丰富数据与精准决策依据。

7. 大气作用

对于可见光和近红外的卫星遥感而言，传感器所接收的能量必须要经过相当厚度的地球大气层。太阳辐射的强度和波长在经过地球大气层时会与大气中的粒子和气体发生吸收和散射作用，这会影响遥感影像的质量，降低解译精度。所有能量在到达遥感仪器前都会经过大气的衰减作用，这就是所谓的大气作用。

1.6 遥感的发展历程

遥感领域发展的重要事件（表 1.1）体现了这一领域的发展历程，主要分为以下几个阶段。

表 1.1 遥感领域发展的重要事件

年份	重要事件
1800 年	威廉姆发现了红外线
1839 年	照相技术开始应用
1847 年	菲索和傅科发现了红外光谱与可见光具有相同特性
1850～1860 年	在气球上携带照相机进行了拍摄
1873 年	麦克斯韦发展了电磁能量理论
1909 年	莱特兄弟在飞机上携带照相机进行了拍摄
1914～1918 年	进行了航空侦察
1920～1930 年	航空摄影和航空摄影测量开始应用
1929～1939 年	美国政府开始应用航空像片研究环境问题
1930～1940 年	德国、美国、英国开始雷达技术的研究
1939～1945 年	第二次世界大战期间：开始了可见光以外电磁光谱的应用和航片解译与培训工作
1950～1960 年	美国军方从事空间研究和发展
1956 年	利用红外遥感研究探测植物病虫
1960～1970 年	“遥感”术语开始使用 气象卫星［电视红外观测卫星（television infrared observation satellite，TIROS）］发射 天空实验室（Skylab）发射
1972 年	陆地卫星 1 号发射
1970～1980 年	数字图像处理开始快速发展
1980～1990 年	陆地卫星 4 号发射（携带了新一代的陆地卫星传感器）
1986 年	法国地球观测卫星（Satellite Pour L' Observation De La Terre）发射
1980～1989 年	开始发展高光谱传感器
1990～1999 年	开始发展全球遥感系统（1999 年中巴地球资源卫星发射）
1999 年	陆地卫星 7 号发射（携带了增强型专题制图仪）、中巴地球资源卫星发射
2000～2009 年	开始发展商业卫星
2001 年	QuickBird-1 卫星发射，提供了亚米级（0.61m）分辨率的高分影像
2003 年	ICESat-1 卫星发射，搭载了全球首个地球科学激光测高系统
2007 年	WorldView-1 卫星发射，提供了 0.5m 分辨率全色影像
2012 年	WorldView-2 卫星发射，提供了 0.5m 分辨率全色影像和 1.8m 分辨率多光谱影像 资源三号（ZY-3）卫星发射，是中国第一颗自主的民用 2.1m 高分辨率立体测绘卫星
2013 年	陆地卫星 8 号发射（携带了两个传感器：陆地成像仪和热红外传感器） 中国高分 1 号卫星发射，是我国首颗设计、考核寿命要求大于 5 年的低轨卫星

续表

年份	重要事件
2014 年	Worldview-3 卫星发射，提供了 0.31m 分辨率全色影像、1.24m 多光谱影像、8 波段短波红外影像和 12 个 CAVIS 波段影像
2016 年	Worldview-4 卫星发射，提供了 0.31m 高分辨率全色影像和 1.24m 分辨率多光谱卫星影像
2018 年	ICESat-2 卫星发射，搭载了先进的高级地形激光测高仪系统
2021 年	陆地卫星 9 号发射，携带了第二代陆地成像仪和热红外传感器
2022 年	陆地卫星 9 号数据正式向公众开放，继续为全球用户提供高分辨率地表变化监测服务
2024 年	由多个国家合作完成的碳监测卫星网络开始运行，进一步提升对碳排放的全球性动态监测

1.6.1 摄影术阶段

遥感的起源基于摄影技术的发明和发展。在 19 世纪早期，许多科学家进行了感光化学物质的实验，人类首次获取了影像。1839 年路易斯·戴格尔公开发表了对感光化学物质的实验报告，标志着摄影术的诞生。

1.6.2 空中气球摄影阶段

1858 年，人类首次借助气球，从高空拍摄地球表面的照片。在接下来的数年中，摄影技术突飞猛进，从气球和风筝上获取地面照片的方法也有了很大的提高。这些地面的空中照片可以认为是最初的遥感。

1.6.3 飞机摄影阶段

利用飞机作为获取航空像片的平台成为遥感发展的又一个重要里程碑。1909 年，莱特兄弟驾驶飞机拍摄了意大利 Centocelli 附近地面景观照片，这被认为是从飞机上获取的最早的航空像片。飞机能很好地控制速度、高度和方位，保障区域航空像片的一致性，奠定了航空遥感的发展基础。

第一次世界大战（1914～1918 年）发展了获取航空像片的常规方法。在战争中，人们专门设计了航空摄影的仪器，同时在影像获取、处理和解译等方面培养和训练了许多专业人才。第一次世界大战结束后，许多战争中拍摄的航空像片开始转向民用，成为航空遥感发展的重要阶段。

1.6.4 航空遥感阶段

航空遥感在民用的过程中又得到了很多改造。首先，人们对照相机进行了改进，专门设计了飞机上使用的航空摄像机。其次，发展了专用的航空像片分析设备，如航空摄影测量仪，形成了在航空像片上进行精确测量的一门科学，即航空摄影测量学。虽然摄影测量学的基本理论由来已久，但直到 20 世纪 20 年代，随着精确摄影测量仪器的使用，现代摄影测量学才开始形成。这些改进和进步成为遥感发展的又一个里程碑。

在政府的国民经济开发项目中，航空摄影技术开始逐渐得到应用，最初用于编制地形图，后来又逐渐用于土地调查、地质制图、森林调查及农业统计等。随着航空像片在资源环境调查中的不断应用，使用航空像片的方法和流程等实践经验得以积累。

第二次世界大战（1939～1945 年）是遥感发展历史上的一个重要里程碑。在战争期间，电磁波的使用范围从可见光波段扩展到了其他波段，其中最值得注意的是远超过人类视觉范围的红外和微波区域。这些光谱知识在战前 150 年就已在基础科学和应用科学中发展起来。然而，由于这场战争的迫切需要，这些波段的应用和发展才突飞猛进。这些对可见光及其他波段遥感的发展是非常重要的。

此外，战争时期大批具有丰富经验的航空摄影飞行员、相机操作人员和像片解译人员，成为战后重要的遥感工作人才，他们将摄影和解译的技巧和经验转到战后的民用中，从而使航空遥感的应用领域更加广泛。

因此，战争结束后一段时期（1946～1960 年），航空遥感的发展主要有两个方面：一方面是军用技术转向民用；另一方面，西方国家和苏联的冷战为进一步发展侦察技术创造了环境。当军方有了更新、更精密的照相设备时，就会将一些已淘汰的旧技术应用于民用领域。这期间为遥感技术在民用领域中发展作出最重要贡献的是罗伯特·科威尔。他运用彩红外胶片来识别农作物类型、长势及其他植物学特征。尽管他研究中所用的许多基本原理早已经有了，但其系统的应用研究仍是遥感领域发展的里程碑。同时，科威尔还论述了现代遥感的发展趋势及发展的机遇与挑战。

20 世纪 60 年代遥感有了一系列重大发展。①第一颗气象卫星在 1960 年 4 月发射升空。设计这颗卫星的目的是进行气候和气象观测，但它为日后地面观测卫星的发展打下了基础。这一时期，一些曾经用于军事侦察的遥感仪器被引入了民用。②在这样的背景下，“遥感”术语第一次出现了。一位在美国海军研究办公室工作的科学家伊夫琳·普鲁伊特提出了这个术语，她发现当时的“航空摄影术”这个术语已无法精确地描述可见光波段以外的电磁波所形成的各类影像。“遥感”这一术语在 1962 年美国密执安大学召开的第一次国际环境遥感讨论会后被普遍采用。③遥感研究项目启动。20 世纪 60 年代早期，美国国家航空航天局（National Aeronautics and Space Administration，NASA）开启了有关遥感的研究项目，旨在未来的几十年能支持美国各个研究机构对遥感的研究。与此同时，美国国家科学院将遥感研究运用于农业和林业。1970 年，美国国家科学院公布了研究成果，其中概要地描述了遥感信息调查的发展前景。

1.6.5 卫星遥感阶段

1972 年，Landsat-1 发射成功，它是第一颗用来观测地面区域的卫星，成为遥感历史上一个新的里程碑。Landsat-1 实现了第一次系统地、重复地观测地面区域。每幅 Landsat-1 影像就是不同波段的电磁波所获得的大面积地面信息，可供多方面的实际应用。Landsat-1 有三点非常突出的贡献：第一，为研究提供了多光谱数据；第二，推动了遥感影像数字分析快速发展，在 Landsat-1 发射之前，影像分析通常由目视解译来完成；第三，Landsat-1 成为后续其他陆地观测卫星发展的基础和标准。

20 世纪 80 年代，传感器技术不断发展，各种陆地卫星相继发射。美国喷气推进实验室（Jet Propulsion Laboratory，JPL）的科研人员在 NASA 的资助下，开发了前所未有的高光谱分辨率的遥感仪器。在此之前，多光谱传感器所采集的数据来自于较宽的光谱区域，但这种新的仪器能采集 200 或更多的非常精确的光谱区域。这些仪器开创了高光谱遥感的研究，将遥感的分析能力提高到了一个新的高度，并且为更好地开发未来遥感系统的功能提供了良好的基础。

1986年以来，法国相继发射了SPOT系列卫星，SPOT-1、SPOT-2、SPOT-3上均装有两台高分辨率可见光（HRV）相机。可获取10m分辨率的全色波段遥感图像及20m分辨率的三波段遥感图像。SPOT-4增加了新的中红外波段，还装载了一个植被仪，增强了对植物的识别能力。Landsat和SPOT卫星项目为全球中等分辨率地球观测数据收集做出了贡献。

到了20世纪90年代，卫星系统已经成为采集整个地球表面信息的主要手段。尽管Landsat已经具备这种能力，但1990年以来，气象卫星的大范围成像成为全球遥感的基础。到1999年12月，NASA发射了Terra-1卫星，它成为第一颗专门设计用来获取覆盖全球信息的卫星系统，用来监测自然界发生的变化及地球生态系统的变化。这些数据开启了大尺度遥感地球的时代，从而成为又一个里程碑。

与此同时，欧洲空间局、日本相继发射了欧洲遥感卫星（European remote sensing satellite，ERS）和日本地球资源卫星（Japanese earth resources satellite，JERS），印度、俄罗斯也相继发射了IRS（Indian remote sensing satellite）和RESURS系列卫星。1995年加拿大发射了RADARSAT-1雷达卫星，标志着卫星微波遥感技术的重大进展，为国际遥感数据市场做出了重要贡献。它的地面分辨率、成像行宽和波束入射角都有较宽的选择范围，除用于监测陆地及海洋外，RADARSAT-1为南极大陆提供了第一个完全的高分辨率卫星覆盖，在监测全球气候变化中起到了重要作用。我国在1998年的长江抗洪抢险中，采用该颗卫星提供的图像进行了水情分析。1999年美国国家航空航天局与地质调查局（United States Geological Survey，USGS）合作发射了Landsat-7，其携带的传感器为增强型专题制图仪（enhanced thematic mapper plus，ETM），增加了一个15m分辨率的全色波段，并且热红外通道的空间分辨率也提高了一倍，达到60m。其目标是对全球变化保持长期连续的监测，建立和定期更新绝大部分无云的、太阳照射的陆地图像的全球档案，其尺度能清晰地观测人类活动的迹象（李小文等，2001）。

21世纪是遥感快速发展的阶段。主要体现在两个方面：①高空间分辨率的卫星数据相继出现。2000年，美国光谱成像公司成功发射了高分辨率商用小卫星IKONOS，星上装有柯达公司制造的数字相机，可采集1m分辨率的黑白影像和4m分辨率的多光谱（红、绿、蓝、近红外）影像。2001年10月由美国DigitalGlobe公司发射的QuickBird卫星，提供数据的分辨率可达0.61m。这些高分辨率的遥感数据对于军事和民用方面均有重要用途。2013年2月，美国发射了Landsat-8，该卫星在Landsat-7基础上增加了一个深蓝波段（0.433～0.453μm），用于检测近岸水体和大气中的气溶胶（胡秀清等，2006）；此外，在原近红外波段新增了一个波段（1.360～1.390μm），该波段具有水汽强吸收特征，常用于云检测，有学者又将这个波段称为卷云波段。2021年9月，美国国家航空航天局与地质调查局发射了最新的Landsat-9，该卫星与Landsat-8共享运行轨道，每8天收集一次横跨整个地球的影像。Landsat-9携带第二代陆地成像仪（operational land imager 2，OLI-2）和第二代热红外传感器（thermal infrared sensor 2，TIRS-2）。OLI-2将捕获地球表面可见光、近红外和短波红外波段的观测数据，辐射测量精度从Landsat-8的12位量化提高到14位量化，并略微提高了总体信噪比；TIRS-2改进了Landsat-8的TRIS，解决已知问题，包括杂散光侵入和仪表场景选择镜故障。Landsat-9将增强人类衡量全球陆地表面变化的能力，能够区分人为和自然原因，成为监测地球健康状况的国际战略的重要组成部分，分别应用于陆地、海洋和大气的监测。②发展中国家也开始研制和发射系列卫星。1999年10月，中国和巴西联合研制的中巴地球资源卫星（China-Brazil earth resources satellite，CBERS）即资源一号（ZY-1）卫星发射成功，这是我国第一颗高速传输式对地遥感卫星，经过在轨测试阶段后已转入应用运行阶段（姜景山，1999）。其地面分辨率有 19.5m、78m、156m 和 256m 四种，在北京、广州和乌鲁木齐 3 个地面接收站都可以接收该卫星的数据，推动了我国遥感事业的进一步发展。2013 年 4 月，高分一号卫星（GF-1）发射成功（孙伟伟等，2020），这颗卫星是我国高分辨率对地观测系统的首发卫星。该卫星提供 2m 全色、8m 多光谱和 16m 多光谱宽幅影像组图，能够为国土资源部门、农业部门、气象部门、环境保护部门提供高精度、宽范围的空间观测服务，在地理测绘、海洋和气候气象观测、水利和林业资源监测、城市和交通精细化管理，疫情评估与公共卫星应急、地球系统科学研究等领域发挥重要作用。

1.6.6　中国的遥感发展简况

20 世纪 30 年代，我国曾在个别城市进行过航空摄影，这可以说是我国最早的遥感活动。到了 50 年代，随着我国经济建设的恢复和发展，系统地开展了以地形制图为主要目的的可见光黑白航空摄影工作，同时对航空像片进行了一些地质判读应用的试验工作。在这一时期，原地质部、水利部、铁道部等部门都建立了专门机构来从事这方面的工作，我国也是在这个阶段基本完成了全国范围的第一代航空摄影工作。

20 世纪 60 年代初期，我国航空摄影工作已经初具规模，完成了我国大部分地区的航空摄影测量工作，应用范围不断扩展。60 年代中期，铁道部设计院对 23 条铁道设计线路进行了航空目测，对 24 条设计线路运用小比例尺航空像片进行了地质信息判读。中国科学院地质研究所和地理研究所等单位运用航空像片对邢台地震地质进行了判读分析。有关院校也都开设了航空摄影学课程，培养了一批专业人才，为我国遥感事业的发展打下了基础。

从 20 世纪 70 年代开始，我国的遥感事业迅速发展，逐步由航空遥感发展到航天遥感。1973 年，陈述彭等几位科学家参加了在墨西哥召开的国际学术会议，了解到国外遥感技术的发展情况后，在我国也积极开展相关遥感研究。1975 年 11 月，我国发射的科学实验卫星在正常运行之后按计划返回地面，获得的图像质量良好。1978 年发射的“尖兵一号”卫星，携带了精密的摄影机，专门用于科学考察，在空间运行 4 天后，带着丰富的遥感资料返回地面。1979 年，中国科学院遥感应用研究所组建，并进行了腾冲资源遥感、天津城市环境遥感和四川二滩能源遥感，这三个事件后来被称为中国遥感事业起步的“三大战役”。

20 世纪 80 年代，我国在农业、林业、海洋、地质、石油、环境监测等方面积极开展遥感试验，取得了丰硕的成果。1985 年 10 月，我国成功发射并回收的国土资源卫星，以国土资源调查为主要目的，提供了黑白和彩色红外像片。1986 年，我国建成了遥感卫星地面站，逐步形成了接收美国 Landsat、法国 SPOT、加拿大 RADARSAT 和中国-巴西 CBERS 等 7 颗遥感卫星数据的能力。

20 世纪 90 年代，我国的遥感事业得到了长足的发展，大大缩短了与世界先进水平的差距。在这一时期，我国又先后发射了十多颗不同类型的人造地球卫星，其中包括太阳同步的风云一号和地球同步轨道的风云二号。1999 年 10 月 14 日，中国和巴西联合研制的中巴地球资源卫星即资源一号（ZY-1，国际上称为 CBERS）卫星成功发射，使我国拥有了自己的资源卫星。

进入 21 世纪，我国已经全面形成了遥感技术与应用的发展能力，在某些方面已处于世界领先水平。遥感信息直接为国家多种决策提供了科学依据，获得了各行各业的重视，在某些领域已经成为不可替代的手段。在巨大的社会需求面前，遥感技术也开始进入实用化和产业化阶段，并作为一个十分重要的分支纳入了整个地球科学体系。2012 年，我国第一颗自主的民用高分辨率立体测绘卫星资源三号（ZY-3）发射成功，卫星可对地球南北纬 84°以内地区实现无缝影像覆盖。2013～2019 年，中国成功发射高分 1 号高分宽幅、高分 2 号亚米全色、高分 3 号 1m 雷达、高分 4 号同步凝视、高分 5 号高光谱观测、高分 6 号陆地应急监测、高分 7 号亚米立体测绘 7 颗民用高分卫星，初步构建了稳定运行的中国高分卫星遥感系统。2016 年，风云四号静止卫星也成功发射，接替风云二号（FY-2）卫星的观测任务（邓薇和郭晗，2017），其连续、稳定运行大幅提升了我国静止轨道气象卫星探测水平。2020 年以后，中国遥感领域进一步实现跨越式发展。2023 年，遥感三十九号卫星和高分三号 03 星相继发射，增强了我国在生态监测、海洋环境保护和灾害预警方面的能力。此外，2024 年发射的爱因斯坦探针卫星（EP）拓展了 X 射线天文学领域的观测能力，而天目一号气象星座卫星的成功部署，进一步完善了气象观测网络。在商业遥感领域，截至 2022 年底，我国在轨民用遥感卫星已达 294 颗，其中商业卫星占比超过六成，构建了由陆地、海洋和气象遥感卫星组成的强大观测体系，实现了全球重要地区的全天候高分辨率覆盖。

总之，中国的遥感事业在经历了数十年的发展后，取得了令人瞩目的成就，并形成了自己的特色，为遥感学科的发展和国家经济建设、国防建设做出了巨大贡献。在不远的将来，我国遥感事业必将迎来又一个高速发展的阶段，并不断服务于国民经济和社会发展。

1.7　遥感的现状与趋势

遥感技术正在进入一个能够快速准确地提供多种对地观测海量数据及应用研究的新阶段，它在近一二十年内得到了飞速发展，目前又将达到一个新的高潮。这种发展主要表现在以下 4 个方面。

1. 多分辨率多遥感平台并存，空间分辨率、时间分辨率及光谱分辨率普遍提高

目前，国际上已有十几种不同用途的地球观测卫星系统，并拥有全色（0.8～5m），多光谱（3.3～30m）等多种空间分辨率。遥感平台和传感器已从过去的单一型向多样化发展，并能在不同平台上获得不同空间分辨率、时间分辨率和光谱分辨率的遥感影像。民用遥感影像的空间分辨率达到米级，光谱分辨率达到纳米级。波段数已增加到数十甚至数百个，重复周期达到几天甚至十几个小时。例如，美国的商业卫星 OrbView 可获取 1m 空间分辨率的图像，通过任意方向旋转可获得同轨和异轨的高分辨率立体图像；美国地球观测系统（earth observing system，EOS）卫星上的 MO-DIS-N 传感器具有 35 个波段；美国国家海洋和大气管理局（National Oceanic and Atmospheric Administration，NOAA）的一颗卫星每天可对地面同一地区进行两次观测。随着遥感应用领域对高分辨率遥感数据需求的增加及高新技术自身不断地发展，各类遥感分辨率的提高成为普遍发展趋势。

2. 微波遥感、高光谱遥感迅速发展

微波遥感技术是近十几年发展起来的具有良好应用前景的主动式探测方法。微波具有穿透性强、不受天气影响的特性，可全天时、全天候工作。微波遥感采用多极化、多波段及多工作模式，形成多级分辨率影像序列，以提供从粗到细的对地观测数据源。成像雷达、激光雷达等的发展，越来越引起人们的关注。例如，美国实施的航天飞机雷达地形测绘计划即采用雷达干涉测量技术，在一架航天飞机上安装了两个雷达天线，对同一地区一次获取两幅图像，然后通过影像精匹配、相位差解算、高程计算等步骤得到被观测地区的高程数据。

高光谱遥感的出现和发展是遥感技术的一场革命。它使本来在宽波段遥感中不可探测的物质，在高光谱遥感中能被探测。高光谱遥感的发展，从研制第一代航空成像光谱仪算起已有二十多年的历史，并受到世界各国遥感科学家的普遍关注。但长期以来，高光谱遥感一直处在以航空为基础的研究发展阶段，且主要集中在一些技术发达国家，对其数据的研究和应用还十分有限（童庆禧等，2016）。1999 年末第一台中分辨率成像光谱仪（moderate resolution imaging spectroradiometer，MODIS）随美国 EOS AM-1 平台进入轨道，"新千年计划"第一星 EO-1 携带两种高光谱仪随后进入了太空。此外，欧洲空间局的中分辨率成像光谱仪（medium resolution imaging spectrometer instrument，MERIS）、日本 ADEOS-2 卫星的全球成像仪（global imager,GLI）、美国轨道图像公司的轨道观察者 4 号（OrbView-4）及中国高分五号高光谱卫星等相继升空。近年来，全球遥感卫星技术持续进步，多个重要项目相继实施：高分五号 02 卫星于 2022 年成功发射，与高分五号其他卫星形成联合观测能力，进一步提升了在大气污染监测、矿产资源调查等领域的遥感应用能力。Landsat-9 卫星的数据进一步增强了全球地表变化的长期监测能力，特别是在森林砍伐、城市化进程和水资源管理领域。Sentinel-2 卫星为高分辨率多光谱观测提供服务，而 Sentinel-5P 专注于大气污染监测。

总之，不断提高传感器的性能指标，研制出新型传感器，开拓新的工作波段，获取更高质量和精度的遥感数据是今后遥感发展的一个必然趋势。

3. 遥感的综合应用不断深化

目前，遥感技术综合应用的深度和广度不断扩展，表现为从单一信息源分析向包含非遥感数据的多源信息的复合分析方向发展；从定性判读向信息系统应用模型及专家系统支持下的定量分析发展；从静态研究向多时相的动态研究发展。地理信息系统为遥感提供了各种有用的辅助信息和分析手段，提高了遥感信息的识别精度。另外，通过遥感的定量分析，实现了从区域专题研究向全球综合研究发展，从室内的近景摄影测量到大范围的陆地、海洋信息的采集乃至全球范围内的环境变化监测。与此同时，国际上相继推出了一批高水平的遥感影像处理商业软件包，用以实现遥感的综合应用。其主要功能包括影像几何校正与辐射校正、影像增强处理与分析、遥感制图、地理信息分析、可视化空间建模等。

4. 商业遥感时代的到来

随着卫星遥感的兴起，计算机与通信技术的进步及各时期军事情报部门的需要，数字成像技术有了极大的提高。世界各主要航天大国相继研制出各种以对地观测为目的的遥感卫星，并逐步向商用化转移。因此，国际上商业遥感卫星系统得到了迅速发展，产业界特别是私营企业直接参与或独立进行遥感卫星的研制、发射和运行，甚至提供端对端的服务，也是目前遥感发展的一大趋势。

联合国制定的有关政策，在一定程度上鼓励了卫星公司制造商业高分辨率地球观测卫星的计划，这类卫星多为私营公司拥有，其地面分辨率为 1～5m。如美国的 IKONOS 系列、QuickBird 系列、OrbView 系列、以色列的 EROS 系列、我国的"高景一号""珠海一号""吉林一号"卫星等。商业卫星遥感系统的特点是以应用为导向，强调采用实用技术系统和市场运行机制，注重配套服务和经济效益，成为非常重要的遥感卫星的补充。

商用小型地球观测卫星计划近年来取得显著进展，这类小型卫星因其高灵活性、低成本和短研制周期，成为遥感领域的热门选择。其灵活的指向能力和快速成像特点，可获取高分辨率图像并迅速传回地面，广泛应用于农业监测、城市规划、灾害评估等领域。

1.8 遥感的应用

遥感技术作为空间信息技术，目前已经广泛应用于国民经济各领域，作为应用部门重要的信息来源，取得了良好的经济效益和社会效益。下面就主要应用领域作一简单介绍。

1.8.1 农林方面的应用

遥感技术在农林方面的应用很广泛，有人认为农林是遥感的最大用户，也是遥感的最大受益者，特别是对一些发展中国家和国土面积较大的国家，应用效益尤为明显。

在农业方面，遥感主要应用于农作物类型的区分、种植面积的估算、农作物长势和病虫害的动态监测、作物估产，以及土地资源和土壤肥力监测等。例如，王人潮和黄敬峰（2002）应用遥感对水稻产量进行估算。

在林业方面，遥感主要应用于森林、草场资源清查、评价和开发利用，以及森林、草场的火灾和病虫害等灾害的动态监测。2001 年，我国首次应用遥感开展覆盖整个西藏自治区的森林资源清查。西藏自治区地处青藏高原，自然环境恶劣，很多地方要么是人迹罕至的原始森林，要么是高寒戈壁荒漠的无人区，野外的实地考察工作非常困难，长期以来都无法进行全面准确的森林资源清查。这次森林资源清查，首次全面摸清了西藏自治区的森林资源现状、动态变化和消长规律，完善了国家森林资源清查体系，为西藏自治区的林业建设和生态建设提供了科学依据。

利用遥感资料普查资源可以提高精度、降低成本。卫星遥感空间分辨率的不断提高，提高了数据精度，降低了遥感应用研究的成本。以 Landsat 数据为例，一景经过辐射和几何校正的 TM 影像，覆盖地面 3 万 km^2 余，售价约 5000 元，数据成本为 0.2 元/km^2（仅为 15 年前价格的 10%），高分辨率的 SPOT 数据为 2～3 元/km^2。同时遥感技术的应用大大减少了野外工作的成本，并大大缩短了调查的时间成本。例如，我国第二次土壤普查试点的河西走廊地区清查荒地资源 2000 万亩的任务，原计划需要 230 人工作 2 年，经费近千万元，采用遥感资料后，只用 35 人历时 7 个月，费用仅十万元左右，就圆满完成了任务。

1.8.2 地质、矿产方面的应用

过去常规的地质勘查工作都是从点、线实地观测着手，待汇集大量的资料后才能描述一个地区的地质特征，进而分析研究。有了遥感手段，可以先从分析研究地区的遥感资料入手，然后有重点地选择若干点进行野外观察与验证。这样，不仅大大地减少了野外工作量，节省人力、物力，还加快了速度，提高了精度。据我国部分省地质局统计，填制 1∶20 万区域地质图中，使用航空像片进行工作比用常规方法提高效率 1～2 倍、人员减少 10%～20%、经费节省 50%左右（彭望琭等，2021）。此外，遥感在地质勘查中的应用还加深了对地质状况的认识，例如，非洲撒哈拉沙漠发现 2500km 的断裂带，我国发现陕北环状断裂、秦岭北麓的线型形迹和洪积扇群。

卫星图像视域广阔，真实地反映各种地质现象间的关系，为显示大型的区域构造、区域构造单元间的空间关系及进行大区域甚至全球区域地质研究创造了极为有利的条件。例如，我国利用卫星图像重新修编了 1∶400 万比例尺的中国构造体系图，图中展现了我国地质构造的基本骨架，显示出对一些问题新的认识和看法。此外，我国利用遥感资料并综合其他资料，编制了亚洲地质图，受到国际地质学界的重视（彭望琭等，2021）。

在矿产资源调查方面，遥感资料应用于成矿条件的地质分析，指导矿产普查勘探的方向，预估矿区的发展前景。例如，美国利用卫星图像分析研究了加利福尼亚海岸山脉区汞矿床，揭示出新的构造线，查明了成矿条件，从而扩大了矿区的远景。我国吉林省铜矿资料较为丰富，通过对全省陆地卫星图像的分析，发现铜矿的分布与线形构造密切相关，对于开发这个地区的铜矿有重要意义。又如，利用雾状异常图像寻找石油，在沉积盆地环境中，只要有构造圈闭、含油褶皱基底的脆弱带等部位就可能发现石油的所在。再如，在安纳达盆地，发现雾状异常 76 处，其中 59 处与现有油气田相符。

在工程地质、水文地质、石油地质及地震地质等领域，遥感资料在地质构造分析和工程开发方面都得到了广泛的应用，如大型水利工程、港口工程、核电站和机场建设、城市规划等。

1.8.3　水文、海洋方面的应用

遥感资料在水文学方面的应用范围很广泛，如水资源调查、水资源动态研究、冰雪研究及海洋研究等。例如，青藏高原的高山冰雪覆盖区及新疆、内蒙古浩瀚无垠的戈壁沙漠地带，人们难以到达，利用遥感资料有助于全面掌握这些地区的冰雪消融，以及江、河、湖、沼的分布、面积、水量、水质、水文资料等（曹梅盛等，2006）。青藏高原经过 300 年来 150 多次探险考察，曾查出 500 多个湖泊，后来采用航空像片与卫星图像判读，不仅对这些湖泊的面积、形状修正得更加准确，还补充了地面考察遗漏的 300 多个湖泊，对原有的许多位置、大小做了改正，并进一步把握了湖水水质、水深、泥沙分布等特征，以及一些咸、淡水湖的划分。

利用遥感可查清大江、大河的源头及水流的特点、泥沙状况、河流变迁等，进行滑坡、洪水灾害监测、调查和损失评估、预报与评价，调洪管理；利用不同年份的遥感影像，对比研究河流、湖泊、水库的演变过程和规律。

海洋占地球表面积 2/3 左右，为人类提供极其丰富的资源。传统对海洋的调查研究，只能作个别点或个别区域不同时间的观测，远远满足不了需要。目前遥感技术已被成功地应用在海面温度、叶绿素含量、盐度、海洋渔业、浅海水深、海流、波浪和潮汐等海洋学各要素的测量中。通过卫星图像的分析观察，人类才第一次看到了墨西哥湾流、黑潮和大洋中尺度涡旋的全貌。用遥感与实测相结合的方法，对中尺度涡旋动力学开展深入研究，改变了人们对大洋环流的传统看法。

遥感还为开发利用海洋渔业资源提供帮助。美国有关部门每周向用户发送一次东部大陆架海区表层温度场和渔场分布图。1982 年日本水产厅宣布利用卫星资料和计算机搜索秋刀鱼和金枪鱼等鱼群的试验获得成功。近年来我国水产部门十分重视利用遥感手段发展渔业的研究试验工作。

卫星遥感技术在海岸带地质地貌分类、滩涂面积测算、海岸线长度分析、海洋相互作用研究，以及沿海资源开发等领域的应用日益广泛。近年来，遥感影像为江苏、山东、辽宁、广东、浙江等沿海省份的海岸带研究提供了重要的数据支持，尤其是在河口区域及沿岸工程选址等方面的研究中取得了显著成果。

1.8.4　环境保护方面的应用

目前世界许多国家都应用遥感资料监测大气污染、土地污染、赤潮、海洋污染及各种污染导致的破坏和影响。例如，美国曾利用 1972 年 10 月 10 日 Landsat 卫星图像，发现在纽约

新建的一个国际造纸公司排入恰普林湖的污染流，这股污染流一直流到附近的佛蒙特州，通过地面实地观测了证实了这一结论，以卫星图像为证据，对该厂提出法律起诉，实施了相应罚款。再如，2000 年 4 月 19 日在老铁山水道的巴拿马籍货轮“海拉斯 23”撞船事故，溢油造成大面积海域污染，利用同期的卫星遥感资料，获得溢油的扩散面积等污染信息，成为索赔的重要依据。

近年来我国利用航空遥感进行了多次环境监测的应用试验，对沈阳、长春、大连、太原、青岛、天津等城市的环境质量和污染程度，进行本底分析和评价。包括城市热岛、烟雾扩散、水源污染、绿色植物覆盖指数及交通量等的监测，都取得了重要成果。遥感对于监测各种环境变化，如城市化、沙漠化、土地退化、盐渍化、环境污染等问题都能起到其独特的作用。

1.8.5　城市规划方面的应用

遥感技术在城市规划中也发挥了重要的作用。主要应用包括：城市道路与交通调查；城市人口分布调查；城市环境调查；城市空间扩展等。例如，世界上第一颗夜光卫星（DMSP-OLS）是由美国国防部主导发射，而后该系列卫星一直延续到 2013 年，提供了迄今最长时间序列（1992～2013 年）的年度夜光遥感数据。城市监测是夜光遥感的典型应用领域（Zhou et al., 2014）。由于城镇在夜间利用照明设施发出亮光，夜光遥感能够有效捕捉灯光辐射信息。中国遥感卫星地面站的科研人员利用夜光遥感影像能够快速重建“一带一路”国家城市化过程。

随着全球城市化进程的加快，夜间照明的普及提升了城市生活便利性，但也带来了夜光污染等问题。武汉大学近年来在夜光遥感领域取得了重要突破。2018 年发射的“珞珈一号 01 星”是全球首颗专业夜光遥感卫星，其分辨率（130m）远优于美国的 DMSP 和 NPP 卫星，能够提供更高精度的夜光遥感数据。此外，2023 年武汉大学成功发射“珞珈二号 01 星”，重量达 353kg，是全球首颗 Ka 频段高分辨率 SAR 卫星。它具有多种工作模式，可提供更清晰、更立体、更动态的遥感影像，为夜光遥感和社会经济监测提供强大支持。这些技术将为城市规划、能源管理和环境监测等领域带来新的可能性。

1.8.6　测绘方面的应用

航空摄影测量已成为测绘地形图的主要方法，也已经发展成为比较系统的学科。而新的航天遥感技术的发展使测绘科学面目一新。

据统计，世界很多地图资料已经陈旧，如果采用地面测量或航空摄影测量方法更新，其工作量是巨大的，而且目前还存在一些较难进行测绘工作的空白点。新的遥感技术的发展弥补了航空摄影测量的不足。例如，巴西亚马孙河流域有近 500 万 km^2 的热带雨林区，人迹罕至、云雾不散，常规地面测量与航空摄影测量都难以工作，据估计需要花费 70 亿美元，费时 100 年才能完成调查，而现在应用新的侧视雷达遥感技术，在不到一年时间就完成了该地区比例尺为 1∶40 万的雷达扫描图像。

至于地球资源卫星数据，对这些图像数据进行纠正、镶嵌，就能制作成中、小比例尺影像地图。目前有许多国家以航空像片、卫星图像或其他遥感图像为基本资料，制成各种影像地图。例如，美国完成了 1∶100 万全美陆地卫星影像镶嵌图，我国完成了 1∶150 万中国陆地卫星影像镶嵌图。

遥感数据已被广泛地运用于专题地图的编绘制作。遥感影像信息量丰富，时效性强，各专业都可利用。应用遥感信息制作各种专题地图，成本低、时间少、质量高。例如，美国试验用地面测量、航空摄影和卫星资料编制 1 ∶100 万～1∶25 万的土地利用图，每平方千米的费用分别是 20 美元、6 美元和 0.4 美元。

1.8.7　地理学方面的应用

遥感技术作为地理学研究的现代化手段之一，不仅能迅速获得大量丰富的第一手地理空间信息和定量数据，而且能及时准确地提供分析结果与制图；不仅能获得区域信息，而且能获得全球信息。这些为地理学各领域的研究提供了有利基础，便于进行定性与定量、静态与动态、整体与局部、过程与模式等研究。遥感图像提供的区域综合信息的优势，便于地理学分析区域自然和社会信息之间的联系、变化和发展规律。遥感技术在地理学的应用，也开拓了地理学研究的新领域，如土地利用与土地覆盖变化监测、环境监测与管理、灾害监测与评估、气候变化与全球变暖研究、生态系统与生物多样性监测等。

目前，遥感数据是地理信息系统重要的基础数据和数据库更新的主要数据源。遥感与地理信息系统和地理学的结合，已经成为地理学科发展的必然趋势。

小　　结

近几十年来，遥感技术的应用领域迅速扩展，自20世纪90年代以来，其商业化和产业化进程不断推进，已从早期的专业应用领域延伸至营销、房地产、城市管理等与日常生活相关的领域。这种普及主要得益于遥感数据价格的下降、获取途径的多样化，以及遥感图像处理软件的易用性提升，使得非专业用户也能快速上手并从中受益。同时，遥感数据的应用范围更加广泛，从传统的土地利用和资源调查扩展至精准农业、智能交通管理、灾害预警和碳监测等领域。例如，通过高分辨率遥感影像，使城市热岛效应监测和碳排放评估变得更加精确。此外，夜光遥感数据已用于分析社会经济活动的时空分布，为城市规划提供了动态决策支持。

2021年，遥感科学与技术正式成为一级学科，这标志着遥感领域的独立性和系统性研究得到了国家层面的高度认可。作为一级学科，其研究方向更加多样化，包括高光谱遥感、激光雷达、合成孔径雷达（SAR）成像及人工智能辅助的遥感数据分析等。学科的设立还推动了高校与科研机构间的协同创新，更多的跨学科研究项目（如遥感与生态学、遥感与水文学等）得以开展。另外，一级学科的设立促使教育体系加速培养新型复合型人才，重点培养具备扎实遥感基础并能与具体应用领域结合（如生态保护、规划学、森林学等）的专业人士。同时，随着全球地理信息产业的迅猛发展，对能够开发和应用遥感大数据的技术人员需求量大幅增加。例如，利用机器学习和深度学习技术进行遥感影像处理的能力，成为新一代遥感人才的核心技能之一。

未来，随着遥感、地理信息系统（GIS）、全球导航卫星系统（GNSS）和人工智能的深度融合，遥感技术有望像 Excel 和手机一样成为日常工具。智能化遥感分析系统的发展，将使得普通用户也能轻松利用这些技术进行数据提取和决策支持。同时，全球气候变化、环境保护和城市可持续发展等重大议题也将推动遥感技术进入更广阔的应用空间。未来的遥感领域不仅需要技术开发者，更需要能够从多领域协作中提出创新解决方案的综合型人才。

思　考　题

1. 所有的遥感都是在空中观测地球的，利用这种视角获取的遥感影像具有哪些优缺点。

2. 遥感影像显示了地面景观多种要素的综合效果，包括植被、地形、光照、土壤、河网及其他要素等。简述这种综合效果的优缺点。
3. 比较遥感影像和地图的不同之处，并说明它们各自的优缺点和各自所适用的领域。
4. 上网查阅可以下载遥感数据的网站，了解这些数据的特点和下载方式。
5. 查阅图书馆中或知网上有关遥感研究领域重要的中英文期刊，并列出主要期刊名称。

第 2 章　遥感电磁辐射基础

自然界中任何地物都具有发射、反射和吸收电磁波的性质，这是遥感的信息源。地面上的任何物体（即目标物），如大气、土地、水体、植被和人工构筑物等，在温度高于 0K 的条件下，都具有反射、吸收、透射及辐射电磁波的特性。

太阳是一种电磁辐射源，它所发出的光也是一种电磁波。当太阳光从宇宙空间经大气层照射到地球表面时，地面上的物体就会对太阳辐射进行反射和吸收。由于每一种物体的物理和化学特性不同，它们对不同波长的入射光的反射率也不同。遥感探测正是将遥感仪器所接收到的目标物的电磁波信息与物体的反射或发射光谱相比较，从而对地面的物体进行识别和分类。这就是遥感的基本原理。

2.1　电 磁 波 谱

电磁波是振荡的电磁场在空间的传播。当电磁振荡进入空间，变化的磁场能够在它周围激发电场，变化的电场又能够激发磁场，使电磁振荡在空间传播，这就是电磁波。电磁波传播是以场的形式表现出来，因此其在空间的传播是不需要媒介的，即使在真空中也能传播。电磁波传播的方向与电磁振荡的方向是垂直的，因此电磁波是横波（图 2.1）。实验证明，电磁波的性质与光波的性质相同，其在真空中的传播速度就是光速（c=3×10^8m/s），并且等于其频率ν与波长λ的乘积。即

$$c=\nu \cdot \lambda \qquad (2.1)$$

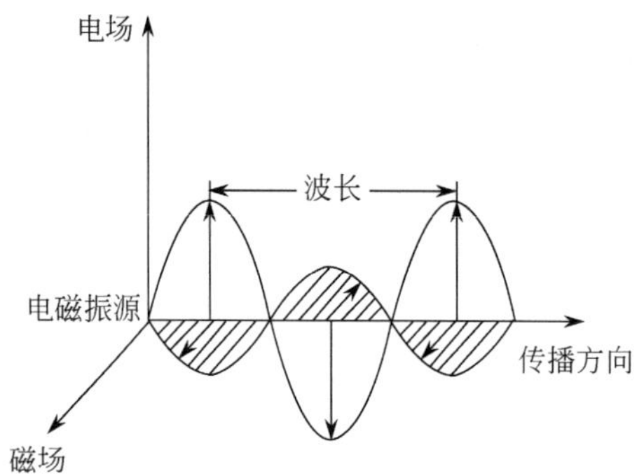

图 2.1　电磁波传播示意图（Campbell and Shepard，2003）

电磁波在传播过程中遇到气体、液体或固体介质时会发生反射、吸收和透射等现象，并遵循与光波相同的规律。

实验证明，γ射线、X 射线、紫外线、可见光、红外线、微波、无线电波等都是电磁波，只是波源不同，因而波长（或频率）也各不相同。这些电磁波按波长或频率的大小顺序排列起来制成的图表称为电磁波谱（图 2.2）。电磁波谱按照波长由短至长可依次分为：γ射线、X 射线、紫外线、可见光、红外线、微波和无线电波。目前遥感所能应用的主要波段是紫外线、可见光、红外线和微波。遥感使用的电磁波段的波长范围如表 2.1 所示。不同波长的电磁波

与物体的相互作用有很大差异，即物体在不同波段的光谱特征差异很大。因此，人们通过研制各种不同波段的探测器，设计多种不同的波谱通道来采集地面信息。

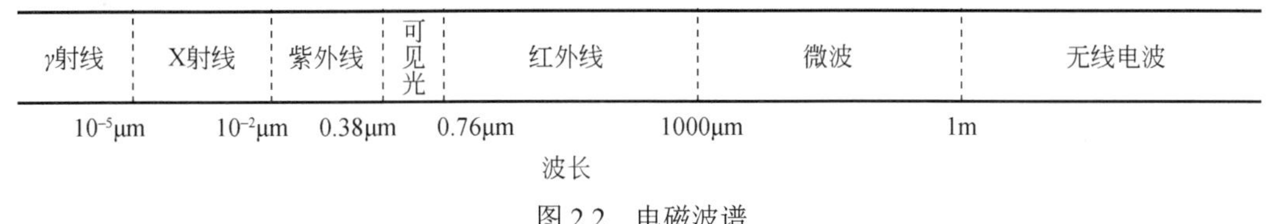

图 2.2　电磁波谱

表 2.1　遥感使用的电磁波段的波长范围

名称		波长范围
紫外线		0.01～0.38μm
可见光		0.38～0.76μm
红外线	近红外	0.76～3.0μm
	中红外	3～6μm
	远红外	6～15μm
	超远红外	15～1000μm
微波	毫米波	1～10mm
	厘米波	1～10cm
	分米波	10～100cm

可见光
紫0.38～0.43μm
蓝0.43～0.47μm
青0.47～0.50μm
绿0.50～0.56μm
黄0.56～0.59μm
橙0.59～0.62μm
红0.62～0.76μm

各电磁波段的主要特性如下。

（1）γ 射线，又称为 γ 粒子流，是波长小于 0.01nm、比 X 射线能量还高的一种电磁辐射。但是大多数γ 射线会被地球的大气层阻挡，观测必须在地球之外进行。γ 射线具有极强的穿透能力。

（2）X 射线，又称为伦琴射线，其波长范围为 0.01～10nm。X 射线具有很高的穿透能力，能透过许多对可见光不透明的物质，如墨纸、木料等。这种肉眼看不见的射线可以使很多固体材料发生可见的荧光，使照相底片感光及使空气电离等。

（3）紫外线是电磁波谱中波长从 0.01～0.38μm 辐射的总称。太阳光谱中，只有 0.3～0.38μm 波长的光到达地面。紫外遥感在遥感方面的应用比其他波段晚，且探测高度在 2000m 以下。目前主要用于测定碳酸盐分布，另外紫外线对水面漂浮的油膜比周围的水反射强烈，因此常用于对油污的检测。

（4）可见光的波长范围为 0.38～0.76μm，人眼对其有敏锐的感觉，是遥感技术应用中的重要波段。由于感光胶片的感色范围正好在这个波长范围，可得到具有很高地面分辨率、易于判读且地图制图性能较好的黑白全色或彩色航空影像。随着红外摄影和多波段遥感相继出现，可见光遥感已把工作波段外延至近红外区（约 0.9μm）。在成像方式上也从单一的摄影成像发展为包括黑白摄影、红外摄影、彩色摄影、彩色红外摄影及多波段摄影和多波段扫描，其探测能力得到了极大提高。

（5）红外线的波长范围为 0.76～1000μm，在光谱上位于可见光中红色光外侧。根据性质分为近红外、中红外、远红外和超远红外。近红外的波长为 0.76～3μm，其性质与可见光相似，所以又称为光红外。在遥感技术中采用摄影方式和扫描方式，接收和记录地物对太阳辐射的光红外反射；中红外的波长是 3～6μm，远红外的波长是 6.0～15.0μm，超远红外的波长是 15～1000μm，三者是产生热感的原因，所以又称为热红外。热红外遥感是指通过红外敏感元件，探测物体的热辐射能量，显示目标的辐射温度或热场图像的遥感技术的统称。遥感中应用的热红外主要指 8～14μm 波段范围。地物在常温（约 300K）下热辐射的绝大部分能量位于此波段，在此波段地物的热辐射能量大于太阳的反射能量。热红外遥感最大的特点是具有昼夜工作的能力。

（6）微波的波长范围为 1～1000mm，穿透性好，不受云雾的影响，通常用于雷达、通信技术中。微波遥感是利用波长 1～1000mm 电磁波遥感的统称，通过接收地面物体发射的微波辐射能量，或接收遥感仪器本身发出的电磁波束的回波信号，对物体进行探测、识别和分析。微波遥感的特点是对云层、地表植被、松散沙层和干燥冰雪具有一定的穿透能力，又能夜以继日地全天候工作。

（7）无线电波即赫兹波，一般均用频率代替波长，其单位为赫（Hz）。频率范围约为 30kHz～30000MHz。其波长范围为 $1\sim10^4$m。目前主要用于广播、通信等方面。

2.2　辐射基本定律

2.2.1　黑体辐射的概念

早在 1860 年，基尔霍夫就提出用黑体一词来说明能够全部吸收入射辐射能量的地物。因此，黑体是一个理想的辐射体，也是一个可以与任何地物进行比较的最佳辐射体。黑体是绝对黑体的简称，指在任何温度下，对各种波长的电磁辐射的吸收系数恒等于 1（100%）的物体。黑体的热辐射称为黑体辐射。此外，对各种波长的电磁辐射的吸收系数恒等于 0，反射系数恒等于 1 的物体，称为白体。

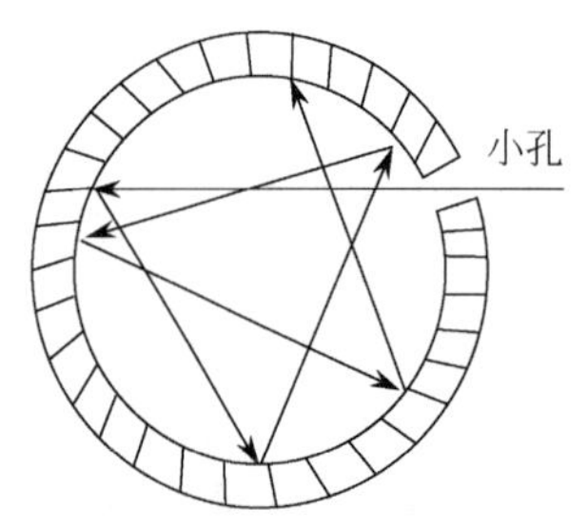

图 2.3　人工黑体（彭望琭等，2021）

绝对黑体在自然界中并不存在，但用人工方法可以制造一个接近于黑体的模型（图 2.3），即有一个小孔的不透明空腔可以看作黑体，因为通过小孔射入空腔的辐射在空腔内多次反射后再射出小孔的机会很小，因而射入空腔的辐射能量几乎全被吸收。实验指出，空腔壁单位面积所发射出的辐射能量和它所吸收的辐射能量相等，即辐射能量密度只跟频率和黑体的绝对温度 T 有关，而跟空腔的形状和组成物质无关。

物体的电磁辐射能量遵循一定的物理定律。下面概括介绍黑体辐射规律的基本定律及其关系概略表达式。公式的推导和详细表达式不是本教材的重点，这里采用简略的基本公式有助于学生理解和接受辐射的一般规律，而这些知识也是学习热红外遥感的重要基础。

2.2.2 普朗克辐射定律

牛顿最早认识到了光及电磁波具有波粒二象性。他认为光是直线传播的粒子束。普朗克和爱因斯坦的理论证实了这一现象。普朗克发现电磁辐射能量以离散单元形式（量子或光子）进行吸收和发射，并用模型来说明光电效应，辐射能量的大小直接与电磁辐射的频率成正比。普朗克定义了一个常数（h），给出了黑体辐射的能量（Q）与频率（ν）之间的关系

$$Q=h\cdot\nu \tag{2.2}$$

式中，h 为普朗克常量，$h=6.626\times10^{-34}\text{J}\cdot\text{s}$。

普朗克的关系式把电磁辐射的波模式与量子模式联系起来。电磁波的关系式为 $c=\nu\cdot\lambda$。式中，c 为电磁波的速率，即 $3\times10^{8}\text{m/s}$。

因此，辐射能量与它的波长成反比，即辐射的波长越长，其辐射能量越低。这对遥感具有重要意义，如地表的微波发射要比波长较短的红外辐射能量低，遥感探测系统更难感应其低能量的信号。

2.2.3 斯特藩-玻尔兹曼定律

1879 年奥地利物理学家斯特藩通过实验发现物体的辐射通量密度 M 与物体的热力学温度 T 的四次方成正比。1884 年玻尔兹曼应用热力学理论导出了这个关系，此关系称为斯特藩-玻尔兹曼定律，可表示为

$$M=\sigma T^{4} \tag{2.3}$$

式中，σ 为斯特藩-玻尔兹曼常数，$\sigma=5.67032\times10^{-8}\text{W/}(\text{m}^{2}\cdot\text{K}^{4})$。

此式表明，随着温度的增加，辐射能的增加是很迅速的。当黑体温度增加 1 倍，辐射能将增加 16 倍。

因此只要测得总辐射出射度，即辐射通量密度 M，由斯特藩-玻尔兹曼定律可计算得知黑体的温度，这是用辐射法测量高温物体温度的依据。计算太阳表面的温度就是采用斯特藩-玻尔兹曼定律，得到太阳辐射相当于 5900K 黑体辐射，则推算出太阳表面的温度是 5900K。

2.2.4 基尔霍夫辐射定律

基尔霍夫在研究辐射传输过程中发现，在任一给定的温度下，地物单位面积上的辐射通量密度 M 与吸收率α之比，对任何地物都是常数，并等于该温度下同面积黑体辐射通量密度 $M_{黑}$。辐射通量密度是指辐射源在单位时间内，从单位面积上辐射出的辐射能量。其数学表达式为

$$M_{黑}=\frac{M}{\alpha} \tag{2.4}$$

基尔霍夫辐射表达式，根据发射率的定义可以得出：$\alpha=M/M_{黑}=\varepsilon$，吸收率=发射率，即地物的吸收率越大，发射率也越大。

由斯特藩-玻尔兹曼定律 $M_{黑}=\sigma T^{4}$ 得到

$$M=\alpha M_{黑}=\varepsilon M_{黑}=\varepsilon\sigma T^{4} \tag{2.5}$$

对于地面热红外辐射来说，式（2.5）表明红外辐射的能量与温度的四次方成正比，所以地面地物微小的温度差异，就会引起红外辐射能量显著的变化。地表的这一红外辐射特征构成了热红外遥感探测的理论基础。

2.2.5　维恩位移定律

1893年德国物理学家维恩指出，黑体辐射的峰值波长λ_{max}与热力学温度T的乘积是常量，即

$$\lambda_{max}T=b \tag{2.6}$$

式（2.6）称为维恩位移定律，式中，$b=2.8978\times10^{-3}\text{m}\cdot\text{K}$，又称为维恩位移常数。由维恩位移定律可知，黑体温度增加时，其辐射曲线的峰值波长向短波方向移动（图2.4）。

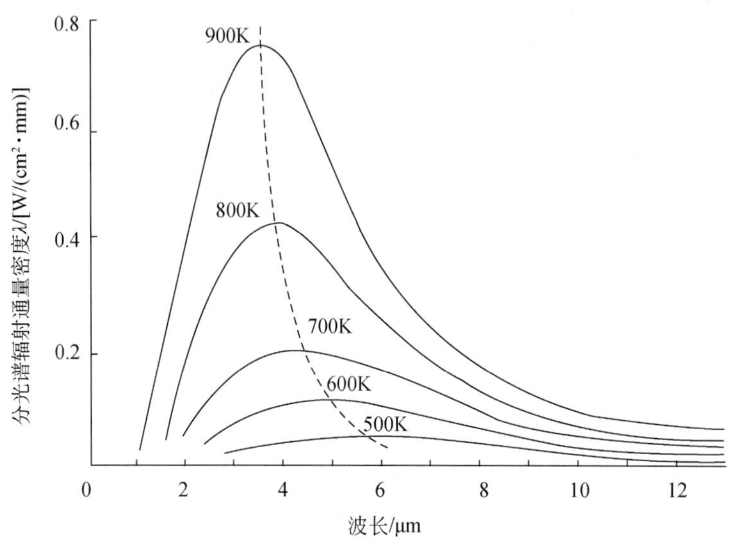

图2.4　黑体辐射的维恩位移定律（马蔼乃，1984）

从维恩位移定律的表达式可以得出，只要测出λ_{max}就可求得黑体的温度，这成为用光谱方法测高温物体温度的另一种计算公式。

2.3　太 阳 辐 射

自然界中的一切物体只要绝对温度在0K以上，都以电磁波的方式向四周放射能量，称为辐射能，简称辐射。太阳是一个炽热的气体球，其表面温度约6000K，内部温度更高。在大气上界测得的太阳辐射光谱曲线为平滑连续的光谱曲线，它近似于6000K的黑体辐射曲线（图2.5）。在遥感的理论计算中就利用该温度的黑体来模拟太阳辐射光谱。

太阳辐射的能量分布在从X射线到无线电波的整个电磁波谱区内，但99.9%的能量集中在0.2～10.0μm波段内，最大辐射能量位于0.47μm处。

太阳辐射各波段能量百分比如表2.2所示。太阳辐射从近紫外到中红外这一波段区间能量最集中，而且相对来说最稳定，辐射强度变化最小。在其他波段如X射线、λ射线、远紫外及微波波段，尽管它们的能量加起来不到1%，可是变化却很大，一旦太阳活动剧烈，其强度也会有剧烈的增长，最大时可差上千倍甚至更多。因此会影响地球磁场，中断或干扰无线电通信，也会影响宇航员或飞行员的飞行。就遥感而言，被动遥感主要利用近紫外、可见光、红外等稳定辐射，使太阳活动对遥感的影响减至最小。

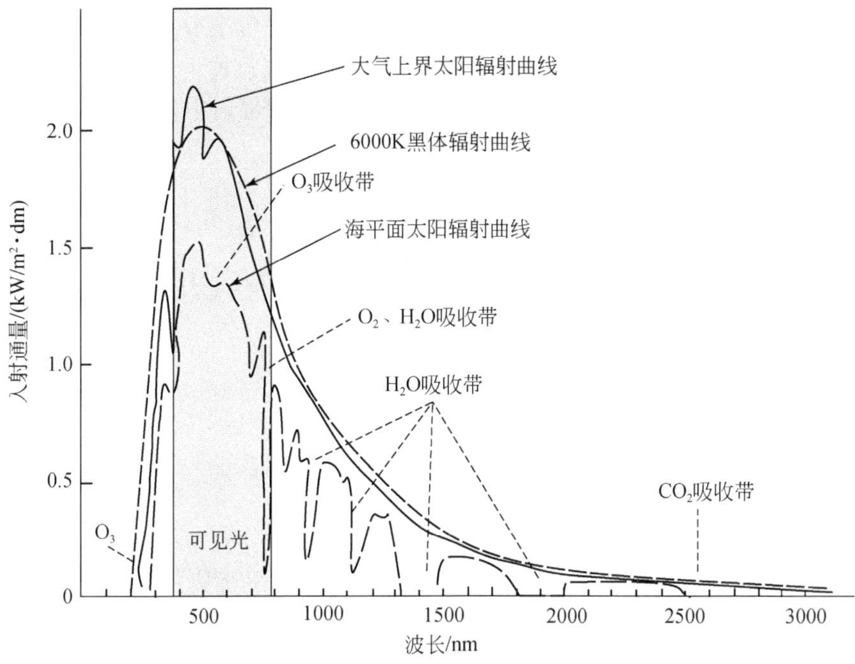

图 2.5　太阳辐射光谱及大气的作用

表 2.2　太阳辐射各波段能量百分比（梅安新等，2001）

波长/μm	波段名称	能量比例/%
小于 10^{-3}	X、γ射线	0.02
10^{-3}～0.2	远紫外	
0.20～0.31	中紫外	1.95
0.31～0.38	近紫外	5.32
0.38～0.76	可见光	43.50
0.76～1.5	近红外	36.80
1.5～5.6	中红外	12.00
5.6～1000	远红外	0.41
大于 1000	微波	

太阳辐射是被动遥感最主要的辐射源。太阳辐射通过地球大气照射到地面，经过地物反射到传感器，在这个过程中，要经历大气的吸收、再辐射、反射、散射等一系列过程。这时传感器接收到的辐射强度与太阳辐射到达地球大气上空时的辐射强度相比，已发生了很大的变化。从图 2.5 中可以看出：

（1）太阳辐射相当于 6000K 的黑体辐射。

（2）太阳辐射的能量主要集中在可见光，其中 0.38～0.76μm 的可见光能量占太阳辐射总能量的 43.5%，最大辐射强度位于波长 0.47μm 左右。

（3）到达地面的太阳辐射主要集中在 0.3～3.0μm 波段，包括近紫外、可见光、近红外和中红外。

（4）经过大气层的太阳辐射有很大的衰减。到达地球大气上界的太阳辐射，约 30%被云层和其他大气成分反射返回太空；约有 17%的太阳能入射辐射被大气吸收；还有 22%被大气散射并成为漫射辐射到达地球表面。因此，大气上界的太阳辐射中仅有 31%作为直射太阳辐射到达地球表面。

（5）各波段的衰减是不均衡的。大气的散射作用主要发生在可见光和紫外等短波部分，大气的吸收作用主要发生在红外波部分，并形成了多个吸收谷。

2.4　太阳辐射与大气的相互作用

2.4.1　大气概况

地球的大气并没有一个确切的界限，只是离地球越远空气越稀薄，以至于近似真空而进入星际太空。大气层的厚度一般取 1000km，约相当于地球直径的十二分之一。大气按热力学性质可垂直分为对流层、平流层、中间层、电离层。

对流层的上界往往随纬度、季节等因素而变化，极地上空仅 7～8km，赤道上空约 16～19km。对流层有明显的上下混合作用，主要的大气现象几乎都集中于此。在该层内每上升 1km，温度下降 6.5℃，空气密度和气压也随高度上升而下降。

平流层的范围是从对流层顶至 50km。它包括底部的“同温层”（延至 20km）和随高度上升温度缓慢上升的“暖层”。这是因为臭氧吸收紫外光。层内除季节性的风外，几乎没有什么天气现象。

中间层的范围约 50～80km。它们介于上下两个暖层之间，又称为“冷层”。其温度随高度的增加而递减，平均每上升 1km，温度下降 3℃，大约在 80km 处降到最低点，也是整个大气温度的最低点。

电离层，又称为增温层，是大气的最外层，80～1000km。层内空气稀薄，温度很高，可达 1500K。因为太阳辐射作用而发生电离现象，无线电波在该层发生全反射现象。

大气成分主要由许多种气体和悬浮的微粒混合组成。主要气体是氮气、氧气、水蒸气、二氧化碳、甲烷、氧化氮、氢气、臭氧等。除臭氧外这些气体分子在 80km 以下相对比例基本不变。悬浮微粒指尘埃、冰晶、水滴等，这些弥散在大气中的悬浮物统称为气溶胶，形成霾、雾和云。它们主要集中在紧靠地面数十公里范围的大气层中。

大气密度和压力随着高度上升均按指数下降。高度每增加 16km，其大气密度和压力都近乎下降 10%。在 32km 以上，大气的质量仅剩下 1%，所以在 32km 以上的大气影响可以忽略不计。因此可以认为，有效大气层是紧贴地球表面的薄薄一层。

所有用于遥感的辐射能均要通过地球的大气层，其路径长度变化很大。例如，空中摄影利用太阳光源，则需要二次通过大气层；而红外辐射仪直接探测地物的发射能量，仅一次通过大气层，且路径的长度取决于遥感距离地面的高度。若遥感器载于低空飞机上，大气对图像质量的影响往往可以忽略；但星载遥感器所获得的能量均需穿过整个大气层，经大气传输后，其强度和光谱分布均会发生变化。因此，遥感应用研究必须了解电磁波（太阳辐射）与大气的相互作用。电磁波（太阳辐射）与大气的相互作用主要有两个基本的物理过程，即吸收和散射，而其他作用如折射可忽略不计。

2.4.2　大气的吸收作用

太阳辐射穿过大气层时，大气中某些成分具有选择吸收一定波长辐射能的特性。大气中吸收太阳辐射的成分主要有臭氧、二氧化碳、水蒸气、氧及固体杂质等。太阳辐射被大气吸收后变成热能，因而使太阳辐射减弱。

臭氧在大气中含量很少，且集中分布在 20～30km 高度的大气中。在 0.2～0.3μm 的波长之间臭氧对太阳辐射的紫外线吸收很强，形成一个强吸收带，使波长小于 0.29μm 的太阳辐射几乎不能到达地面，从而避免了紫外线对地球生物的伤害，成为地球的保护层（即臭氧层）。同时臭氧在 0.6μm 的波长附近也有一宽吸收带，该吸收带位于太阳辐射最强烈的辐射带里，因此吸收能力虽然不强，但吸收的太阳辐射能还是相当多的，在地球的能量平衡过程中起到了很重要的作用。

二氧化碳在大气中的含量也很低，主要分布在低层大气中。除了火山和人类活动会引起二氧化碳含量的变化外，一般低层大气中二氧化碳的分布是均匀一致的。二氧化碳对太阳辐射的吸收主要是对中红外和远红外区，最强的吸收发生在 13～17.5μm 附近的中红外区域，但这一区域的太阳辐射很微弱，因此二氧化碳的吸收对整个太阳辐射能量的影响不大。

水蒸气主要分布在大气的近地面层。大气中水蒸气的含量随着空间和时间的变化出现很大的差异，因此大气中水蒸气对太阳辐射的吸收作用也会随空间和时间的变化而不同，这一点与臭氧和二氧化碳的吸收作用明显不同。在干燥的大气环境中（如沙漠地区），水蒸气的作用可以忽略不计，但在湿润的大气环境（如潮湿地区），水蒸气的作用就相当重要。水蒸气对太阳辐射的吸收作用是其他气体总和的好几倍。水蒸气强吸收带是在红外区，主要是 5.5～7.0μm 的几个吸收带和大于 27.0μm 的波长部分。太阳辐射能在该波长部分的能量很低，因此水蒸气从总的太阳辐射能里所吸收的能量不多。

此外，大气中的氧能微弱地吸收太阳辐射，在波长小于 0.2μm 处为一宽的吸收带，吸收能力较强；在 0.69μm 和 0.76μm 附近，各有一个窄吸收带，吸收能力较弱。

大气中的各种成分对太阳辐射有选择性吸收，形成太阳辐射的大气吸收带（表 2.3）。

表 2.3　大气的主要吸收带

大气成分	吸收带
氧气	＜0.2μm，0.155μm 最强
臭氧	0.2～0.36μm，0.6μm
水蒸气	0.5～0.9μm，0.95～2.85μm，6.25μm
二氧化碳	1.35～2.85μm，2.7μm，4.3μm，14.5μm
尘埃	吸收量很少

2.4.3　大气的散射作用

太阳辐射与大气中气体分子和微粒相互作用会发生散射现象。散射不同于吸收，它不会将辐射能转变成质点本身的内能，而是只改变了电磁波传播的方向（图 2.6）。大气粒子的散射有三种类型：①大气尘埃和烟雾形成相当大的不规则的微粒，它引起一个强烈的向前朝向顶点的散射，伴随着小程度的反向散射［图 2.6（a)］。②大气分子在形状上更加对称，优先形成向前和向后的具有特色的散射模式，但是几乎不显著朝向顶点散射［图 2.6（b）］。③大的水滴引起显著的向前的朝向顶点的散射，伴随着比较小的向顶点的反向散射［图 2.6（c）］。

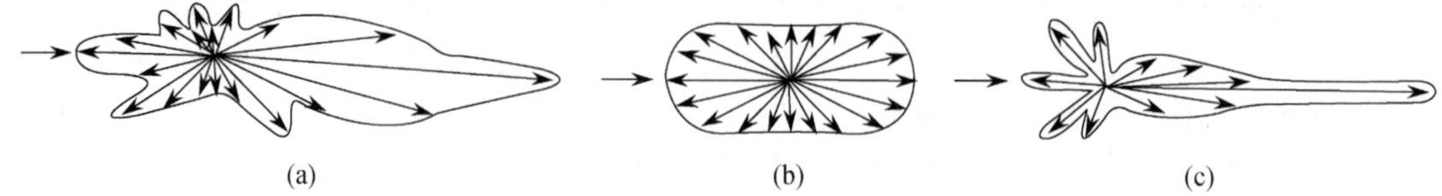

图 2.6　三种散射类型（Campbell and Shepard，2003）

大气中各种成分对太阳辐射吸收的明显特点，是吸收带主要位于太阳辐射的紫外和红外区，而对可见光区基本上是透明的。但大气中的云、雾、小水滴等微粒，与太阳辐射会发生散射作用，散射作用主要发生在可见光区。大气散射的太阳辐射会到达地面，也会返回太空被传感器接收，成为叠加在目标地物信息上的噪声，降低了遥感数据的质量，造成影像的模糊，影响遥感资料的判读。

大气散射作用主要发生在太阳辐射能量较强的可见光区。因此，大气的散射作用是太阳辐射衰减的主要原因。

根据太阳辐射的波长与发生散射作用的微粒大小之间的关系，散射作用可分为 3 种：瑞利散射、米氏散射和非选择性散射。

1. 瑞利散射

在 19 世纪 90 年代英国科学家瑞利发现了一种大气散射现象，称为瑞利散射。他认为完全干净的大气（只由气体成分组成）发生散射，其散射的量随波长的变短而增加，一般与波长的四次方成反比，例如，蓝光的散射是红光的 4 倍，紫外光的散射是红光的 16 倍。当大气中微粒直径相对于波长来说很小时，发生瑞利散射，如尘埃、氮气或氧气分子等，它们的直径相对于可见光和近红外波长来说小很多，即 $d \ll \lambda$，所以瑞利散射也称为分子散射，是纯净大气所发生的散射。该散射主要发生在距地面 9～10km 的大气，当波长大于 1μm 时，瑞利散射基本上可以忽略不计。因此红外线、微波可以不考虑瑞利散射的影响。但对可见光来说，由于波长较短，瑞利散射影响较大。例如，晴朗天空呈碧蓝色，就是由于大气中的气体分子把波长较短的蓝光散射到天空中。

2. 米氏散射

当微粒的直径与太阳辐射光的波长接近时，即 $d \approx \lambda$，所发生的散射称为米氏散射。米氏散射是德国物理学家米（Mie）于 1906 年发现的一种大气中较大微粒发生的散射现象，即大气中气溶胶所引起的散射。大气中气溶胶在日常生活中感觉似乎很小，但相对于瑞利散射来说大很多倍。米氏散射影响的波长范围包括可见光和近红外，其散射量的大小与微粒的大小、形状和成分有一定的关系，但并不同于瑞利散射。米氏散射主要发生在近地面 0～5km 的大气中，因为该高度的大气中富含直径较大的微粒。此外由于大气中云、雾、水滴等悬浮微粒的大小与 0.76～15μm 的红外线的波长差不多，云、雾对红外线的米氏散射是不可忽视的。

3. 非选择性散射

当微粒的直径比太阳辐射的波长大得多时（即 $d \gg \lambda$）所发生的散射称为非选择性散射。该散射与波长无关，即任何波长散射强度相同。如大气中的水滴、雾、烟、尘埃等气溶胶对太阳辐射常常出现这种散射。常见到的云或雾都是由比较大的水滴组成，符合 $d \gg \lambda$，云或雾之所以看起来是白色，是因为它对各种波长的可见光散射均是相同的。对近红外、中红外波段来说，由于 $d \gg \lambda$，属非选择性散射，这种散射将使传感器接收到的地面辐射严重衰减。

综上所述，太阳辐射的衰减主要是由散射造成的，散射衰减的类型与强弱主要和波长密切相关。在可见光和近红外波段，瑞利散射是主要的。当波长超过 1μm 时，可忽略瑞利散射的影响。米氏散射对近紫外直到红外波段的影响都存在。因此，在短波中瑞利散射与米氏散射相当。但当波长大于 0.5μm 时，米氏散射超过了瑞利散射的影响。

太阳光通过大气要发生散射和吸收，地物反射光在进入传感器前，还要再经过大气并被散射和吸收，这将造成遥感图像的清晰度下降。所以在选择遥感工作波段时，必须考虑到大气层散射和吸收的影响。

2.4.4　大气窗口

太阳辐射经过大气时，要发生反射、吸收和散射，从而衰减了辐射强度。受到大气衰减作用较轻、透射率较高的波段称为大气窗口（图 2.7）。对遥感传感器而言，只能选择透射率高的波段，才能形成质量好的遥感观测图像。

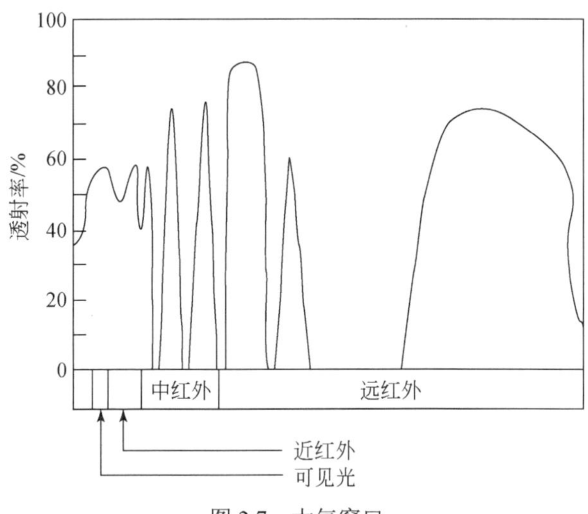

图 2.7　大气窗口

因为大气层的反射、散射和吸收作用，太阳辐射各波段受到的衰减作用程度不同，所以各波段的透射率也各不相同。遥感传感器选择的探测波段应包含在大气窗口之内，主要大气窗口与遥感应用见表 2.4。

表 2.4　主要大气窗口与遥感应用

大气窗口	波段	透射率/%	应用举例
紫外可见光近红外	0.3～1.3μm	大于 90	TM1～4、SPOT 的高分辨率可见光（high resolution visible，HRV）扫描仪
近红外	1.5～1.8μm	80	TM5
近－中红外	2.0～3.5μm	80	TM7
中红外	3.5～5.5μm	—	NOAA 的改进型甚高分辨率辐射计（advanced very high resolution radiometer，AVHRR）
远红外（热红外）	8～14μm	60～70	TM6
微波	0.8～2.5cm	100	RADARSAT

（1）0.3～1.3μm。这个窗口包括部分紫外（0.3～0.38μm）、可见光全部（0.40～0.76μm）和部分近红外波段（0.76～1.3μm），称为地物的反射光谱。该窗口对电磁波的透射率达 90%以上。在日照条件好的情况下，可以采用摄影方式成像，也可以用扫描方式成像。目前胶卷感光条件最好的是在 0.32～1.3μm，超出这个范围则不能采用摄影方式的传感器。

（2）1.5～1.8μm 和 2.0～3.5μm，这两个窗口称为近、中红外波段。仍属于地物反射光谱，但不能用胶片摄影，仅能用光谱仪和扫描仪来记录地物的电磁波信息。它们的透射率都接近 80%。近红外窗口某些波段对区分蚀变岩石有较好的效果，因此在遥感地质应用方面很有潜力。例如，陆地卫星的专题制图仪就设置有 TM（1.55～1.75μm）和 TM7（2.08～2.35μm）两个波段。

（3）3.5～5.5μm。这个窗口称为中红外波段。通过这个窗口的既可以是地物反射光谱，也可以是地物发射光谱，属于混合光谱范围。中红外窗口应用很少，目前只能用扫描方式成像。

（4）8～14μm。这个窗口称为远（热）红外波段，是热辐射光谱。该波段范围内由于臭氧、水汽及二氧化碳的影响，窗口的透射率仅为 60%～70%。因为这个窗口是地物在常温下热辐射能量最集中的波段，所以对地质遥感很有用。目前主要是利用扫描仪和热辐射计来获得地物发射的电磁波信息。

（5）0.8～2.5cm。这个窗口称为微波窗口。该窗口不受大气干扰，是完全透明的，透射率可达 100%，为全天候的遥感波段。

目前，遥感技术选用的大气窗口，多为 0.3～1.3μm、1.3～2.5μm、8～14μm 和 0.8～2.5cm 光谱段，因为在这四个光谱段内各种地物的反射光谱或发射光谱可以很明显地区分开来。

2.4.5　大气校正

进入大气的太阳辐射会发生反射、折射、吸收、散射和透射。其中对传感器接收影响较大的是吸收和散射。为消除大气的吸收、散射等引起失真的辐射校正，称为大气校正。

大气校正是遥感影像辐射校正的主要内容，是获得地表真实反射率必不可少的一步，对定量遥感尤其重要。大气对遥感图像的影响与波长、时间、地点、大气条件、大气厚度、太阳高度角等因素有关，所以大气校正是相当复杂的。

近年来，随着定量遥感技术的迅速发展，尤其是在利用多传感器、多时相遥感数据进行土地利用和土地覆盖变化监测、全球资源环境分析及气候变化监测的需求不断增加，对遥感图像大气校正方法的研究越来越受到重视，但同时也是遥感定量化研究的主要难点之一。

目前，国内外遥感图像的大气校正方法有很多。按照校正的过程，可以分为直接大气校正和间接大气校正。直接大气校正是指根据大气状况对遥感图像测量值进行调整，以消除大气影响。间接大气校正指对一些遥感常用函数，如归一化植被指数（normalized differential vegetation index，NDVI）进行重新定义，形成新的函数形式，以减少对大气的依赖。这种方法不必知道大气各种参数。

2.5　太阳辐射与地面的相互作用

太阳辐射能量入射到任何地物表面上，都会发生 3 种过程：一部分能量被地物发射；一部分能量被地物吸收，成为地物自身的内能；一部分的入射能量被地物透射。根据能量守恒定律，到达地面的太阳辐射能量＝反射能量＋吸收能量＋透射能量。一般而言，绝大多数物体对可见光都不具备透射能力，而有些物体如水，对一定波长的电磁波透射能力较强，特别是对 0.45～0.56μm 的蓝绿光波段，水体的透射深度一般可达 10～20m，清澈水体可达 100m 的深度。太阳辐射到达地表后，对于一般不能透过可见光的地面物体其主要是吸收和反射作用。地物吸收了太阳辐射能量后具有了一定的温度，形成自身的辐射。但地表物体自身的辐射在可见光与近红外波段几乎等于零，因此可见光和近红外波段的遥感主要是以地面地物反射太阳辐射而进行的。

2.5.1　反射作用

当太阳光线与不透明表面接触时会发生反射作用，反射的性质取决于表面相对于波长的粗糙与光滑程度。如果表面相对于波长是光滑的，就会发生镜面反射；如果表面相对于波长是粗糙的，就会发生漫反射（图 2.8）。

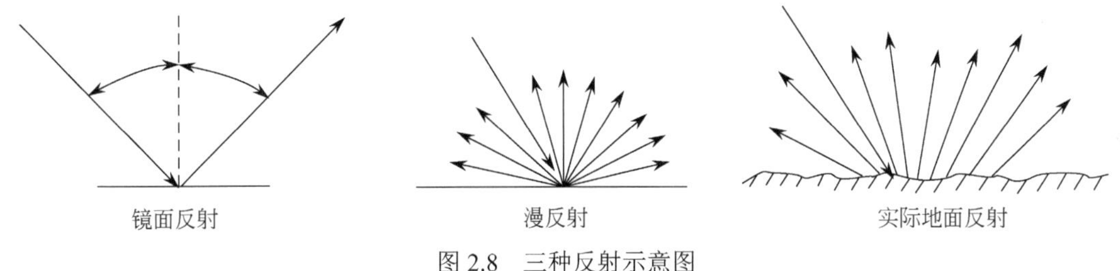

图 2.8　三种反射示意图

1. 镜面反射

镜面反射满足反射定律，即入射光是平行的，入射角等于反射角。如镜面、光滑的金属表面和平静的水体表面，对可见光波段都会发生镜面发射，传感器只有在反射线方向才能接收到电磁波，而其他方向就接收不到。

2. 漫反射

漫反射的概念是朗伯提出的，他设计了很多实验来说明光的反射规律，认为漫反射不论入射方向如何，反射方向都是“四面八方”的，其任何方向的反射辐射亮度是相等的，这种反射面又称为朗伯面，从遥感图像上观察到的地面可以近似看作朗伯面。对于可见光辐射，很多自然表面都可能是漫反射，如均匀一致的草场表面。

3. 实际地面反射

实际地面反射有的可近似看作朗伯面，但很多是介于两种理想模型之间。实际地面有平行的入射辐射时，其各个方向都有反射能量，其反射辐射亮度是与方向有关的（图 2.8）。

2.5.2　反射率的概念

反射率 ρ 是指地物的反射能量 P_ρ 占总入射能量 P_λ 的百分比。即

$$\rho=\frac{P_\rho}{P_\lambda} \tag{2.7}$$

根据能量守恒定律，反射率高的地物，其吸收率就低。吸收率高的地物，其反射率就低。地物的反射率可以用光谱辐射计测量，吸收率一般是通过反射率推算出来的。

地物对不同波长的反射率是变化的，同一波长作用于不同地物其反射率也是不同的。反射率的大小还与地物表面的粗糙度和颜色有关，一般粗糙的表面反射率低。此外，环境因素，如温度、湿度、季节等，也会影响地物的反射率大小。例如，同一地区同一地物在不同季节

的遥感图像上的色调差异会很大。

传感器记录的亮度值是地物反射率大小的反映。反射率大，传感器记录的亮度值就大，遥感图像上表现为浅色调；反射率低，则表现为深色调。遥感图像色调的差异是识别地物和目视判读的重要标志。

2.5.3　反射光谱曲线

地物反射率随波长而发生变化。以波长作为横坐标，反射率作为纵坐标，将地物反射率随波长的变化绘制成曲线，即地物的反射率随波长变化的曲线，称为地物的反射光谱曲线。不同地物的反射光谱曲线是不同的（图 2.9），地物反射率随波长变化的规律，为遥感影像的判读和分析提供了重要依据。

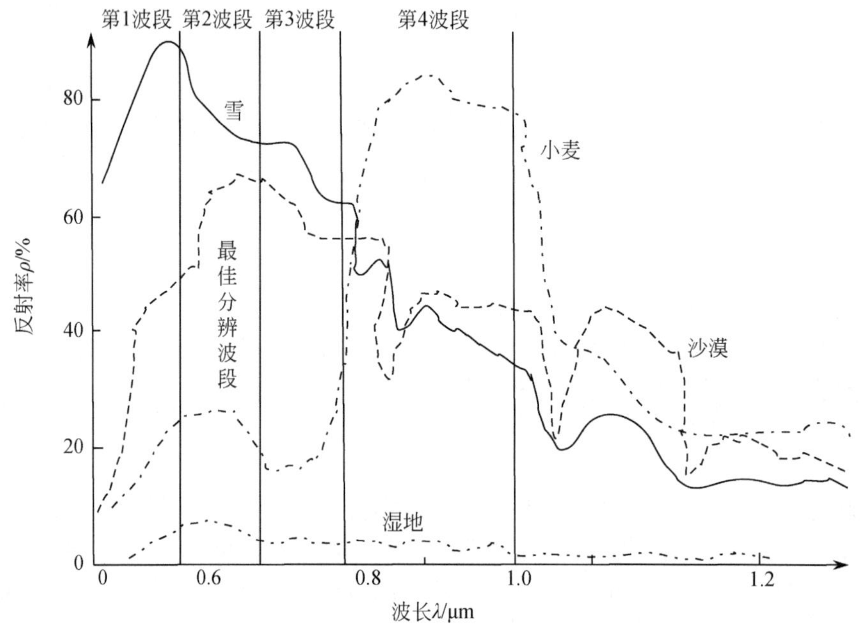

图 2.9　不同地物反射光谱曲线分析

从图 2.9 可以看到：第 1 波段雪的反射率很高，遥感图像上易于与其他地物区分；第 2 波段雪、小麦、沙漠和湿地 4 种地物反射率差距均较大，遥感图像上 4 种地物都易区分；第 4 波段小麦和湿地差异最大，沙漠和雪几乎没有差异，因此在该波段遥感图像上很难区分这两类地物，但这两类地物与小麦和湿地却很容易区分开来；波长大于 1μm，沙漠、雪和小麦反射率的值很接近，在遥感图像上的色调差别就小，不容易区分，但它们与湿地还是很好区分的。因此，要区分图中 4 种地物的最佳波段是第 2 波段（图 2.9）。地物反射光谱曲线是遥感分析的重要基础，必须熟悉常见地物类型的反射光谱曲线，如植被、水体、土壤和岩石，这是遥感图像判读、分析和计算机图像增强和分类等应用的基本原理和基础。

2.5.4　常见地物的光谱曲线

1. 植被光谱曲线

所有植物的反射光谱曲线呈明显的双峰双谷的特点（图 2.10），即接近可见光绿波段

（0.5～0.6μm）有一个反射峰，而该反射峰的两侧，即蓝光波段（0.38～0.5μm）和红光波段（0.6～0.76μm）则有两个植物叶绿素的吸收带，形成光谱曲线的两个低反射率谷，这也是人眼看到植物是绿色的原因。这一特征是由于植物叶绿素的影响，叶绿素对蓝光和红光吸收作用强，而对绿光反射作用强。第二个反射峰出现在近红外波段（0.76～1.1μm），其中 0.7～0.8μm 反射率陡峭上升，形成光谱曲线上的"陡坡"。1.3μm 以后反射率又开始快速下降，并形成两次明显的起伏，即以 1.45μm、1.95μm 和 2.7μm 为中心的水汽吸收带，形成低谷。但在中红外波段（1.3～2.5μm）总的趋势是逐步下降的。

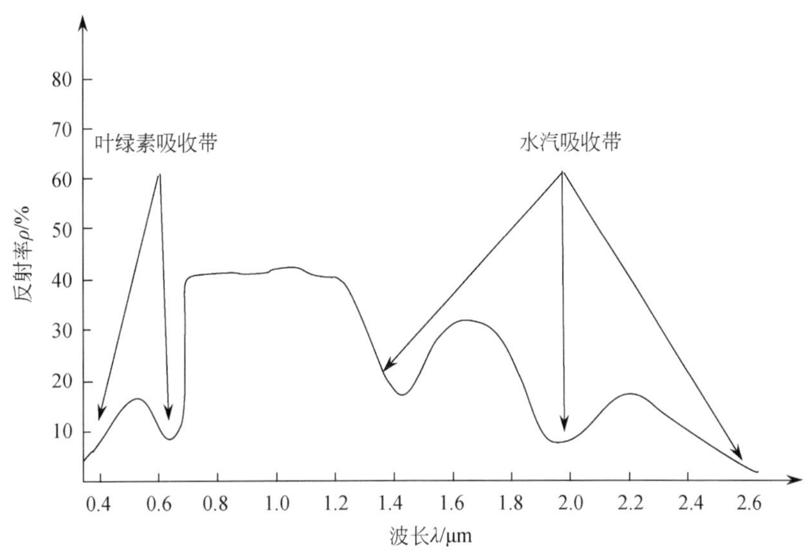

图 2.10　植物光谱曲线（梅安新等，2001）

不论植物种类，或是同种植物的不同生长阶段或长势状况，植物光谱曲线的基本形态特征是一致的，只是其反射峰和吸收谷的值是有高低差异的（图 2.11）。

2. 水体光谱曲线

水体的反射率总体很低，小于 10%，远低于其他大多数地物，如图 2.12 所示。因此遥感图像上水体或湿地都呈现为深色调甚至黑色。对于清水在蓝绿光波段有较强反射，在其他可见光波段吸收都很强，在近红外波段吸收更强，使得反射率几乎是 0。当水体中含有其他物质时，水体的反射光谱曲线会发生变化，如含有泥沙时可见光波段的反射率会增加，反射峰值出现在黄红区；含有叶绿素时近红外波段反射率明显增加（图 2.12）。这些特征是遥感影像上分析水体泥沙含量和叶绿素含量的重要依据。

3. 土壤光谱曲线

土壤表面反射光谱曲线都比较平滑，没有明显的峰谷（图 2.13），因此在不同波段的遥感图像上，土壤的色调区别不太明显。一般情况下，土质越细反射率越高，有机质含量越高反射率越低，土壤含水量越高反射率越低。根据这一特征，通过同种类型土壤的反射率变化，可以测定土壤含水量和有机质等。

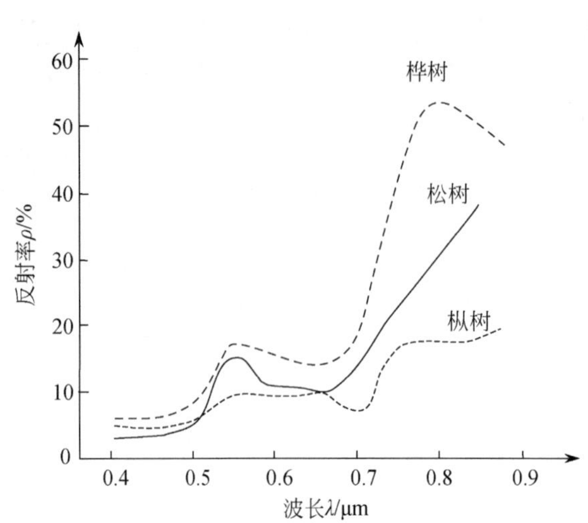

图 2.11　不同植物的光谱曲线（梅安新等，2001）

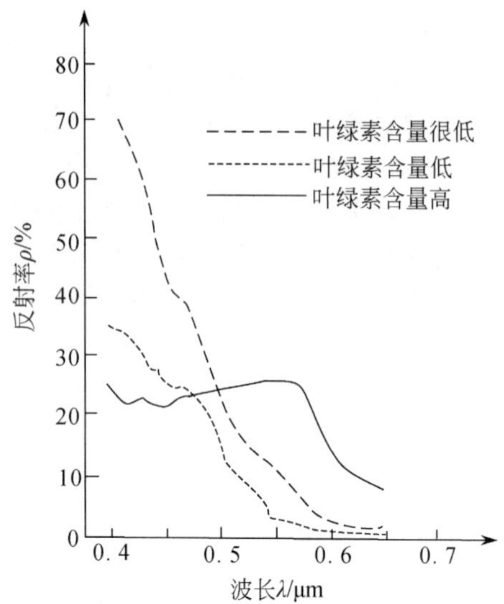

图 2.12　具有不同叶绿素浓度的海水的光谱曲线（梅安新等，2001）

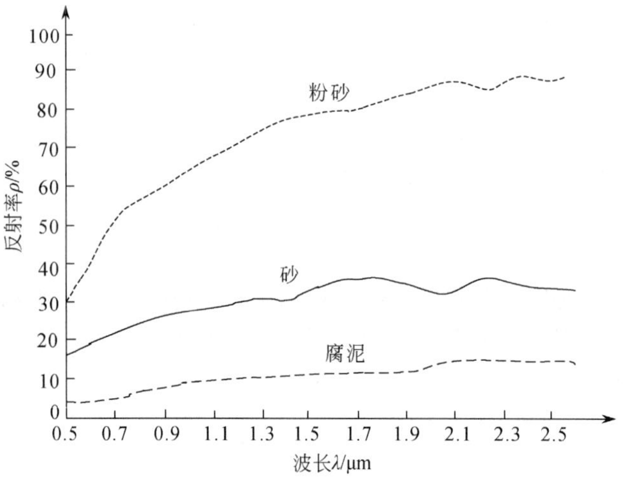

图 2.13　三种土壤的反射光谱曲线（梅安新等，2001）

4. 岩石的光谱曲线

不同类型岩石的反射光谱曲线都较平缓，没有明显的波段起伏，但反射率的值相差很大（图 2.14）。岩石表面反射率的大小因矿物成分、矿物含量、风化程度、含水状况、颗粒大小、表面光滑度、色泽度等而异。总体来说岩石在近红外波段的区分能力较强，例如，TM5（1.55～1.75μm）和 TM7（2.08～2.35μm）波段能较好地区分岩石性质。

2.5.5　吸收作用

太阳辐射到达地面，一部分能量被地物吸收并转换成热能，使地表升温后再辐射出热能。根据辐射基本定律，自然界任何温度高于热力学温度（−273℃）的物体都不断地向外发射具有一定能量和波谱分布的电磁波。其辐射能量的强度和波谱分布是温度的函数。这种辐射依赖于温度，被称为“热辐射”。

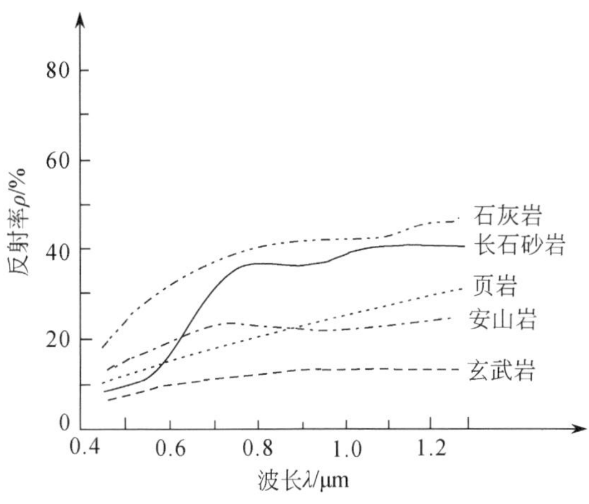

图 2.14　几种岩石的反射光谱曲线（梅安新等，2001）

1. 地表的辐射

地球表面的温度一定时，其热辐射遵循基尔霍夫定律。地表的辐射接近于温度为 300K 的黑体辐射，其最大的辐射波长为 9.66μm。由于地表的热辐射能量主要集中在远红外波段，远红外波段又称为热红外波段。探测地物的热辐射一般选择 8～14μm 的波段范围，因为这个波段是地表热辐射的峰值波长范围。例如，TM6 和 CBERS-B9 都属于热红外探测波段。遥感的热红外探测一般选择在夜间，因为夜间没有太阳辐射的影响，地面发出的能量以地表本身的热辐射为主，便于地表不同地物热辐射特征的识别和比较。

2. 发射率的概念

每种地物在一定温度时，都有一定的发射率。反射率是地物的辐射能量与相同温度下黑体辐射能量之比，又称为比辐射率。各种地物的发射率是不同的。这种地物发射率的差异是热红外遥感的重要依据和解译原理。常温下常见地物在 8～14μm 的发射率见表 2.5。

表 2.5　常见地物在 8～14μm 的发射率（赵英时等，2013）

物质	典型平均发射率（8～14μm）	物质	典型平均发射率（8～14μm）
清水	0.98～0.99	干矿物质土	0.92～0.94
湿雪	0.98～0.99	水泥混凝土	0.92～0.94
人的皮肤	0.97～0.99	油漆	0.90～0.96
粗冰	0.97～0.98	干植被	0.88～0.94
健康绿色植被	0.96～0.99	干雪	0.85～0.90
湿土	0.95～0.98	花岗岩	0.83～0.87
沥青混凝土	0.94～0.97	玻璃	0.77～0.81
砖	0.93～0.94	粗铁片	0.63～0.70
木	0.93～0.94	光滑金属	0.16～0.21
玄武岩	0.92～0.96	铝箔	0.03～0.07
亮金	0.02～0.03		

根据辐射定律，地物的发射率与地物的吸收率成正比，吸收率高，发射率就高。发射率与地物表面的粗糙度、颜色和热惯性等有关。一般地物表面粗糙或颜色较暗，吸收率高，发射率就高；而地物表面光滑或颜色较亮，吸收率低，发射率就低。表面热惯性大的地物比热大，具有保温作用，夜间发射率就大，而白天一般发射率却比较低。反之，热惯性小的地物白天发射率高，夜间发射率就低。例如，水体由于比热大，白天升温慢，温度低于周围地物，发射率低；夜间，由于散热慢，温度高于周围地物，其发射率就高。利用热红外遥感探测地热、水体污染和城市下垫面的热岛等是非常有效的方法。

3. 地物发射光谱特性

温度一定时，地物的发射率随波长变化的曲线，称为地物的发射光谱曲线。各类岩浆岩的发射率如图 2.15 所示。发射光谱曲线形态特征，可以反映地面物体本身的特征，包括物体本身的组成、温度、表面粗糙度等物理特性。发射光谱曲线的特殊形态，可以用来识别地面物体，尤其在夜间，太阳辐射消失后，地面发出的能量以发射光谱为主，探测其红外辐射及微波辐射并与同样温度条件下的发射率曲线比较，是识别地物的重要方法之一。

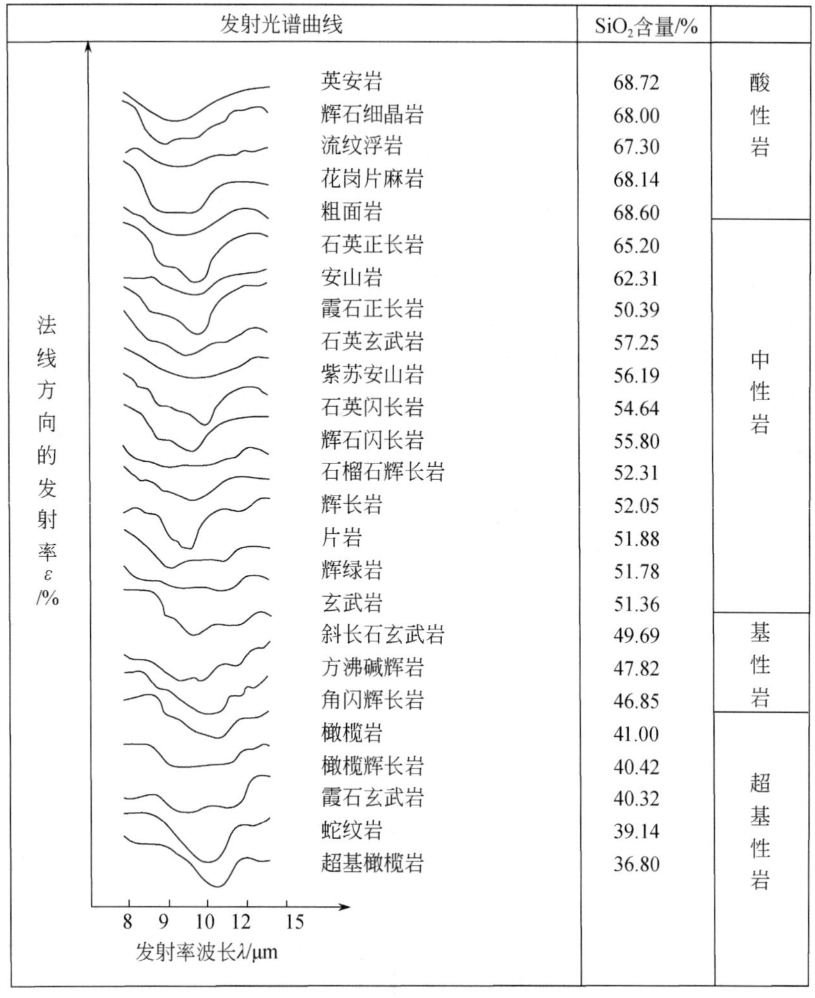

图 2.15　各类岩浆岩的发射率（梅安新等，2001）

4. 亮度温度

辐射温度是热红外遥感中常用的术语，用来表示所探测到的地物辐射能量大小。热红外遥感通常所记录的是地物辐射出射度（即辐射通量密度），例如，Landsat 卫星 TM6 波段的原始灰度值（0～255），它度量了地表地物的辐射通量密度，是指能辐射出与观测地物相等辐射能量的黑体温度，因此又称为表征温度或亮度温度。在微波遥感中常用亮度温度表示，而在热红外遥感中多用辐射温度表示。辐射温度（或亮度温度）不等同于地面真实温度，要从热红外遥感数据反演地表真实温度是相当复杂的，这也是热红外遥感研究的热点和难题。

2.5.6　透射作用

太阳辐射到达地面时，能穿透地面一定深度，这种现象称为透射。可见光对自然界绝大多数地物没有透射能力。红外线只对具有半导体特性的地物，才有一定的透射能力。微波对地物具有明显的透射能力，其透射深度由入射微波的波长决定。

可见光波段水体的电磁波透射能力较强，特别是 0.45～0.56μm 的蓝绿光波段。一般水体的透射深度可达 10～20m，清澈水体可达 100m 的深度。

微波的透射能力较强，这部分内容将在第 6 章中详细介绍。

2.6　三种遥感模式

依据遥感传感器所探测能量的波长和研究需要，一般可概括为 3 种基本的遥感模式。

（1）可见光/近红外遥感是最简单的一种模式，即传感器记录地球表面反射太阳辐射的能量，此类遥感主要集中在可见光和近红外波段。这个波段与日常生活中用相机或摄像机拍摄风景照片有相似之处。这类遥感模式的主要影响因素包括大气清澈度、目标物的光谱性质、太阳入射角度、太阳光的强度，以及滤光器和胶卷的选择等。

（2）第二种遥感模式是传感器记录地表自身所发射的辐射能量，此类遥感主要集中在热红外波段，称为热红外遥感模式。地表热辐射（300K）在远红外波段发射能量最强，因此需要设计特殊的传感器才能记录这些波长的能量，如红外辐射计或红外扫描仪。地表发射的能量主要来源于其吸收的太阳短波辐射，然后以长波的形式再发射。地表发射的能量反映了地表物质的热特性，而地物的热特性可以识别不同地物的含水量、不同植被类型、表面物质的差异及人为景观的差异。地表发射出的辐射能量还有其他来源，如地热、蒸汽管热、发电厂、建筑及森林火灾。这种遥感模式是被动遥感，因为其传感器探测和记录的是地球发射出的能量，而不是传感器自身发射出的能量。

（3）第三种遥感模式是传感器自身发射出能量，然后探测并记录地表对该能量的反射。此类传感器属于主动传感器，即通过自己发射能量而感知，因此这种遥感模式独立于太阳辐射和地表辐射。例如，成像雷达和激光雷达是主动传感器最好的代表，它们从卫星或航空飞机平台向地表发射能量，然后接受反射能量而成像。这种遥感模式探测的是传感器自身发射的地物反射能量，因此可以全天候运行。

思　考　题

1. 电磁波与遥感影像之间的关系是什么？
2. 目前遥感采用的电磁波谱有哪些？
3. 太阳辐射穿过大气，其能量衰减的原因有哪些？区分云层与积雪的原理是什么？

4. 什么是大气窗口？常用于遥感的大气窗口有哪些？
5. 电磁辐射与地表物体相互作用的机理是什么？有哪些？
6. 比较几种地物（植被、水、沙、雪）的反射光谱特征有何不同？地表水和冰哪个反射率更高？分析其遥感机理。如何区分植被生长的健康状况？
7. 影响地物光谱特性的主要因素有哪些？
8. 什么是地物反射光谱曲线？对影像分析有什么作用？
9. 遥感对全球气候变化研究有什么作用？

第3章 传 感 器

传感器，也称为敏感器或探测器，是收集、探测并记录地物电磁波辐射信息的仪器，是遥感技术的核心部分。传感器对电磁波波段的响应能力（如探测灵敏度和波谱分辨率）、传感器的空间分辨率及图像的几何特性、传感器获取地物电磁波信息量的大小和可靠程度等性能决定了遥感的能力。本章主要介绍传感器及其遥感数据获取的成像原理。

3.1 传感器的组成

传感器主要由收集器、探测器、处理器、输出器等 4 部分组成，如图 3.1 所示。

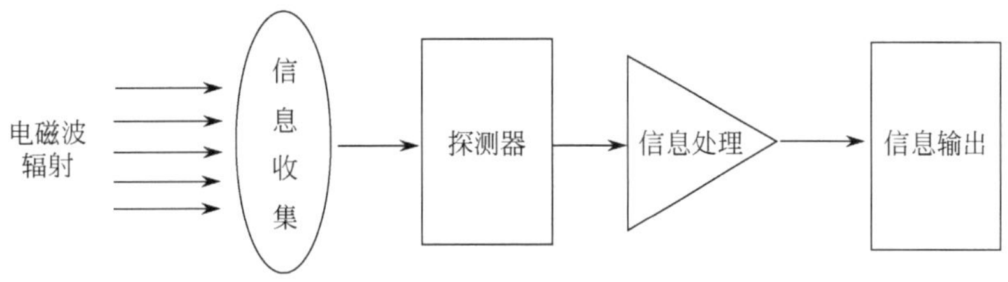

图 3.1 传感器的组成

其中各部分的主要功能介绍如下。

（1）收集器。收集来自目标地物的电磁波能量。如航空摄影机的透镜，扫描仪的反射镜等。对于多波段，还需要进行分光处理，即把光分解成不同波长的波段范围。

（2）探测器。将收集的辐射能转变成化学能或电能。如摄影感光胶片、光电管、光电倍增管、光电二极管、光电晶体管等光敏探测元件，以及锑化铟、碲镉汞、热敏电阻等热敏探测元件等。

（3）处理器。将探测后的化学能或电能等信号进行处理，如胶片的显影及定影、电信号的放大处理、滤波、调制、变换等。

（4）输出器。输出获得的图像、数据。一般有直接和间接两种方式。直接方式有摄影分幅胶片、扫描航带胶片、合成孔径雷达的波带片。间接方式有模拟磁带和数字磁带。

3.2 传感器的分类

传感器的种类很多，分类的方式也多种多样，常见的分类方式有以下几种。

（1）按传感器工作方式的不同，分为主动式传感器和被动式传感器。主动式传感器本身向目标发射电磁波，然后收集从目标反射回来的电磁波信息，如合成孔径侧视雷达等；被动式传感器收集的是地面目标反射来自太阳光的能量或目标地物本身辐射的电磁波能量，如摄影相机和多光谱扫描仪等。

（2）按传感器记录方式的不同，分为成像方式和非成像方式。成像方式的传感器把地物的电磁波能量强度用图像的形式表示，如航空摄像机、扫描仪、成像光谱仪和成像雷达等；而非成像方式的传感器把所探测到的地物电磁波能量强度用数字或曲线图形表示，如辐射计、红外辐射计、微波辐射计、微波高度计等。

（3）成像方式的传感器中，根据成像原理和所获取图像的性质不同，又可分为摄影方式传感器、扫描方式传感器和成像雷达 3 种。摄影方式传感器按感光胶片的性质不同，又可分为黑白、天然彩色、红外、彩红外和多波段摄影等；扫描方式传感器按扫描成像方式又可分为光机扫描仪、推帚式扫描仪和成像光谱仪；成像雷达按其天线形式又分为真实孔径侧视雷达和合成孔径侧视雷达。

3.3　摄影型传感器

摄影照相机是较为常用的遥感成像设备，主要由物镜、快门、暗盒（胶片）、机械传动装置等组成（图 3.2）。曝光后的底片只是目标的潜影，必须经过摄影处理后才能显示影像。遥感中常见的摄影机有单镜头框幅式摄影机、缝隙式摄影机、全景式摄影机、多光谱摄影机。

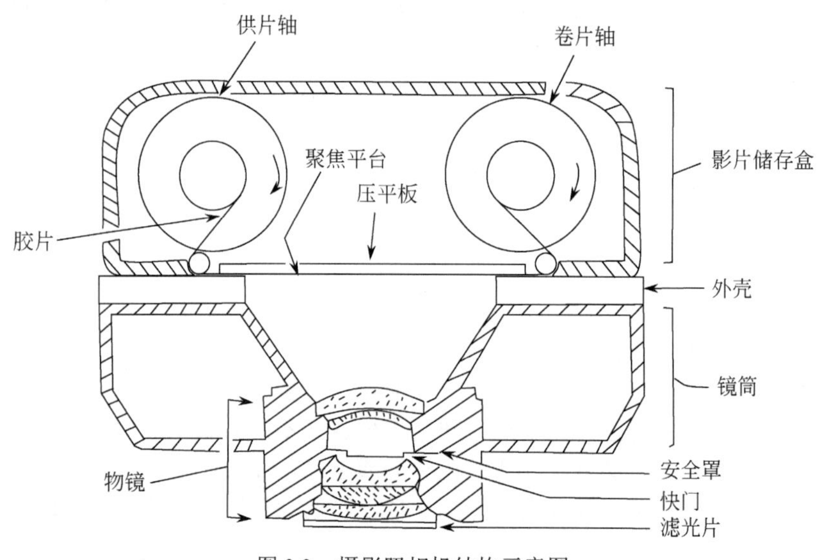

图 3.2　摄影照相机结构示意图

航空、航天摄影测量的相机一般采用单镜头框幅式摄影机，这类相机的成像原理与普通照相机相同，它是通过光学系统，采用胶片记录地物的反射光谱能量。

在空间摄站上进行摄影时，地面上视场范围内目标的辐射信息一次性地通过镜头中心后在焦平面上成像。测图用的航空摄影机与普通照相机相比较，必须满足很好的光学条件及几何条件：

（1）镜头畸变要小。

（2）解像力要高，包括在图像的边缘部分都能得到清晰的图像。

（3）光轴与胶片平面必须正交。

（4）可以精密测量出光轴与像面的位置关系，即摄影机的内方位元素。

（5）胶片应具备严格的平面性，要用真空装置将胶片压紧。

（6）为使相机在高速运动中取得清晰的、消除像移的图像，要配有使胶片平面移动的像移补偿装置。

常用于航空摄影的相机有瑞士威特公司的 RC 系列摄影机（如 RC-30），德国奥普托公司、

RMK 系列摄影机及国产的 HS2323 摄影仪等（表 3.1）。目前较新型的航摄仪还带有全球定位系统（global positioning system，GPS）自动导航和 GPS 控制的摄影系统，它能自动控制飞机按预先设计的航线飞行和控制摄影机按时曝光，并能及时记录曝光时刻的摄站坐标，精度约为 10cm。

表 3.1 常用航空相机的性能（庄逢甘和陈述彭，1997）

型号		焦距/mm	像幅/（cm×cm）	视场角/（°）	相对孔径	曝光时间/s	最大标称畸变值/μm
德国奥普托公司	RMKA	85	23×23	125	1∶4	1/50～1/500	7
		153	23×23	93	1∶4	1/100～1/1000	3
		210	23×23	75	1∶5.6	1/100～1/1000	4
		305	23×23	56	1∶5.6	1/100～1/1000	3
		610	23×23	30	1∶6.3	1/100～1/1000	50
瑞士威特公司	RC－8	152	23×23	90	1∶5.6	1/100～1/700	10
	RC－9	88.5	23×23	120	1∶5.6	1/200～1/300	50
	RC－10	304	23×23	50	1∶4	1/100～1/1000	8
		213	23×23	70	1∶4	1/100～1/1000	5
		152	23×23	90	1∶5.6	1/100～1/1000	4～7
		88	23×23	120	1∶5.6	1/100～1/1000	11～23
苏联	AΦA－T	36	18×18	148	1∶7.7	1/40～1/250	
		55	18×18	133	1∶8.2	1/40～1/250	40
		70	18×18	122	1∶6.8	1/40～1/250	20～30
		100	18×18	103	1∶6.8	1/40～1/250	20～30
		140	18×18	85	1∶6.8	1/40～1/250	20
		200	18×18	65	1∶9	1/40～1/250	20
		350	18×18	40	1∶6	最短 1/300	30
中国	航甲－17	70	18×18	122	1∶5.6	1/50～1/500	25
		100	10×10	104	1∶5.6	1/50～1/500	20
	HS	88	23×23	120	1∶5.6	1/100～1/700	10
		152	23×23	90	1∶5.6	1/100～1/700	10

对于在太空环境工作的摄影机，在满足上述 6 条基本要求外，还会遇到以下一些特殊问题需要解决：

（1）飞行器在空间不容许打开蒙皮，因此摄影窗口成了物镜的一部分。外界真空和摄影机内大气之间的差异，会造成窗口变形。再者舱内的合成材料挥发出的沉淀物，会附着于窗口上，降低成像质量。为此必须选择表面质量、光学均匀性和抗弯强度极好的玻璃作为窗口，并有清除窗口污染的装置。

（2）摄影机在空间摄影地区的地理纬度相差很大，太阳高度角各不相同，且不同地区的地物反射能力也不尽相同。为了随时得到合适的曝光量，必须装备自动曝光控制装置。

（3）摄影机在空间工作时的环境温度（如卫星向阳和背阳会使相机内部温度差异很大），会直接影响光学系统的性质，改变焦面位置和胶片灵敏度，例如，温度变化而导致内压力变化，物镜焦面产生变化，使胶片溶剂挥发产生静电现象和导致窗口结晶等。因此，必须控制窗口内合适的温度、压力和湿度，尽量减少这些因素对空间摄影机光学系统的影响。

（4）由于星体的快速移动、平台高度大，须采用高感光度的胶片。

（5）为了补偿胶片的变形，通常会使用带有格网的摄影技术。

用于航天遥感的这类相机也很多，例如，已在美国航天飞机及空间实验室配置的RMK-A30/23摄影机，焦距为305mm，像幅为23cm×23cm，标称卫星高度为250km，像片比例尺为1∶820000，每幅像片对应地面范围为189km×189km，物镜最大畸变差为6μm，分辨率为39线对/毫米，每4～6s或8～12s曝光一次，相机姿态控制在0.5°以内，取得影像的航向重叠度为60%～80%。利用它可以测制1∶50000和1∶100000比例尺的地形图。

另外一种有代表性的空间摄影机是美国的大像幅摄影机（LFC），相机焦距为305mm，分辨率为80线对/毫米，像幅为23cm×46cm。航高为225km时像片比例尺为1∶738000，对应地面范围为170km×340km。利用星相机测定相机摄影时的姿态，测定精度可达±5°，整个摄影机的姿态可控制在0.5°以内。

3.4　扫描方式的传感器

由于受胶片感光范围的限制，摄影像片一般仅能记录波长在1.1μm以内的电磁波辐射能量。另外，由于在航天遥感时采用摄影型相机的卫星所带的胶片有限，这类遥感卫星工作寿命也较短。而扫描方式的传感器的探测范围可以从可见光区至整个红外区，并且它采用专门的光敏或热敏探测器把收集到的地物电磁波能量变成电信号记录下来，然后可通过无线电频道向地面发送，从而实现遥感信息的实时传输。

常见的扫描方式的传感器有光机扫描仪、推帚式扫描仪（charge-coupled device，CCD）、高光谱传感器、侧视雷达传感器和电视摄像机等。电视摄像机是一种通过对像面进行电子扫描的扫描仪，在早期的Landsat卫星上曾携带过RBV，但由于寿命很短而停用，后来在遥感中使用也较少。

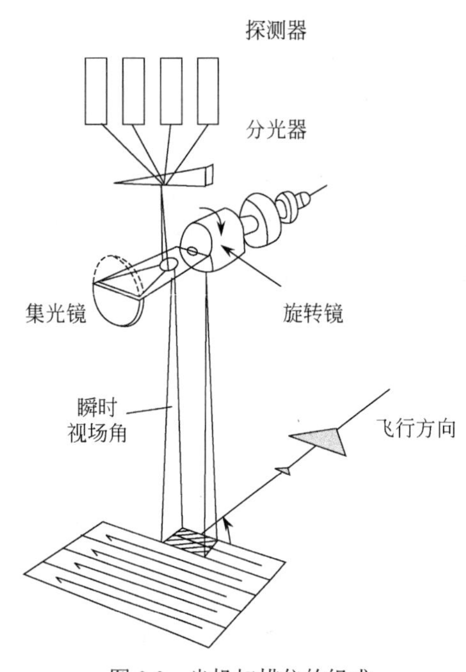

图3.3　光机扫描仪的组成

3.4.1　光机扫描仪

光机扫描仪的全称是光学机械扫描仪，它是借助于遥感平台沿飞行方向运动和传感器本身光学机械横向扫描达到地面覆盖、得到地面条带图像的成像装置。光机扫描仪主要有多光谱扫描仪和红外扫描仪两种。它们主要由收集器、分光器、探测器、处理器和输出器等几部分组成，如图3.3所示。地球观测卫星Landsat的MSS、TM及气象卫星NOAA的AVHRR等，都属于这种类型的扫描仪。下面简要介绍各组成部分的原理及特性。

1）收集器

在航天遥感中常用透镜系统或反射镜系统作为光机扫描仪收集地面电磁波辐射信息的器件。在可见光和近红外区，可用透镜系统也可用反射镜系统作为收集器。但在热红外区，电磁波的大部分被透镜介质吸收，因此一般采用反射镜系统。制作反射镜的常用材料有熔凝石英和特种金属（如铍）。使用熔凝石英材料制作反射镜可以降低光学表面的变形，空间用的反射镜大且要求质量高、重量轻，所以其构架做成蜂窝状结构而不是做成实体。使用金属制成的反射镜重量轻、尺寸稳定且硬度强，但它的晶体特性妨碍了光学抛光。因此，一般在抛光前，镀一层非结晶的镍混合物，抛光后在反射镜上镀一层铝膜或金膜，以得到最大的反射系数。

2）分光器

分光器的目的是将收集器收集的地面电磁波信息分解成所需要的光谱成分。常用的分光元器件有分光棱镜、衍射光栅和分光滤光片。光学传感器通常使用棱镜或滤光片将入射光分离成不同的光谱区域。而电子传感器则大都使用衍射光栅，因为衍射光栅分光效率高、体积小、重量轻。

分光棱镜是依据物质折射率随波长变化的原理来进行分光的。当光波从物质表面入射到其内部时，物质对光波的折射率会随波长改变［图 3.4（a）］。所以入射到棱镜上的光经棱镜透射或经其内部反射出来后，就会按不同波长向不同的方向传播出去，从而实现分光。常见的分光棱镜有 60° 棱镜、30° 棱镜等。

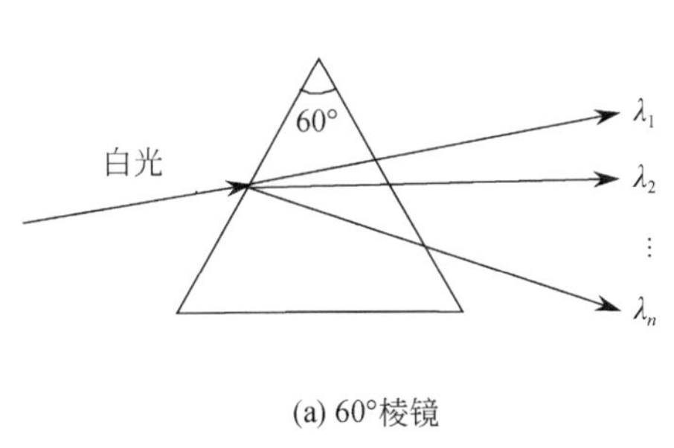

(a) 60°棱镜

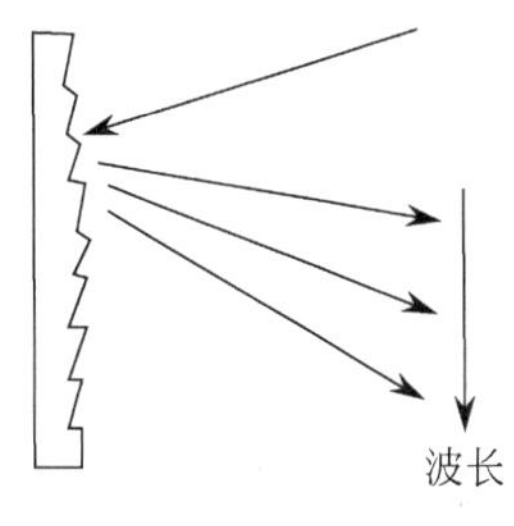

(b) 衍射光栅

图 3.4 分光原理

衍射光栅的分光非常精确，间隔一致，分光边界清晰。从地面传递来的光线要通过一个聚光镜，它的作用是产生一束平行光线以某个角度照射到衍射光栅［图 3.4（b）］。当光线入射到衍射光栅，与光栅相互作用时将会发生抵消干涉和相长干涉。抵消干涉会使某些波长的光线受到抑制，而相长干涉则会使某些波长的能量获得增强。光栅相对于不同的光线有特定的角度，所以不同波长的光线的衍射角度是不同的，从而使得入射的光线能依照光谱波长进行分离。然后，这些光线将照射到探测器进行光谱感应。

分光滤光片是能从某一光束中透射或反射特定波长的元件。从其分光功能上看，可分为两种形式：长波通或短波通滤光片和带通滤光片。长波通滤光片是仅让某波长以上的光通过；短波通滤光片是仅让某波长以内的光通过的滤光片。常用的短波通滤光片是热红外区的热反射镜和吸收滤光片。热反射镜反射特定的短波波段，供探测器探测使用，而长波被透射出去。吸收滤光片是用玻璃或在明胶基板上涂抹着色剂或染料制作而成，它可以吸收某些特定波长的光。常见的长波通滤光片是吸收滤光片和热红外区用的低温反射镜。低温反射镜反射大于某波长的波段，供探测器探测使用，而短波被透射掉。带通滤光片的作用是仅让特定波段电磁波通过，常见的有干涉滤光片。干涉滤光片的原理是，如果光入射到薄膜上，就会在薄膜内发生多重反射，形成光的干涉，从而让特定波长间隔的光透射出去。偏振光干涉滤光片仅透射特定波长的光，并且可以得到较窄波（0.1nm）的透射光。另外，对长波通和短波通滤光片进行组合也可以得到带通滤光片。

3）探测器

探测分光后的电磁波并把它变换成电信号的元件称为探测器。探测器的种类较多，按光电转换方式可分为光电子发射型、光激发载流子型和热效率型 3 类。

（1）光电子发射型的探测元件有光电管和光电倍增管两种。它利用某些材料在光的照射下会发出电子的特性，当光照射在光电管的阴极上时，这种材料会发出电子，在外电场的作用下，电子流向光电管的阳极，在光电管的输出电路中形成电流，且电路中的电流强度与光照度呈函数关系。这种类型的探测器主要应用于探测从紫外到可见光区的地物反射能量。

（2）光激发载流子型的探测元件有光电二极管、光电晶体管、光电导管、线阵列传感器等。这些元件按其不同的探测原理可分为 PC 型和 PV 型两类。PC 型元件一般是晶体结构，当它受到外来热辐射时会在晶体内产生电子-空穴对。产生电子-空穴对的数量与热辐射的强弱呈正比关系，在外加电压的作用下，电子向阳极、空穴向阴极移动而形成电流。PV 型元件的典型例子是电视摄像机。电视摄像机中使用的光电发射材料为银、硒、锑、铅的硫化物、氧化物等。一般将这种类型的材料制成很小的光敏粒，逐点逐行排列镶嵌成光敏层，光敏粒之间用绝缘物隔开。光敏层装在电视摄像机中的光电变换靶后面，前面是云母层，再前面是一层透光的金属导电膜。变换靶的前方是物镜，景物通过物镜后，在靶面上成像，并透过变换靶的导电膜和云母层，照射在光敏层上。光敏粒在光的作用下溢出电子，溢出的电子数与光的强度成正比。整个光敏层上，由于影像各处的光强不同，溢出的电子数也不一样，这时在光敏层上形成一个由正电子描绘的电子影像。在电池的作用下，电子流向导电膜，在导电膜上形成一个负电子影像与正电子影像对应。以后在电子枪发出的电子束的作用下，可取出影像的视频信号。利用光激发载流子类型的探测器可以探测地物从可见光至红外区的电磁波辐射信息。

（3）利用热效应型（photoelectric effect module，PEM）的探测器是一种热红外探测器，它能把红外辐射能转换成电能。热红外探测器的种类很多，表 3.2 列出了几种常用红外探测器性能。

表 3.2　常用红外探测器性能（Campbell and Shepard，2003）

探测器材料	工作类型	使用波段/μm	峰值响应波长/μm	工作温度/K
硫化铅（PbS）	PC	0.6～3.0	2.3～2.7	室温
砷化铟（InAs）	PEM	1.3～3.6	3.2	195
锑化铟（InSb）	PC	0.5～6.5	5.1	195
碲镉汞（Te-Cd-Hg）	PV	6～15	10.6	77
锗掺汞（Ge：Hg）	PC	3～14	11	30

大多数热红外探测器必须在低温下工作，在传感器中要有制冷装置。制冷的方法有：液化气体制冷、固体制冷剂制冷和辐射制冷器制冷。液化气体制冷用于机载热红外传感器，固体制冷剂用于空间工作的热探测器，卫星上更多的是用辐射制冷器。辐射制冷器是将一根铜棒的一端与探测器室相连，另一端做成半球状，并加以黑化，伸向外空间，探测器室的热量经铜棒传导到外空间，达到制冷目的。这种制冷器可将探测器室的温度制冷到 100K 左右。

探测器的性能常用以下几个指标来反映：

（1）瞬时视场角（instantaneous field of view，IFOV）。是指在某一很短的时间内，假定飞行器静止时，遥感仪器所观测到的地面面积。因此，瞬时视场角定义了传感器观测地面的最小面积，同时也确定了数字图像的空间分辨率（周军其等，2014）。瞬时视场角的范围也称为图像像元，是数字化影像的最小单元，数字图像就是由这些像元组成的更大范围的区域信息，但像元无法表示比瞬时视场角的范围更小的地面区域信息。

（2）探测的响应范围。是指传感器对亮度灵敏的最低和最高限度。卫星飞行的高度和速度必须要与传感器的灵敏度相匹配，以保证传感器有足够的响应时间采集地面某一区域的反射光谱信号（这个响应时间就是停留时间）。

图 3.5 表示了探测器的灵敏范围。图中暗电信号的地方就是探测器接收的最低亮度，即没有任何地景的情况下（没有任何地面亮度信息），探测器（如 CCD）所能够记录的最低亮度。探测器灵敏度的最高限度出现在图 3.5 中斜线的最上端，表示探测器响应的最大亮度水平，超出该最大亮度，探测器将不再有响应。最大与最小的亮度范围内，即图中的直线段部分，就是传感器能够正确响应的地面亮度范围。每个传感器都有一个亮度响应曲线，它是通过不断地校准得到的。扫描型传感器的响应曲线与摄影型传感器中胶片的感光特性曲线相类似。

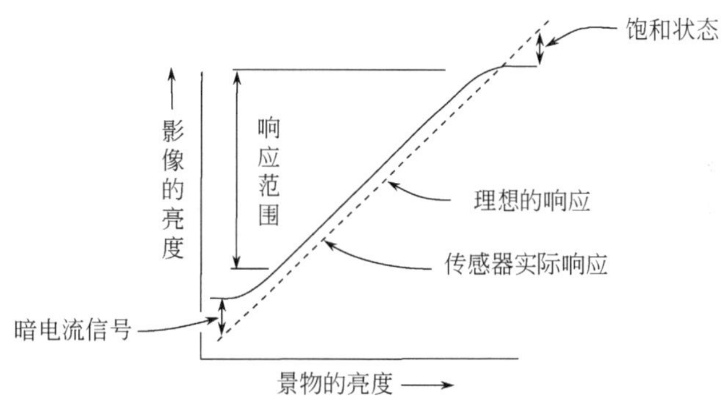

图 3.5 传感器探测的响应曲线

扫描型传感器的亮度响应范围比胶片的响应范围要宽很多，因此当数字图像用胶片显示时，会丢失很多高或低的亮度信息。目视解译对图像的理解是基于胶片类型的，因此对数字图像的增强处理就是为解决两种数据之间的光谱响应差异，以便扩大目视解译的光谱范围，提高目视判读的效果。

（3）信噪比。是指信号与噪声之比。传感器接收的目标地物以外的亮度信息称为噪声，噪声的产生一部分是传感器各部件累积的电子信号错误引起的，另一部分是来自大气、解译过程等。

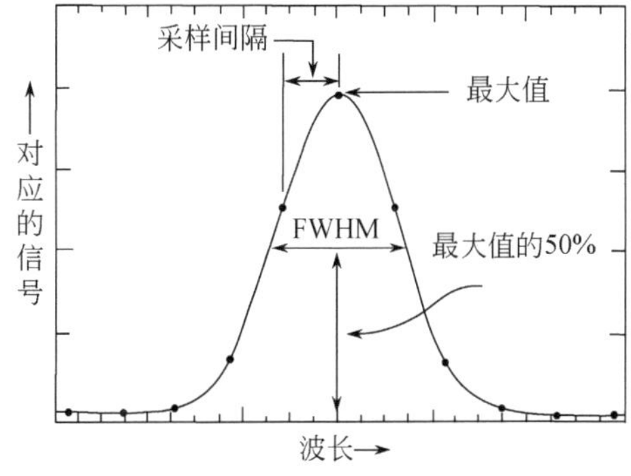

图 3.6 传感器光谱灵敏度曲线（FWHM）

（4）光谱灵敏度。用来表达传感器的光谱探测能力，包括传感器探测波段的宽度、波段数、各波段的波长范围和间隔等。由于各种探测器的响应范围不同，衍射光栅等分光元件无法确定明确的分光界限，光谱灵敏度对某个波段范围来说是有所变化的。例如，某个用来记录 0.5～0.6μm 绿色波段的传感器并不是在整个绿色波段表现出一致的光谱灵敏度，而只会在绿色波段的中心位置具有较大的光谱灵敏度（图 3.6）。

传感器的光谱灵敏度［半峰全宽（full width at half-maximum，FWHM）］通常用光谱灵敏度曲线的一半处光谱范围来确定（图 3.6）。传感器的光谱灵敏度定义了其光谱分辨率，即传感器所能探测的光谱带宽。如 Landsat MSS 第 1 波段的响应范围为 0.5～0.6μm，其带宽为 100nm。这并不意味着 MSS1 波段只响应 0.5～0.6μm 的辐射能量，与其他波长的能量响应有明确的分界线，而是形成如图 3.6 所示的响应曲线，在不同波长段其灵敏度呈典型的高斯分布形态。0.5～0.6μm 是该波段探测器高斯曲线最大值一半处光谱范围，即半峰全宽（FWHM），表示 MSS 第 1 波段的能量敏感区域。探测器的带宽越大，其波段数就越少。一般多波段遥感的波段数为 5～7。目前成像光谱仪可把可见光至近红外光谱区分成上百个波段。

4）处理器

从探测器出来的低电平信号，需放大和限制带宽。一般在探测器后面设置低噪声的前置放大器来进行这项工作。前置放大器随电子元件不同，分为真空管、晶体管和集成电路 3 种形式。对于多元探测器的传感器，每个探测器上要安置一个前置放大器，形成多路输出。为了使其变为一维时序信号，可采用对每一个通道进行周期性采样的“时分多路传输制”。目前更多地使用 CCD。将 CCD 元件置于探测器后面，直接将多路信号变成一维的时序信号。这时只需用一个前置放大器。

前置放大器出来的视频信号可输往磁带机，将模拟信号记录在磁带上。如果需要将信号记录在胶片上，则必须设计电光转换电路，将电信号转变成辉光管或阴极射线管上显示的光信号，这时输出器上的光强度正好与目标辐射强度一致。

如果要求输出信号为数字形式，则必须将视频信号数字化，一般使用模 / 数变换器，对连续的模拟信号进行采样、量化和编码，变成离散的数字信号。

5）输出器

输出器种类也很多，目前输出形式主要有两种，一种是胶片，另一种是磁带。把探测器输出的视频信号记录在胶片上，经电光变换线路来调制一些发光器件，这时发光器件上的光信号强度与视频信号强度一致。当胶片曝光时，数据就被记录下来。

输出数据也用磁带记录仪记录在磁带上。磁带记录仪与普通的视频记录仪相仿。有的磁带记录仪可作为传感器收集数据的暂存器，如 Landsat 卫星上用的宽带视频记录仪，当卫星运行至地面接收站上空时，将储存的数据向地面发送。

磁带记录的形式分为模拟磁带和数字磁带两种。模拟磁带记录数据后形成的磁场强度与视频信号强度一致，数字磁带记录的是已采样、量化和编码了的数字数据。数字磁带又分为高密度数字磁带（high density digital tape，HDDT）和计算机兼容磁带（computer compatible tape，CCT）两种。

3.4.2　推帚式扫描仪

光机扫描仪利用扫描镜的机械旋转或振动，达到对地面扫描的目的。美、法等国家研制的“固体扫描仪”，把许多 CCD 探测元件按线性排列方式装置，并与卫星前进方向垂直，且装置的探测元件的数目等于扫描线上的像元数。这种设计的扫描仪没有机械旋转装置，沿卫星前进方向推帚式扫描成像，因此又称为推帚式扫描仪（图 3.7）。这种扫描仪的设计能满足分辨率越来越高的需求，只要线性排列集成的 CCD 探测元件足够多，分辨率就可以不断提高。例如，法国 SPOT 卫星的 HRV 传感器每线性列阵有 4096 个 CCD 探测器，地面分辨率可达 15m，如果有 8192（4096×2）个探测器，分辨率可提高到 7.5m。

推帚式扫描仪使用的固体探测器件，是由硅等半导体材料制成的。在这种器件中，受光或电激发产生的电荷靠电子或空穴运载，在固体内移动。固体器件种类也有很多，目前传感器中普遍使用的是CCD。

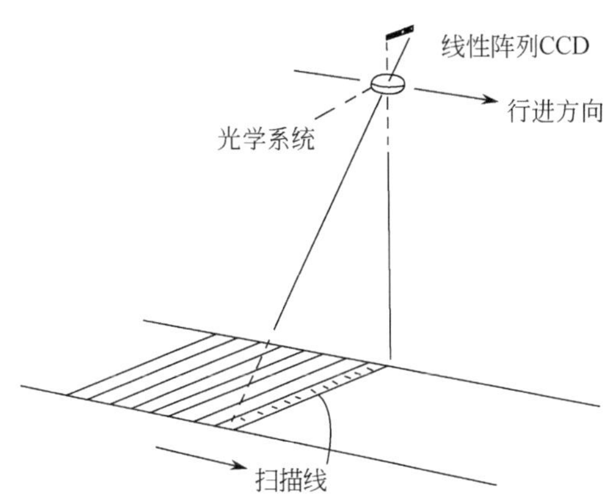

图3.7　推帚式扫描仪的数据采集（Campbell and Shepard，2003）

CCD 扫描仪按其探测器的排列形式不同，分为线阵列扫描仪和面阵列扫描仪两种。由于制造工艺尚不够成熟，目前面阵CCD阵列还难以做得很大，其几何尺寸还很有限，达不到航空或航天遥感对其幅面的要求。线阵列扫描仪一般称为推帚式扫描仪，是目前获取遥感图像的主要传感器之一，SPOT 卫星的HRV，Landsat-7的ETM，Landsat-8 TIRS成像仪与OLI成像仪，MOS-1（日本）卫星的MESSR，JERS-1等都采用这种类型的传感器。例如，MOS-1上搭载的扫描仪，其每个元件的大小为14μm×l4μm，把它排成一列共有2048个元件。SPOT卫星上的HRV全色波段，用6000个CCD元件组成一行，使地面分辨率提高到了10m。

推帚式扫描仪具有两大优点：一是摒弃了复杂的光学机械扫描系统，成像系统结构稳定可靠，确保每个像元具有精确的几何位置。二是提高了传感器的灵敏度和信噪比，即对目标地物的反射能量的响应程度提高了，减少了传感器各部件累积的电子信号错误引起的图像噪声。它的缺点是由于探测器数目多，当探测器彼此间存在灵敏度差异时，往往产生带状噪声，必须进行辐射校正。

3.4.3　高光谱传感器

通常的多光谱扫描仪将可见光-近红外波段分割为几个或十几个波段，称为宽波段。当分割的波段数达到越来越多，接近于连续光谱，每个波段的波长范围很窄，称为高光谱或窄波段。能记录高光谱的窄波段数据的扫描仪，称为高光谱成像光谱仪。

高光谱成像光谱仪是新一代传感器，是遥感发展的新技术。在一定的波长范围内，传感器的探测波段可达100多个，非常窄的波段范围几乎组成连续的光谱段。目前高光谱成像光谱仪主要应用于航空遥感，航天遥感领域也开始应用高光谱。

高光谱成像光谱仪按照工作原理可分为两种基本类型。一种是线阵列光学机械式扫描。这种线阵列成像光谱仪将产生200多个连续窄光谱段。这种扫描式的高光谱成像光谱仪主要用于航空遥感探测，因为飞机的飞行速度较慢，有利于提高空间分辨率。如机载可见光/红外成像光谱仪（airborne visible infrared imaging spectrometer，AVIRIS）可见光—近红外有224个波段，光谱范围从0.38μm～2.5nm，波段宽度很窄，仅为10nm。中国科学院上海技术物理研究所研制的机载成像光谱仪也是这种类型。另一种是面阵列推帚式成像光谱仪。它利用线阵列探测器进行推帚式扫描，形成二维面阵列，一维是空间维度（线阵列），另一维是光谱维度（由光谱仪提供）。图像一行一行地记录数据，不再移动元件，有多少个波段就有多少个探测元件，如加拿大的小型机载成像光谱仪（compact airborne spectrographic imager，CASI）和我国的推帚式高光谱成像仪（pushbroom hyperspectral imager，PHI）。

成像光谱仪注重提高光谱分辨率，可以获得波段宽度很窄的高光谱图像数据，所以它多用于地物的光谱分析与识别上。目前成像光谱仪的工作波段为可见光、近红外和短波红外。高光谱遥感对于特殊的矿产探测及海洋水色调查非常有效，尤其是矿化蚀变岩在短波段具有诊断性光谱特征。与其他遥感数据一样，成像光谱数据也受大气、遥感平台姿态、地形因素等的影响，会产生几何畸变及边缘辐射效应等。因此，数据在提供给用户使用之前必须进行预处理。预处理的内容主要包括平台姿态的校正、沿飞行方向和扫描方向的几何校正及图像边缘辐射校正。

3.4.4 雷达传感器

雷达属于主动式遥感传感器。成像时雷达本身发射一定波长的电磁波波束，然后接收该波束被目标地物发射回的信号，从而探测目标地物的特性。雷达发射的波长主要在微波范围内，因此雷达图像又称为微波图像。由于大气对微波的影响很小，雷达可以全天候获取地面图像，其应用也越来越广泛。

雷达分为真实孔径雷达（real aperture radar，RAR）和合成孔径雷达（synthetic aperture radar，SAR）两种。有关雷达成像及其图像特征将会在本书第 6 章中详细介绍。

3.5 传感器的发展趋势

传感器研制方面的重要发展趋势主要包括以下几点。

（1）更高空间分辨率传感器的研制。随着遥感应用的广泛和深入，对遥感图像和数据的空间分辨率要求越来越高。多波段扫描仪已从机械扫描发展到 CCD 推帚式扫描，空间分辨率从 80m 提高到 20m，再到 10m，目前已达到了 1m 以内，例如，QuickBird 数据的分辨率为 0.61m；SPOT 卫星家族后续卫星 Pleiades，空间分辨率达到了 0.5m。从遥感平台上获得的地面遥感图像越来越详细，即获取更高空间分辨率遥感数据，以满足不同的应用需要，将是传感器研制的重要发展趋势。

（2）更精细的光谱分辨率传感器的研制。随着空间分辨率的提高，传感器的光谱分辨率也在提高。像 SPOT HRV，Landsat TM 和 IKONOS 这些遥感系统分别提供了 4 个、7 个、5 个光谱通道，每个波段宽度都大于 10nm。而 MODIS 已经有 36 个离散的波段，但是仍然不能很好地满足人们识别细微地物的要求。随着现代遥感技术的发展，高光谱分辨率的新遥感系统逐渐形成。高光谱传感器能提供 200 甚至更多的通道，其中每个波段宽度都小于 10nm。

（3）多波段、多极化、多模式合成孔径卫星雷达传感器的研制。当前，星载主动式（微波）遥感的发展引起了人们的重视，例如，成像雷达、激光雷达等的发展，使探测手段更趋多样化。合成孔径雷达具有全天候和高空间分辨率等特点。目前已有几颗卫星装备有单波段、单极化的合成孔径雷达。加拿大的雷达卫星就具有多模式的工作能力，能够改变空间分辨率、入射角、成像宽度和侧视方向等工作参数。干涉测量技术是利用相邻两次的合成孔径雷达影像进行地形测量和微位移形变测量的技术。欧洲空间局的 ERS-1 卫星 C 波段 SAR 计划，就是通过应用干涉测量技术研究火山爆发后火山锥的变化。

（4）可进行立体观测和测量的传感器的研制。立体观测可以用于卫星地形测绘。CCD 固体扫描仪可以实现对地面的立体观测，即获取地面的立体影像。立体观测的形式有同轨立体观测和异轨立体观测两种。

同轨立体观测是指在同一条轨道的方向上获取立体影像。具体方法是在卫星上安置两台以上的推帚式扫描仪，一台垂直指向天底方向，其他的指向前进方向的前方或后方，且遥感器之间的光轴保持一定的夹角，如图 3.8 所示，随着平台的移动，这样三台扫描仪就可获取同一地区的立体影像。但是，为了便于观察或测图，不同扫描仪获取的影像应有相同的比例尺，所以前后视扫描仪光学系统的焦距应与正视扫描仪的光学系统的焦距不同。例如，美国的立体测图卫星，前视和后视线阵列扫描仪的主光轴与正视线阵列扫描仪的主光轴之间的夹角均为 26.57°。卫星高度设计为 705km，正视扫描仪的焦距设计为 705mm，前视和后视扫描仪焦距均设计为 775mm，三台扫描仪获取的影像比例尺均为 1∶1000000。

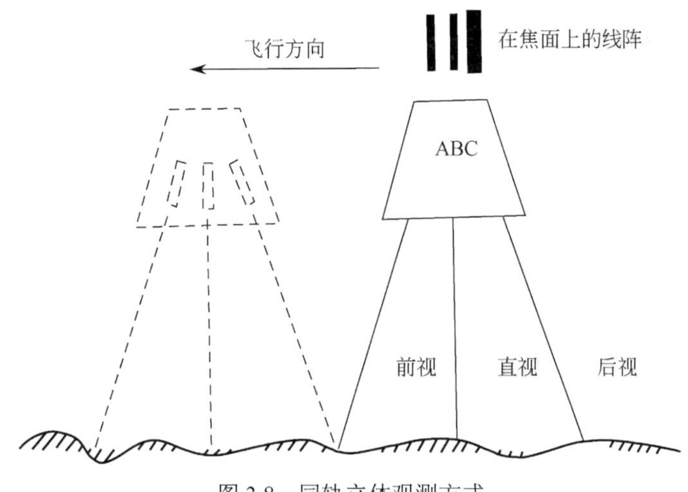

图 3.8　同轨立体观测方式

异轨立体观测是在不同轨道上获取立体影像。在立体观测时，可以使用两台以上的扫描仪，也可以使用一台扫描仪。SPOT 卫星使用一台扫描仪获取立体影像，该扫描仪的平面反射镜可绕卫星前进方向的滚动轴旋转，从而实现在不同轨道间的立体观测（图 3.9）。由于平台反射镜向左右两侧偏离垂直方向最大可达±27°，从天底点向轨道任意一侧可观测 450km 范围内的景物，这样在相邻的许多轨道间都可以获取立体影像。由于轨道的偏移系数为 5，

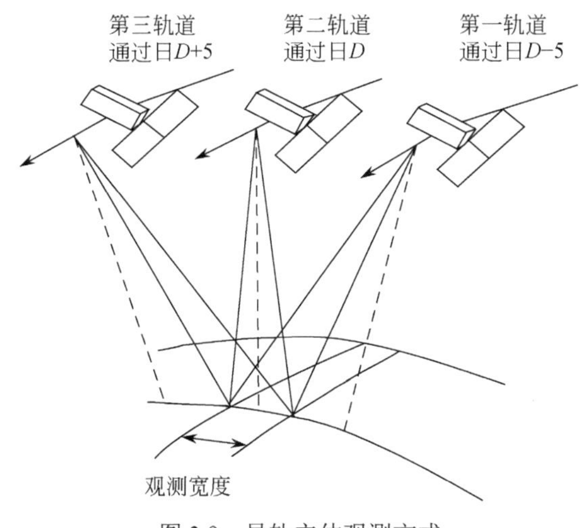

图 3.9　异轨立体观测方式

相邻轨道差 5 天，也就是说，如果第一天垂直地面观测，则第一次立体观测要待到第 6 天实现。由于气候条件的限制，这种立体观测方式形成的立体影像有时质量不好。

目前法国的 SPOT 卫星及中国的高分 7 号卫星等已具备斜视立体观测能力，这使得进行地形测绘的技术取得重大进展，但仍未完全实用化。

总之，不断提高传感器的功能和性能指标，开拓新的工作波段，研制新型传感器，提高获取信息的精度和质量，将是今后遥感发展的一个长期任务和发展方向。

思 考 题

1. 说明摄影方式传感器的成像原理及获取数据的特点。
2. 说明扫描方式传感器的成像原理及获取数据的特点。
3. 比较不同传感器的特点。
4. 理解遥感图像的光谱分辨率和空间分辨率，如何评价遥感图像质量。
5. 根据传感器发展趋势，分析遥感应用中空间分辨率和光谱分辨率之间的辩证关系。

第4章 航空遥感

航空遥感是指以飞机或气球为平台所进行的遥感技术，它是现代遥感技术发展的起源和重要基础，也是现代遥感技术一个非常重要的组成部分。航空遥感主要特点是灵活性大，资料回收方便，图像分辨率高，同时也不受地面条件限制，并且航空遥感历史悠久，形成了较完整的理论和应用体系。

航空遥感是随着摄影术的诞生和照相机的使用，以及气球等简易平台的应用而发展起来的。1903 年飞机的发明，以及 1909 年莱特第一次从飞机上拍摄意大利西恩多西利地区空中照片，从此揭开了航空摄影和航空遥感发展的序幕。

在 1913 年，开普顿·塔迪沃第一次进行航空摄影以后，发表论文首次描述了用飞机摄影绘制地图的问题。第一次世界大战爆发后，航空摄影因军事上的需要而得到迅速的发展，并逐渐发展形成了航空遥感学科体系。随着航空摄影测量学的发展，特别是第二次世界大战中军事上的需要，航空摄影测量的技术不断创新，应用领域不断扩展。在这期间彩色摄影、红外摄影、雷达技术及多光谱摄影和扫描技术相继问世，航空探测手段取得了显著的进步，航空摄影测量从此超越了只记录可见光谱段的局限，向紫外和红外扩展，并扩展到微波。同时，航空遥感判读成图设备等也都得到相应的完善和发展。

目前航空遥感技术在国家发展的各个领域，特别是地质、地理、农林、环境等方面的应用，取得了很大的成就，成为自然资源调查和研究的一个重要手段和基本工具。

4.1 航空遥感平台

遥感平台一般在距地表 12km 以下的大气层（平流层、对流层），主要包括气球和飞机两种，以及新出现的无人机平台（Toth and Jozkow，2016）。

（1）气球。早在 1858 年，法国人就开始用气球进行航空摄影。气球是一种廉价的、操作简单的平台，可携带摄影机、摄像机、红外辐射计等简单的传感器。气球按其在空中的高度分为低空气球和高空气球两类。①低空气球：发送到对流层中的气球。其中大多数可人工控制在空中固定位置上进行遥感。用绳子拴着的气球称为系留气球，最高可升至地面上空 5km 处。②高空气球：发送到平流层中的气球，大多是自由漂移的，可升至 12～40km 高空。

（2）飞机。飞机是最主要的航空遥感平台，可以根据需要在指定时间和地区飞行，能携带多种遥感器，信息回收方便，仪器可以及时维修。按照飞行高度不同，可分为低空飞机、中空飞机和高空飞机。①低空飞机：高度在地面上空 2000m 以下。利用它能获得大比例尺、中比例尺航空遥感图像。②中空飞机：高度在 2000～6000m。一般用它获得中小比例尺的航空遥感图像。③高空飞机：高度在 12000～30000m。一般用它可获得小比例尺的航空遥感图像。

（3）无人机平台。以无人机为空中遥感平台的遥感技术，是近年发展起来的一项新型应用性技术。无人机按任务高度分类，可以分为超低空无人机（0～100m）、低空无人机（100～1000m）、中空无人机（1000～7000m）、高空无人机（7000～18000m）和超高空无人机（大于 18000m）；按飞行平台构型分类，无人机可分为固定翼无人机、多旋翼无人机、无人飞艇、伞翼无人机、扑翼无人机等。无人机遥感技术由于其快速灵活、高分辨率、成本低的显著特点，已广泛应用于国家生态环境保护、矿产资源勘探、海洋环境监测、土地利用调查、水资源开发、农作物长势监测与估产、农业作业、自然灾害监测与评估、城市规划与市政管理、森林病虫害防护与监测、公共安全、国防事业、数字地球等领域（徐冠华，1999）。

4.2 航空摄影

航空摄影是将航摄仪安装在飞机上，按照一定的要求对目标物摄影，获取影像资料的过程。航空摄影可向用户提供高质量的像片产品。其主要为可见光—近红外的摄影成像类型，也是航空遥感的主要类型。

4.2.1 航空摄影机

航空摄影机是航空遥感的传感器，一般安装在飞机平台上，从空中对地面进行像片拍摄。它是通过光学系统采用感光材料直接记录地物的反射光谱能量，其工作原理和结构与普通照相机基本相同（参考第 3 章的相关内容），但由于空中摄影的特殊要求，在镜头设计及结构上则更为精密和复杂，并能根据设计进行自动连续摄影。

航空摄影机的种类主要有 4 种，即单镜头框幅航空摄影机、多镜头框幅航空摄影机、条带航空摄影机和全景航空摄影机。其中以单镜头框幅航空摄影机最为常用。

4.2.2 航空摄影的类型

1. 按航摄倾角分类

按像片倾斜角（航空摄影机主光轴与通过镜头中心的铅垂线之间的夹角）分类，可分为垂直摄影和倾斜摄影。

倾斜角等于零的，是垂直摄影，这时主光轴垂直于地面，感光胶片与地平面平行。但是由于飞行中的各种因素，倾斜角不可能绝对等于零，一般把倾斜角小于 3°的，均称为垂直摄影。由垂直摄影获得的像片称为水平像片。水平像片上目标的影像，与地面物体顶部的形状基本相似，像片各部分的比例尺大致相同。通过垂直航空像片可以量测位置和距离，判断各目标间的相互关系。垂直航空摄影是获取航空遥感图像的主要方法。

倾斜角大于 3°的，称为倾斜摄影，所获得的像片称为倾斜像片。这种像片可以单独使用，也可以与水平像片结合使用。

2. 按摄影实施方式分类

按摄影的实施方式分类，可分为单片摄影、单航线摄影、多航线摄影（面积摄影）。

（1）单片摄影：为特定目标或小块地区进行的摄影，一般获得一张或数张不连续的像片。

（2）单航线摄影：沿一条航线，对地面狭长地区或沿线状地物（如铁路、公路、河流等）进行的连续摄影。

（3）多航线摄影（面积摄影）：沿数条航线对较大区域进行连续摄影，称为多航线摄影（或面积摄影）。多航线摄影要求各航线互相平行。实施多航线摄影时，通常要求航线与纬线平行，即按东西方向飞行。但有时也按照设计航线飞行。由于在飞行中难免出现一定的偏差，需要限制航线长度。一般为 60～120km，以保证不偏航和防止漏摄。通常来说，为了使相邻像片的地物能互相衔接及满足立体观察的需要，相邻像元需要一定的重叠，包括航向重叠与旁向重叠。航向重叠是指在同一航线，相邻像片间需要有一定的重叠，航向重叠一般应达到

60%，至少不小于53%；旁向重叠是指相邻航线间的像片也要有一定的重叠，一般应为15%～30%（图4.1）。

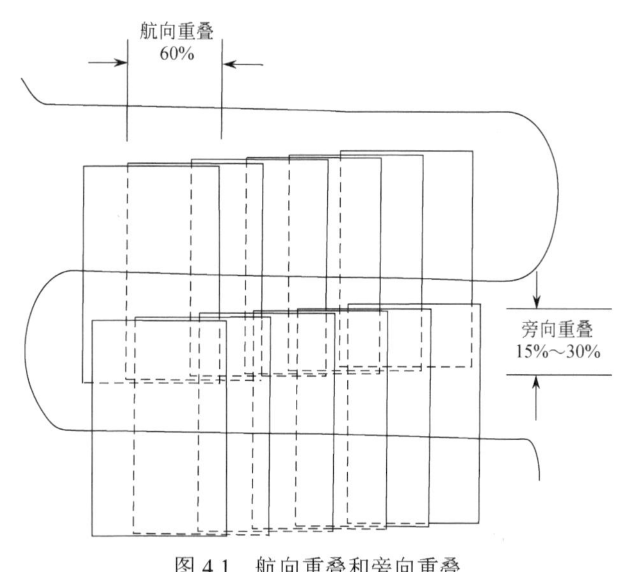

图4.1 航向重叠和旁向重叠

3. 按感光片和波段分类

按感光片和波段分类，可分为全色黑白摄影、黑白红外摄影、彩色摄影、彩色红外摄影和多光谱摄影等。

1）全色黑白摄影

采用全色黑白感光材料进行的摄影，这种感光材料由片基和感光乳剂层组成。感光乳剂层由卤化银、明胶和增感染料组成。它对可见光波段（0.4～0.76μm）内的各种色光都能感光，其成像过程如图4.2所示，主要过程有：①胶片的感光乳剂层为明胶中均匀散布的卤化银颗粒。②胶片曝光时，亮地物使胶片曝光量大，暗地物使胶片曝光量小。③对光敏感的卤化银颗粒受光后发生光化学反应，由于曝光量大小不同，胶片就形成了不同地物光化学反应程度不同的潜影。④冲洗经过曝光的胶片，在胶片上固定潜影。⑤定影就是把胶片上未曝光的卤化银颗粒清除掉，保留下经过曝光的卤化银颗粒。⑥最后形成的影像是负片，即亮地物在胶片上是深色调，而暗地物是却是浅色调。

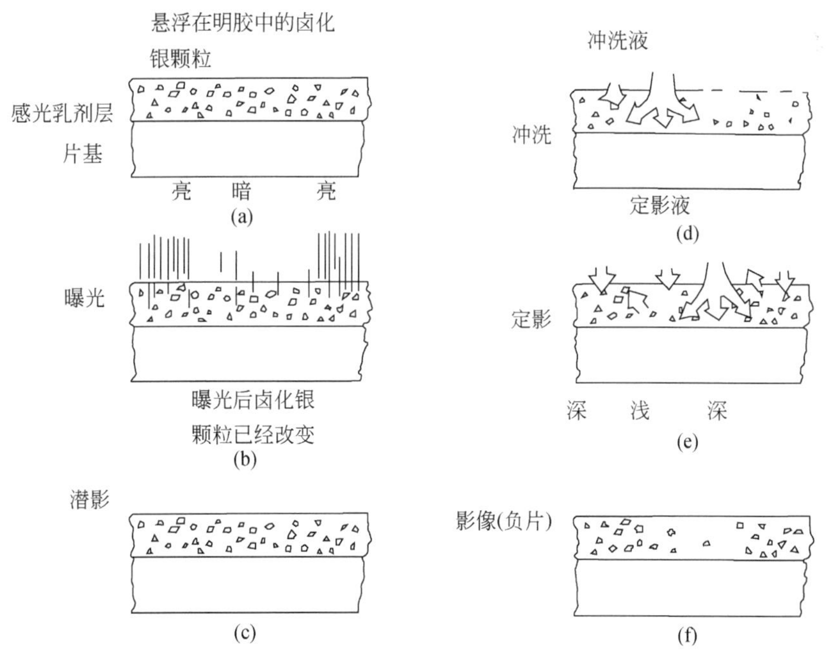

图4.2 全色黑白摄影的成像过程

我国早期为测制国家基本地形图，就是采用全色黑白进行航摄的。

2）黑白红外摄影

采用黑白红外感光材料进行的摄影。它能对可见光、近红外（0.4～1.3μm）波段感光，尤其对水体植被反应灵敏，所摄像片具有较高的反差和分辨率。

3）彩色摄影

采用彩色胶片进行的摄影叫做彩色摄影，彩色胶片由三层感光乳剂层组成，分别为感蓝层、感绿层和感红层（图 4.3）。三层感光乳剂层的最上涂层，为药剂保护层，下有片基背面保护层。其中感蓝层和感绿层之间有黄色滤光器，以阻止蓝光进入到感绿层和感红层。因为感绿层和感红层的乳剂会对蓝光发生曝光作用，感蓝层和感绿层之间的黄色滤光器是必需的。

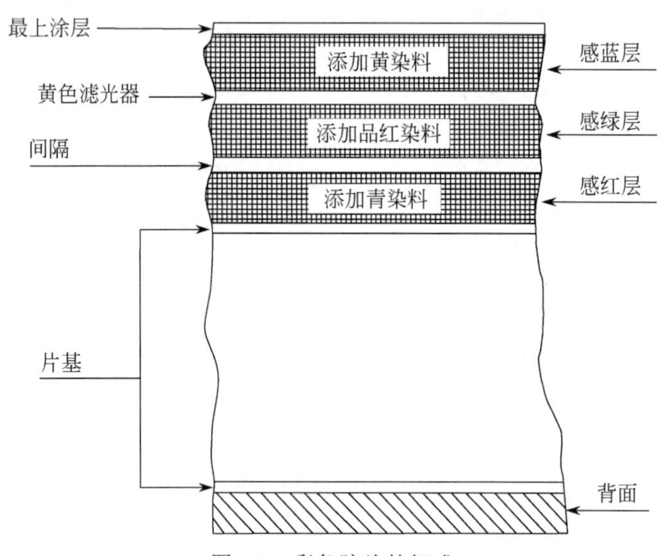

图 4.3　彩色胶片的组成

彩色像片成像过程如图 4.4 所示。蓝光只对感蓝层曝光，绿光通过感蓝层后只对感绿层曝光，红光经过感蓝层和感绿层后，只对感红层曝光。经过曝光处理后，感蓝层中未曝光的部分染成黄色，而曝光的部分是透明的。同样感绿层中未曝光的部分染成品红色，而曝光的部分是透明的。感红层中未曝光的部分染成青色，而曝光的部分是透明的，因此红色地物在感红层上是透明的。经过处理后，每个感光层只对相应的色光敏感，再经过每层的染色处理后就形成了彩色影像。图 4.4 中的处理是指正片的处理过程，负片的处理过程与前面介绍的黑白胶片的成像过程类似。

由于各感光层是透明的，按照光吸收的原理，品红和青色染料合成为蓝色，反映蓝色地物的彩色成像过程。同样黄和青染料合成绿色，而黄和品红染料合成红色（图 4.4）。地物在彩色胶片上形成相应色彩的过程如图 4.4 所示，彩色胶片感受可见光波段内的各种色光，形成物体的自然色彩。与全色黑白像片相比，彩色影像通过不同地物色彩表现使得图像更为清晰，而且人眼对色彩的分辨能力远大于黑白，大大提高了影像判读的精度和效果。

4）彩色红外摄影

采用彩色红外胶片进行的摄影称为彩色红外摄影。彩色红外胶片由三层感光乳剂层组成，分别为感绿层、感红层和感红外层（图 4.5）。

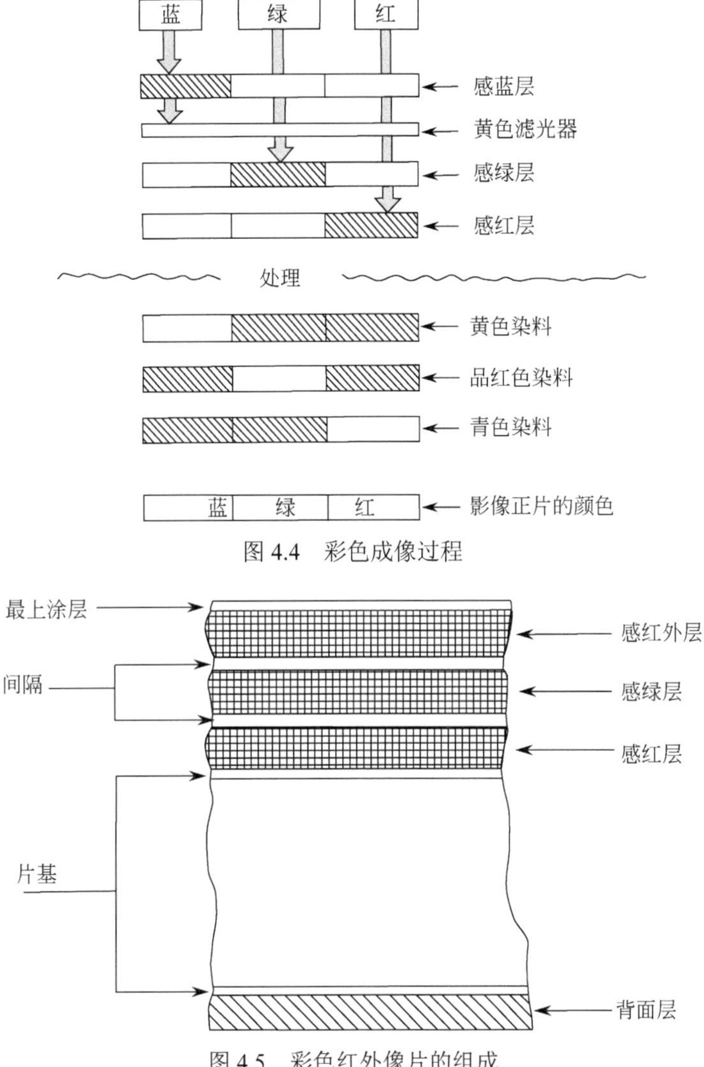

图 4.4　彩色成像过程

图 4.5　彩色红外像片的组成

彩色红外像片的成像过程与彩色成像过程相似。彩色红外胶片可感受可见光和近红外波段（0.4～1.3μm），并使绿光感光之后变为蓝色，红光感光之后变为绿色，近红外感光后成为红色，这种彩色红外片与彩色片相比，在色别、明暗度和饱和度上都有很大的不同。例如，在彩色片上绿色植物呈绿色，在彩色红外航片上却呈红色，因为植被在近红外波段的光谱反射率远远高于它在可见光波段的光谱反射率。彩红外航片由于不对蓝光感光，不受大气散射蓝光的影响，像片清晰度很高，彩色红外航片的色彩鲜艳，适合城市航空摄影，是目前主要的航空摄影类型。

5）多光谱摄影

多光谱摄影是通过摄影镜头与滤光片的组合，同时对某一地区进行不同波段的摄影，取得多个分波段像片。例如，通常采用四波段摄影，可同时得到蓝、绿、红及近红外波段四张不同的黑白像片，它们可以合成为假彩色像片。

目前我国常用的航空像片，像幅有 18cm×18cm（第一代航片 20 世纪 50～60 年代）、

23cm×23cm（第二代航片 70～90 年代）和 30cm×30cm（大像幅像片专题摄影）3 种。

在航空像片的四边，通常印有一些摄影状态的记录，如图 4.6 所示。

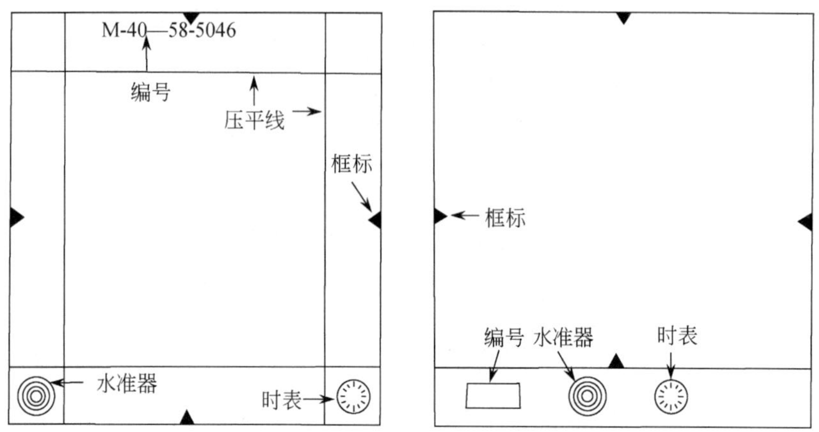

图 4.6　航空像片上的标志

（1）框标：像片四边的中部黑色箭头，称为框标。对称的两框标连线的交点为像片中心点，通常与像主点重合。

（2）时表：记录本张像片的拍摄时刻。

（3）水准器：水准气泡能说明本张像片摄影时光轴的倾斜状况。水准气泡居中时水平。水准器上的同心圆，每圈为 1°（或 0.5°），读数从中心算起。

（4）压平线：像片四边井字形直线叫压平线，其弯曲度说明摄影时感光胶片未压平而产生的影像变形情况。

（5）编号：表示航摄区的位置、摄影时间、本张像片在整个图幅及本条航线内的顺序。

4. 按比例尺分类

航空遥感按比例尺可分为 4 类，分别是：

（1）大比例尺航空摄影，像片比例尺大于 1∶10000 的摄影，主要用于小范围全面详细调查或专题调查的编图，城市详细规划和大比例尺制图。

（2）中比例尺航空摄影，像片比例尺为 1∶10000～1∶30000 的摄影，主要用于大范围普查和专题制图，城市综合调查等。

（3）小比例尺航空摄影，像片比例尺为 1∶30000～1∶100000 的摄影。

（4）超小比例尺航空摄影，比例尺为 1∶100000～1∶250000 的摄影。

4.2.3　航空摄影测量

利用飞机或其他飞行工具对地面进行航拍，然后对所拍摄的像片进行内外业处理、加工、测绘地物与地貌，最终编制成地形原图的过程称为航空摄影测量。它应用光学原理，利用光学仪器通过有一定重叠率的像对来获得地物和地形的光学立体模型，并在此基础上进行立体测图。这就是经典的模拟法摄影测量测图，它可以直观地实现摄影光束的几何反转，包括单像的像片纠正和双像的立体测图。模拟法测图也是测绘大中比例尺地形图的基本方法，我国 1∶1000～1∶50000 的地形图大都采用航空摄影测量测图方法。

航空摄影测量的作业分外业和内业。外业包括：①像片控制点联测。像片控制点一般是航摄前在地面上布设的标志点，也可选用像片上明显地物点（如道路交叉点等），用测角交会、测距导线、等外水准、高程导线等普通测量方法测定其平面坐标和高程。②像片调绘。在像片上通过判读，用规定的地形图符号绘注地物、地貌等要素；测绘没有影像的和新增的重要地物；标注调查所得的地名等。③综合法测图。在单张像片或像片图上用平板仪测绘等高线。内业包括：①加密测图控制点。以像片控制点为基础，一般用空中三角测量方法，推求测图需要的控制点、检查其平面坐标和高程。②测制地形原图。

航空摄影测量所用的测图方法主要有综合法、全能法、分工法（微分法）：①综合法是摄影测量与平板仪结合测图方法，属单张像片测图，根据纠正后的航摄像片，确定地面点的平面位置，用平板仪测地面点高程和等高线。适用于平坦地区的大比例尺测图。②全能法是置立体像对于立体测图仪内，构成缩小的地面几何模型，在立体模型上测地面点的平面位置、高程和等高线，获得地形图的方法，主要适用于山地。③分工法是按照平面和高程分求的原则进行测图的方法，在立体测图仪器上测定地面点高程和测绘等高线，地面点平面位置的测定与综合法相同，适用于丘陵地区。

4.2.4 航空扫描成像

航空扫描成像主要是相对于摄影成像来说的，扫描成像主要指在航空平台上以扫描方式进行的成像，包括：雷达扫描成像、热红外扫描成像、多光谱扫描成像及高光谱扫描成像。它们是航空遥感发展的前沿。

4.2.5 无人机航空摄影

无人机航空摄影是传统航空摄影测量手段的有力补充，具有机动灵活、高效快速、精细准确、作业成本低、适用范围广、生产周期短等特点，在小区域和飞行困难地区高分辨率影像快速获取方面具有明显优势，随着无人机与数码相机技术的发展，基于无人机平台的数字航空摄影技术已显示出其独特的优势，无人机与航空摄影测量相结合使得“无人机数字低空遥感”成为航空遥感领域的一个崭新发展方向，无人机航拍可广泛应用于国家重大工程建设、灾害应急与处理、国土监察、资源开发、新农村和小城镇建设等方面，尤其在基础测绘、土地资源调查监测、土地利用动态监测、数字城市建设和应急救灾测绘数据获取等方面具有广阔前景（李德仁和李明，2014）。

总体而言，无人机相较于有人机，其优势在于：

（1）避免牺牲空勤人员，因为飞机上不需要飞行人员，所以最大可能地保障了人的生命安全。

（2）无人机尺寸相对较小，设计时不受驾驶员生理条件限制，可以有很大的工作强度，不需要人员生存保障系统和应急救生系统等，大大地减轻了飞机重量。

（3）制造成本与寿命周期费用低，没有昂贵的训练费用和维护费用，机体使用寿命长，检修和维护简单。

（4）无人机的技术优势是能够定点起飞，降落，对起降场地的条件要求不高，可以通过无线电遥控或通过机载计算机实现远程遥控。

其缺点在于：

（1）主要表现在生存力低，在与有较强防空能力的敌人作战时，无优势可言。

（2）无人机速度慢，抗风和气流能力差，在大风和乱流的飞行中，易偏离飞行线路，难以保持平稳的飞行姿态。

（3）无人机受天气影响较大，结冰的飞行高度比过去预计的要低，在海拔 3000～4500m 的高度上，连续飞行 10～15min 后会使飞机受损。

（4）无人机的应变能力不强，不能应对意外事件，当有强信号干扰时，易造成接收机与地面工作站失去联系。

随着无人机相关技术飞速发展，无人机种类繁多、用途广泛、特点鲜明，其在尺寸、质量、航程、航时、飞行高度、飞行速度，任务等多方面都有较大差异。最常用的无人机类型有多旋翼无人机和固定翼无人机：

（1）多旋翼无人机通常只需要一块空旷平整的场地进行垂直起降，部分小型多旋翼无人机在环境条件不允许时（如地震、洪水等受灾地区），也可用手托举进行起降；其次可以悬停和低速飞行，因此近距离、低速运动或者长时间保持同一视角的观测任务就可使用多旋翼无人机完成。

（2）固定翼无人机需要足够长的跑道帮助飞机助跑，使飞机加速到足够的速度，才能产生足够的向上的升力；由于结构上的优势，以及飞行原理上的优势，引擎不需要克服机身重力，理论上电机的推力只要在机身重力的 1/10 量级上就可以飞起来，但多旋翼需要大于机身重力的大推力电机才能飞起来。就长线路大范围飞行任务而言，固定翼无人机更能满足长航时、长距离的飞行需求。固定翼无人机由于飞行速度快，舵面灵活，受风影响大，容易发生侧翻事故，对无人机操作员的要求较高。

4.3　航 空 像 片

4.3.1　航空像片的物理特性

航空像片的物理特性是指航空像片的色调或色彩、灰阶、亮度系数等，主要由地物的反射特性和感光材料的感光特性决定。

1）地物反射特性

航空像片上物体的色调，主要取决于摄影时的照度和物体对入射光的反射率。摄影时照度越大，地物反射率越高，地物亮度就越大，像片的色调就越浅。一般用亮度系数来表示地物的反射率大小。亮度系数（P）是指在相同照度条件下，某物体表面亮度（B）与绝对白体（全白的物体）理想表面亮度（B_0）之比，即 $P=B/B_0$。

亮度系数是没有单位的。绝对白体（亮度系数为 1）在自然界很难找到，通常用硫酸钡纸或氧化镁纸作标准反射面，它的亮度系数是 0.98，而绝对黑体（全黑的物体）的亮度系数为 0。

物体的亮度系数不同，在像片上反映为色调的差异。一般亮度系数大，像片上的色调浅；亮度系数小，其色调就深。物体的亮度系数与入射光的波长是有关系的，因为地物的反射率随波长是变化的，这对于多波段遥感图像是非常重要的。而这里讨论的航空像片是指可见光—近红外的宽波段，亮度系数也是针对这个宽波段来说的。

从表 4.1 可以看出亮度系数具有以下几个特点：

（1）物体的亮度系数变化范围很大。

（2）同种物体，由于干湿程度不同，其亮度系数也不同，潮湿的物体亮度系数小，干燥的物体亮度系数大。

表 4.1　几种地物的亮度系数

地物	亮度系数	地物	亮度系数
针叶林	0.04	干燥的沙土	0.13
夏季阔叶林	0.05	潮湿的沙土	0.06
冬季阔叶林	0.07	干燥的黑土	0.03
绿色的庄稼	0.05	潮湿的黑土	0.02
绿色的草地	0.06～0.07	干燥的公路	0.32
干燥的草地（黄色）	0.10	潮湿的公路	0.11
收割后的田地	0.10	干燥的圆石路	0.20
雪地	0.9～1.0	潮湿的圆石路	0.09
白色石灰石	0.40	红砖房子	0.20

（3）表面粗糙的物体比表面光滑的物体亮度系数小。

（4）物体的亮度系数与颜色有关。

（5）性质完全不同的物体也可能具有相同的亮度系数。

性质不同的地物在航空像片上具有相同的色调，称为同谱异物。而相同的地物由于湿度、颜色或表面的粗糙程度不同具有不同的色调，称为同物异谱。这给依据色调进行地物性质的判读带来不少困难。

2）感光材料的感光特性

感光材料（胶片或印像纸）主要是由感光乳剂层和片基构成。感光乳剂层由卤化银、明胶和增感染料组成。普通摄影用的黑白胶片一般是全色片，它能感受全部可见光（但对绿光感受较差）。黑白红外胶片的感光层中含有感受红外光的物质，能直接记录人眼看不见的近红外光。彩色胶片是由对蓝、绿、红 3 种波长分别敏感的 3 层乳剂组成，能感受全部可见光，经过曝光显影后，形成与地物颜色呈互补色的负片，经彩色印像纸接触晒印后，还原成天然彩色像片。彩色红外胶片是由对绿、红、近红外 3 种波长分别敏感的 3 层乳剂组成，能感受可见光—近红外波段，经过曝光显影后，形成彩色红外像片，其颜色与天然彩色像片不同，其中植被为红色。

感光材料的主要性能指标如下。

（1）感光度，感光的快慢程度，是确定摄影曝光时间的主要参数。在摄影环境相同条件下，感光材料感光度越大，曝光时间则越短。

（2）反差，感光材料最大光学密度与最小光学密度之差，也称为黑白差。两张性能不同的感光片，摄取同一景物，曝光、显影等情况均相同，但相应部分的反差不一样，这是由于两张感光片的反差不同。反差系数的大小可以由感光材料特性曲线（图 4.7）的直线段斜率来表示。

（3）分辨率，对景物细微部分的表现能力，通常用 1mm 宽度内能够清楚地识别出黑、白相间的平行线对数来表示。感光材料分辨率的高低，取决于感光乳剂银盐颗粒的粗细，银盐颗粒细，分辨率就高。但银盐颗粒越细，感光材料的制作工艺就越难。

（4）感光特性曲线，对于同一种感光材料，在同一标准光源下，同一距离作不同时间的曝光，经过相同条件的摄影处理，一起测定感光片的密度值。感光片的光学密度与其所受到的曝光量对数的函数关系可以表示为一根曲线，这就是感光曲线，如图 4.7 所示。图中，*ab* 段不受曝光量的影响，称为灰雾密度，*b* 为初感点。*bc* 段为曝光不足部分，密度的增加与曝光量对数的增加不成正比，影像的黑白比例与景物的明暗差别不一致。*cd* 段是一直线，为正确曝光部分，密度的增加与曝光量对数的增加成正比，影像的黑白比例与景物的明暗差别一致，摄影时应使曝光量对数处于 *cd* 段。*de* 段为曝光过度部分，*e* 点的密度最大，*ef* 段曝光量增加，密度降低，称为影像反转。

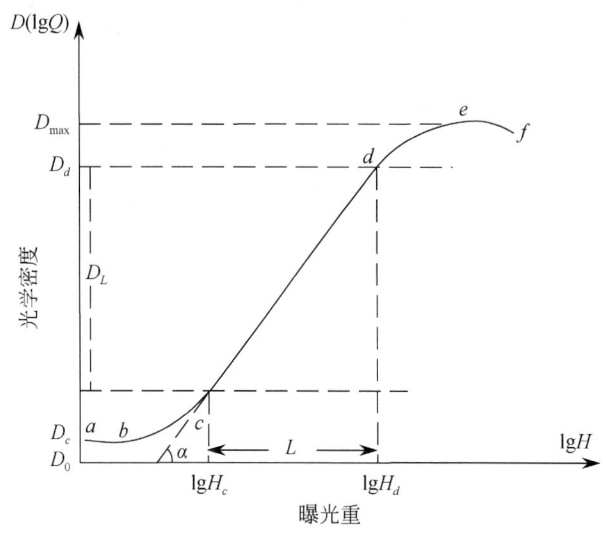

图 4.7　感光材料特性曲线

航空摄影时需要选择感光度高、反差适中、有较高分辨率的感光材料，以获得影像清晰、层次丰富的高质量航空像片。

4.3.2　航空像片的几何特性

1. 航空像片属于中心投影

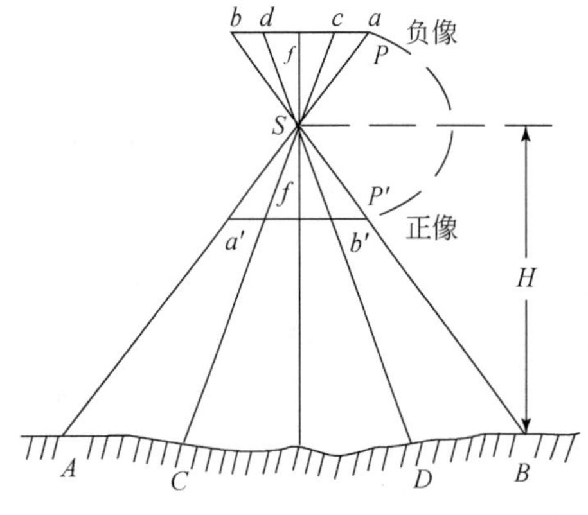

图 4.8　航空像片中心投影

中心投影，就是空间任意直线均通过一固定点（投影中心）投射到一平面（投影平面）上而形成的透视关系。如图 4.8 所示，*S* 为投影中心，*P* 为投影平面，*f* 为焦距，*H* 为航高。*SA* 为通过投影中心的直线（投影光线），*SA* 与 *P* 的交点 *a* 为地面点 *A* 的中心投影。同样 *SB*、*SC*、*SD* 与 *P* 的交点 *b*、*c*、*d* 为地面点 *B*、*C*、*D* 的中心投影。

航空像片之所以属于中心投影，是由于航空摄影时地面上每一物点所反射的光线，通过镜头中心后，都会聚在焦平面上而产生该物点的像，而航摄机是把感光胶片固定安装在焦平面上，每一物点所反射的光线都通过镜头中心在焦平面上的成像，形成底片上的负像，经过接触晒印所获得的航空像片称为正像。从投影上来说，航空像片（正片）的位置，相当于图 4.8 中 P'的位置，即为正像位置。

在中心投影上，点的像还是点。直线的像一般仍是直线，但如果直线的延长线通过投影中心时，则该直线的像就是一个点。空间曲线的像一般仍为曲线。但若空间曲线在一个平面上，而该平面又通过投影中心时，它的像则成为直线。

2. 航片的特征点线

在一般条件下，绝对水平的像片是很少的，一般航空像片总会有一定倾斜。在这种航空像片上有一些具有特殊性质的点和线，它们对于研究航片的几何特性和确定航片在空间的位置都是非常有用的。

在图 4.9 中，P 为倾斜像平面，S 为投影中心，T 为地平面，P_0 为水平面，倾斜像平面上的特征点和线有：

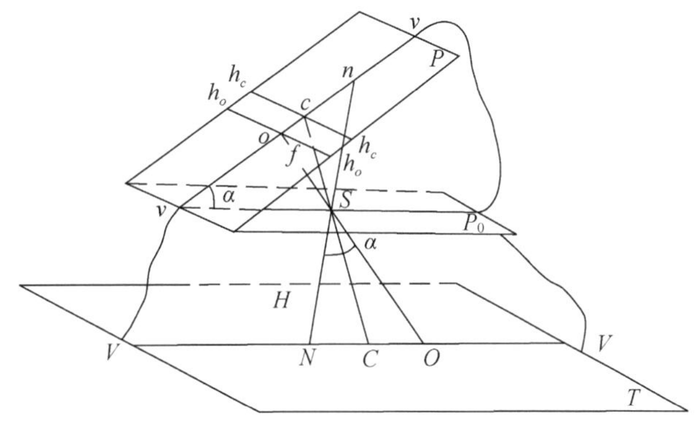

图 4.9 航空像片的特征点和线

（1）像主点（o），航空摄影机主光轴 SO 与像面的交点，称为像主点。

（2）像底点（n），通过镜头中心 S 的地面铅垂线（主垂线）与像面的交点，称为像底点。

（3）等角点（c），主光轴与主垂线的夹角是像片倾斜角 α，像片倾角的分角线与像面的交点称为等角点。当地面平坦时，只有以等角点为顶点的方向角，才是地面与像片上对应相等的角度。

（4）主纵线（vv），包括主垂线与主光轴的平面称为主垂面，主垂面与像面的交线 vv 称为主纵线，它在像片上是通过像主点和像底点的直线。

（5）主横线（h_oh_o），与主纵线垂直且通过像主点 o 的 h_oh_o 称为主横线。主纵线与主横线构成像片上的直角坐标轴。

（6）等比线（h_ch_c），通过等角点 c 且垂直于主纵线（vv）的直线 h_ch_c 称为等比线。在等比线上比例尺不变。

在水平像片上，像主点、像底点和等角点重合，主横线和等比线重合。

3. 像点位移

地形的起伏和投影面的倾斜会引起航片上像点位置的变化，称为像点位移。位移的结果使得地物在像片上的影像形状发生变形。引起像点位移的原因很多，如像片倾斜、地面起伏、感光片变形、镜头畸变、大气折射及地球曲率等。对于航空像片来说最主要的是像片倾斜和地面起伏。地形起伏引起的像点位移，又称为投影差；像片倾斜引起的像点位移，又称为倾斜误差。

1）投影差

航空像片上，高出或低于起始面的地物点在像片上的像点位置，与在平面上的位置比较，产生了位置的移动，这就是地形起伏引起的像点位移，也称为投影误差（投影差）。

在图 4.10 中，T_0 为选定的起始面；A 点高出起始面，高差为 h_a；B 低于起始面，高差为 h_b，A、B 在起始面上的垂直投影点为 A_0、B_0；A、B 在像片上的影像为 a、b，而 A_0、B_0 在像片上的影像为 a_0、b_0，像片上线段 aa_0 与 bb_0 就是地形起伏引起的像点位移。

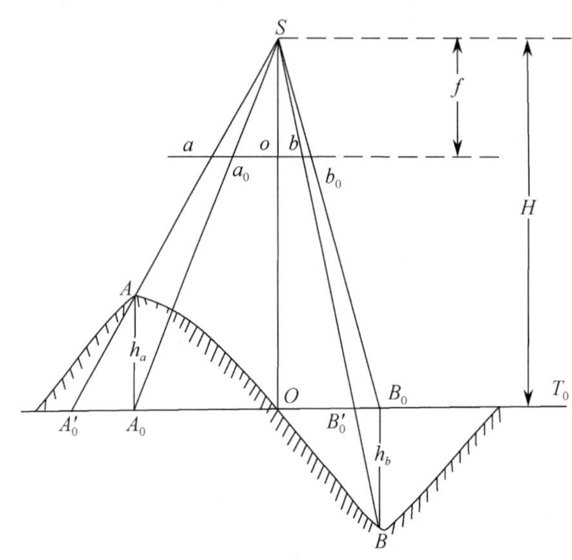

图 4.10　因地形起伏引起的像点位移

以 δ_h 表示像点位移（aa_0、bb_0），以 r 表示像点到像主点的距离（即 a_0、b_0），h 表示像点的高差（即物点相对起始面的高差 h_a、h_b），依照它们之间的几何关系，可写出像点投影差位移的一般公式为

$$\delta_h = \frac{hr}{H} \tag{4.1}$$

根据式（4.1）可总结出以下几点规律：

（1）投影差大小与像点至像主点的距离成正比，即距离像主点越远，投影差越大。像片中心部分投影差小，像主点是唯一不因高差而产生投影差的点。

（2）投影差大小与高差成正比，高差越大，投影差也越大。高差为正时，投影差为正，即影像的像点离中心点向外移动；高差为负时（即低于起始面），投影差为负，即影像的像点向着中心点移动。

（3）投影差与航高成反比，即航高越高，投影差越小。

2）倾斜误差

若航空摄影时，像面未能保持水平，则因投影面倾斜，航片上像点的位置发生变化。这种像片倾斜引起的像点位移，称为倾斜误差。当倾斜角很小时，这种误差是不易观察出来的。

在图 4.11 中，P_0 与 P 为同一摄影站的水平像片和倾斜像片，地面上任意点 A 在水平像片和倾斜像片的像点分别为 a_0 和 a，c 为等角点，h_ch_c 为等比线。为研究像点 a 的位移，假设

将像面 P_0 以等比线为轴旋转 α 角，使之与 P 重合，便可看出 a 与 a_0 不重合，设 $aa_0=\delta a$，$ca=r_c$，因像片倾斜所产生的像点位移 δ_α 可表示为

$$\delta_\alpha = -\frac{r_c^2}{f}\sin\phi\sin\alpha \tag{4.2}$$

式中，r_c（向径）为倾斜像片上像点到等角点的距离；ϕ为等比线与像点向径之间夹角；α 为像片倾斜角；f 为航摄机焦距。

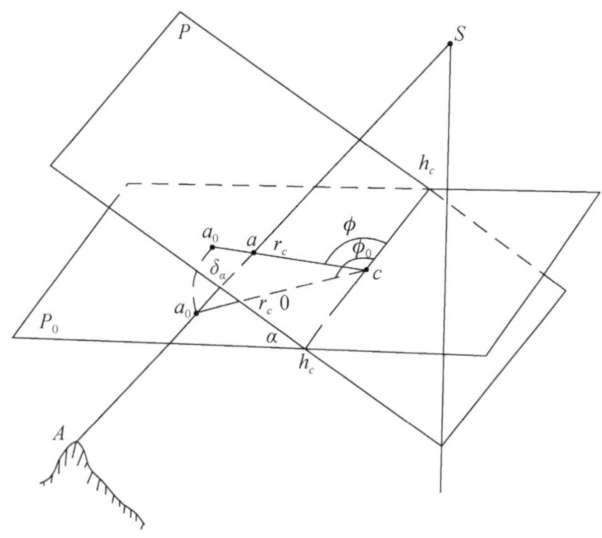

图 4.11 像片倾斜引起的像点位移

根据式（4.2）可总结出以下几点规律：

（1）倾斜误差的方向是在像点与等角点的连线上。

（2）倾斜误差与像点距等角点距离的平方成正比。

（3）当ϕ=0°或ϕ=180°时，δ_α=0，即在等比线上的像点不因像片倾斜而产生位移。

（4）像片边缘的倾斜误差是相当大的，因此尽可能地使用像片中心部分。

通常使用的水平像片，误差主要来源于地形起伏，像片边缘部分误差大。工作中一般只使用像片的中间部分，这部分称为航空像片的使用面积。一张像片的使用面积一般可由像片的航向重叠和旁向重叠部分的中线（或距中线不超过 1cm 的线）围成（图 4.12）。

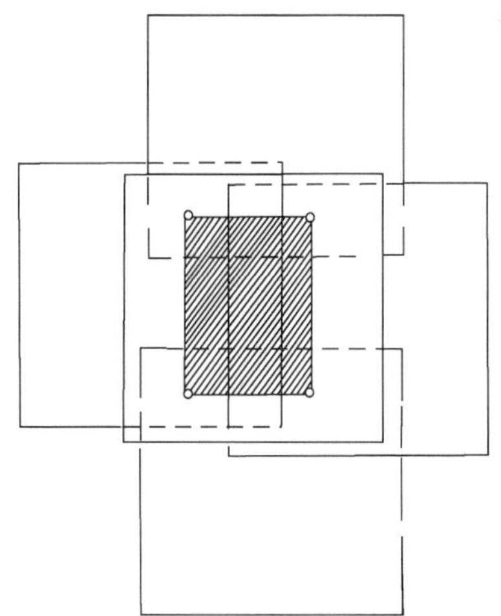

图 4.12 航空像片的使用面积

4. 航片的比例尺

航空像片上某一线段长度与地面相应线段长度之比，称为像片比例尺。

在平坦地区，摄影时像片又处于水平位置，则像片的比例尺处处一致，像片比例尺等于焦距（f）与航高（H）之比，即 $1/M=f/H$。它与线段的方向和长短无关。例如，航高一定，焦距越大，像片比例尺也越大。当焦距一定时，航高越大，像片比例尺越小。一般在航空摄

影时，焦距是固定的，航高发生变化时，像片的比例尺不同。同一张像片上，比例尺基本是一致的。

实际上，地面是起伏不平的，在每次拍摄像片时，地面到航摄机镜头的距离（真航高）各不相同，即使在同一张像片上，地形起伏使各地面点至投影中心的距离不尽相等。因此，即使像片绝对水平，像片比例尺还是有变化的。因此，水平像片比例尺的一般公式应为 $1/M=f/(H_0 \pm h)$（h 为地面点与基准面的高差）。

4.3.3　航片分辨率

航空像片的分辨率主要取决于航空摄影机镜头分辨率和感光乳剂的分辨率，但地景的反差、大气的光学条件、飞机的平稳程度，以及曝光和显影是否正常等，都会影响航片的分辨率。如果地景的反差大、大气的光学条件良好、飞机平稳，曝光和显影正常，可以提高航片的分辨率。衡量航空像片分辨率大小的指标有两种：地面分辨距离（ground range distance，GRD）和每毫米线对（line pairs per millimeter，LPM）。

1）*地面分辨距离*

空间分辨率最简单的度量指标就是地面分辨距离（GRD），地面分辨距离定义为影像所能分辨的最小目标物的大小。如果说一张航空影像的分辨率为“2m”，就是说 2m×2m 大小或更大的目标物能够在影像图上被识别，而小于该尺寸的目标地物是分辨不出来的，所以说地面分辨率就是无法解译出来的地物最小尺寸。

这种分辨率的衡量方法对于理解影像所表达的细节程度很有用，但这种衡量方法也不是十分严格的。因为组成地面的目标地物在大小、形状、地物背景环境的反差、格局等方面差异是很大的，无法把地面分辨距离与某个具体问题联系起来。例如，1∶20000 黑白航空像片的空间分辨率是 1m，却能很容易地辨别影像上停车场和高速公路上的白线，这些线可能也就 15～22cm 宽，这是因为其在解译图像上与背景对比强烈。

2）*每毫米线对*

每毫米线对（LPM）是一种用标准化分辨目标测算影像分辨率的方法。它是在地面安置一个分辨率标准目标，在特定的时间由遥感系统记录下来后量测地面分辨距离。

分辨率标准目标由许多平行的黑线和白底组成（图 4.13）。线与线之间的距离与线宽一致，线的长是宽的 5 倍。因此每三根黑线和两根白线构成了一个正方形。这个正方形的图案以不同大小进行复制，形成了一组分辨目标。成像在影像上的分辨目标看上去是分开的，称为“空间上可分辨的”。记录了分辨目标的影像由解译人员进行检验，找出能分辨出黑线的最小正方形图案，测量该“线对”在影像上的宽度。例如，图 4.14 中线对宽度为 0.04mm，这样从 1 线对宽 0.04mm 可以计算出每毫米有 25 线对的分辨率（25 线对/毫米）。

在航空摄影中，量测得到的每毫米线对（LPM）分辨率，可以转换为地面分辨距离（GRD），其计算方法为

$$\text{GRD}=\frac{H}{(f)(R)} \tag{4.3}$$

式中，GRD 为地面分辨距离（m）；H 为相对地面的飞行高度（m）；f 为焦距（mm）；R 为系统分辨率（线对/毫米）。

这种量测分辨率的方法与地面实际情形是有差距的，因为地面的解译目标地物很少像分辨率目标那样具有规则的大小、形状、组织排列和高反差特征。这种量测方法主要用来评估

相同条件下不同遥感系统或不同条件下相同遥感系统的性能。

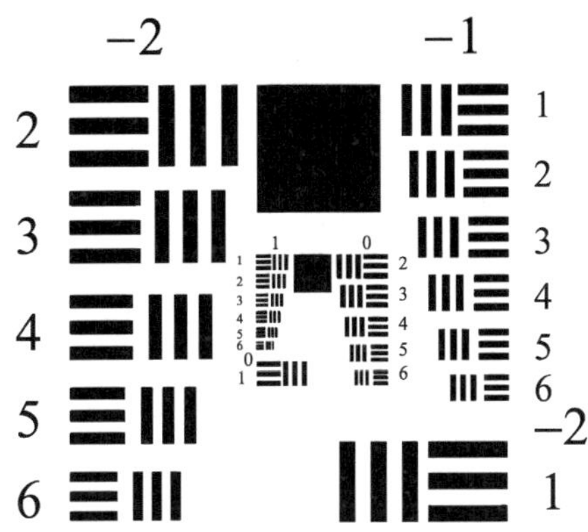

图 4.13 分辨率目标板（Campbell and Shepard，2003）

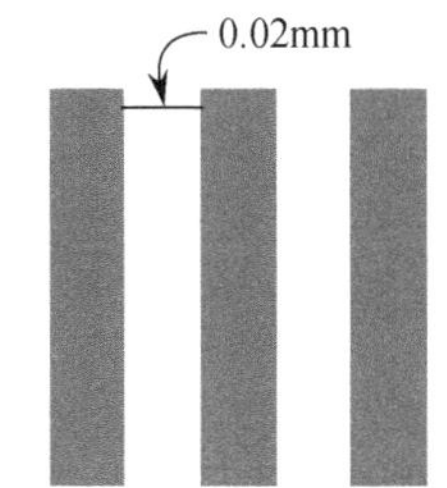

图 4.14 运用分辨目标计算 LPM

此外，不少学者还设计了一些其他量测分辨率的方法。例如，用标准的彩色分辨目标评估彩色胶片的光谱保真度（Brooke，1974），还有人设计了一种比较接近真实情况的分辨目标，例如，美国国家地质勘探中心的屋顶上绘制了一组长约 30.48m 的大型条状目标，用来评估高空遥感影像的分辨率。

4.4 航空像片的立体观测与立体量测

4.4.1 立体观察原理

用光学仪器或肉眼对一定重叠率的像对进行观察，获得地物和地形的光学立体模型，称为像片的立体观察，它的原理是基于人的双眼立体视觉。

人眼的构造：人眼好像一只完善的且能自动调节焦距、光圈的摄影机。从光学观点来看，可分为两大部分：晶状体和视网膜。晶状体的作用相当于摄影机的物镜，晶状体的四周有韧带起调节作用，以改变晶状体的表面曲率，能自动改变焦距获得远、近清晰的物像。瞳孔好似光圈，能自动调节光量。视网膜相当于底片，能感光产生视觉。视网膜中部对着晶状体中心的为黄斑，黄斑中有直径 0.4mm 的中心凹，它是视网膜中感光最强的部分。通过中心凹和晶状体光心的连线称为视轴。当人们注视某物点时，视轴能自动转向某点。

一般观察物体时，能看清物体的细节，而眼又不感到紧张疲劳，此时晶状体的焦距为 22.79mm，相应的物距为 250mm，即正常视力的明视距离。

眼的视力，又称为眼的分辨率，是眼睛能够辨认最小物体的能力，通常用人眼清楚观察到区分最小物体之间的距离时眼睛张开的角度来表示。人眼的分辨率一般是 1′。就是说假如有两个点，它们之间的距离在人眼中所形成的夹角若小于 1′就会把它们看作一个点，因而称 1′是人眼的分辨率。

眼的视力受许多条件影响，主要是照度的变化。在精密测量工作中，往往用加大照度来增强视力。人眼对辨认线状物体的视力比辨认点状物体的视力要强。例如，有一个圆球的直径与一根电线断面的直径相等，人眼能看见电线的最远距离，比看见圆球的最远距离要大好多倍。

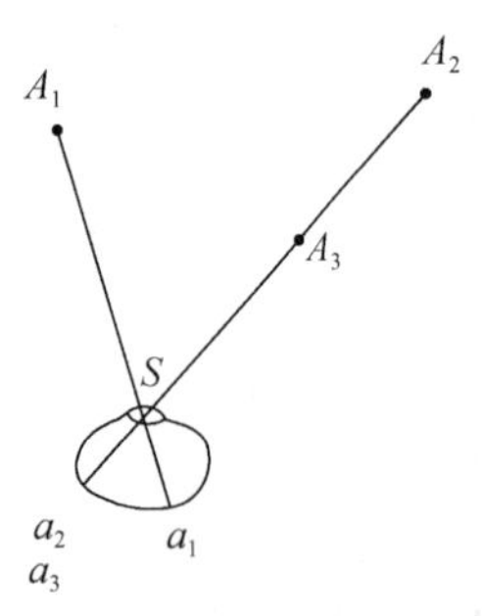

图 4.15　单眼观察

1）单眼观察

单眼观察物体时，只有一个眼睛的视轴指向所观察的物体，不易分辨物体的远近，也就是不易辨别出物体的景深。如图 4.15 所示。

当观察点由 A_1 移到 A_2 时，物体在视网膜上的物像由 a_1 移到 a_2，表现为平面上的移动，如果 A_2 沿 SA_2 方向移到 A_3，仅引起了眼睛的调节作用，而点在视网膜上位置不变。因此用单眼观察物体，就不易分辨出物体的远近，而只能凭经验判断，例如，黑板把墙壁遮盖了一部分，就知道黑板比墙近。

2）双眼观察

用双眼观察空间物体时，可以容易地判定物体的远近，这种现象称为天然立体观察。如图 4.16 所示，双眼观察时，两视轴交会于地物点上，其交角称为交会角（又称为视差角）。地物点越远，交会角越小；地物越近，交会角越大。交会角γ计算公式为

$$\tan\left(\frac{\gamma}{2}\right)=\frac{b}{2D} \tag{4.4}$$

式中，b 为眼基线；D 为地物点至眼睛的距离。

若取 b=65mm，D=250mm（明视距离），则

$$\tan\left(\frac{\gamma}{2}\right)=\frac{65}{2\times 250}=0.13,\ \gamma=15°$$

即明视距离的交会角为 15°。一般双眼观察的最大交汇角为 27°～33°。

3）双眼观察立体原理

人眼观察到客观世界的立体感，其原理是双眼观察产生的生理视差。由图 4.16 可以说明双眼观察的立体感原理。地物点的空间位置不同，它们在两眼视网膜上的像点分布状况就不相同，这种差别称为生理视差。它是地物点对每只眼睛的相对位置不同所引起的。生理视差就是让人们产生立体感觉的原因。立体观察就是建立和恢复由于远近或高差而产生的生理视差，从而使人们产生立体的感觉。

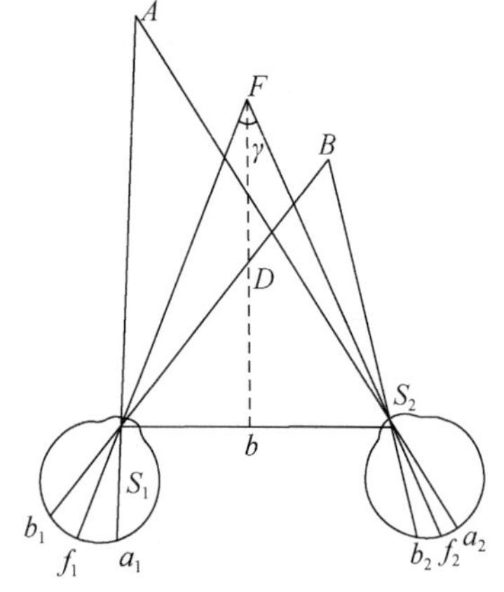

图 4.16　双眼观察

当视轴向旁侧斜视时，被观察的物点至两眼的距离不等，因而在视网膜上产生的物像比例尺就有差别（图 4.17）。

当视轴偏斜 45°（根据实验两眼的旁向最大偏斜为±45°），而且所观察的物点在明视距离处，视网膜上影像比例尺之差约为 13.5%，此时立体感仍然存在。如果视网膜上物像比例尺之差达到 16%时，立体效应就开始破坏，产生双影。

如果所观察的物点，在两眼物像不位于一个视平面上，也会产生双影。正常人眼在天然

立体观察中，一般不会发生双影现象。但像片立体观察中如果没有满足一定条件，则会产生双影。

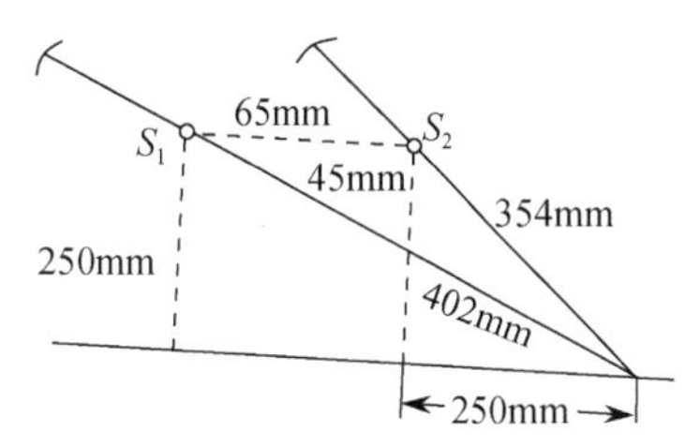

图 4.17　轴向旁偏斜时，两眼视网膜上成像比例尺不一致

4.4.2　像对立体观察

像对立体观察是指借助立体镜用双眼对相邻两摄影站对同一地区摄取的两张像片进行观察，而生成空间光学立体模型的观察过程。

假设人们安置两个焦距相等的摄影机，使两镜头中心的距离约等于眼基线，两摄影机光轴互相平行，摄取两张像片，如图 4.18 所示。S_1 和 S_2 表示两摄影机镜头中心，P_1 和 P_2 为两张像片，物点 A、B 在两张像片上的像点分别为 a'_1、b'_1 和 a'_2、b'_2，现换用两眼来看像片，观察时两眼处于 S_1 和 S_2 的位置，并使左右两眼分别看左右两张像片。各像点在视网膜上成像为 a_1、b_1 和 a_2、b_2，其相应视线 $S_1a'_1$ 和 $S_2a'_2$，$S_1b'_1$ 和 $S_2b'_2$ 必在空间相交，其交点为物点 A、B 的原有位置，A 点浮于 B 点之上。同样其他各相应视线的交点表示出对应的物点，这样就构成了立体模型。

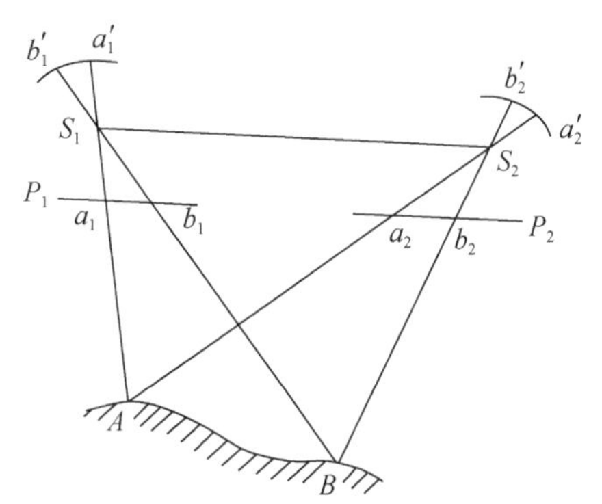

图 4.18　像对立体观察

根据立体观察的原理，必须满足下列条件，才能将像对构成光学立体模型：

（1）必须是由不同的摄影站对同一地区所摄影的两张像片。

（2）两张像片的比例尺相差不得超过 16%。

（3）两眼必须分别观察两张像片上的相应影像，即左眼看左像，右眼看右像。

（4）像片所安放的位置，必须能使相应视线成对相交，相应点的连线与眼基线平行。

4.4.3　用立体镜进行像对立体观察

分析上述像对立体观察的四个条件，可以发现有 3 个条件是摄影和安置像片时比较容易做到的，而其中左眼看左像，右眼看右像这个条件，若用肉眼直接观察是比较困难的。因为像片位于明视距离处，而要控制视轴平行是很不容易的，若借用立体镜观察，则容易做到。

1）立体镜的构造

立体镜有桥式立体镜和反光立体镜两种。

（1）图 4.19 为桥式立体镜。它是在镜架上装两个透镜构成，两透镜中心的距离等于眼基线。这种透镜具有放大作用，使影像更加清晰。仪器的支架使像片正处在焦平面上，影像的光线经过透镜后，平行进入眼中，而观察的物体好像位于无穷远处一样。仪器的镜框可以左右调节，使眼基线与透镜基线一致，这样眼睛感觉较舒适而不易疲劳。这种立体镜一般只能观察像片重叠部分的一半，便于在野外使用。

（2）图 4.20 为反光立体镜。它除了有放大镜外，还有四片两两互相平行的反光镜，在适合眼基线长度范围内装两小块倾斜 45°的反光镜，再在适当位置，装两块与其平行的大块反光镜，凸透镜直接装在两块反光镜之间，或水平装在小块反光镜之上。它的焦距等于凸透镜沿光路至像平面的距离。这样可以观察 23～30cm 边长的大像幅立体像对，反光立体镜常配有视差杆，可用来测定像点间高差。

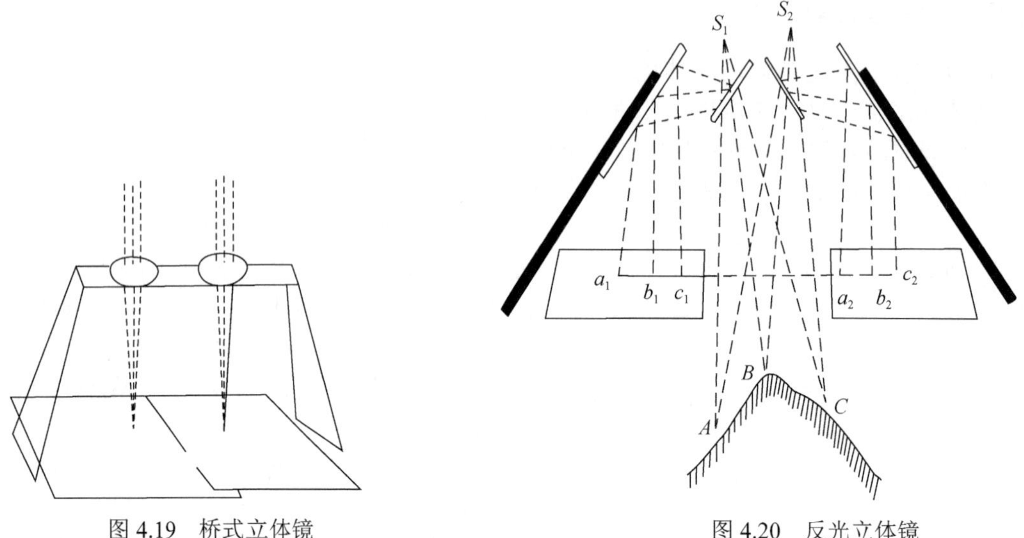

图 4.19　桥式立体镜

图 4.20　反光立体镜

2）用立体镜观察像片的方法

用立体镜进行像对立体观察时，首先要将像片定向。像片定向是用针刺出每张像片的像主点 O_1、O_2，并将其转刺于相邻像片上 O'_1 和 O'_2，在像片上画出像片基线 $O_1O'_2$ 和 O'_1O_2，再在图纸上画一条直线，使两张像片上基线 $O_1O'_2$ 和 O'_1O_2 与直线重合（图 4.21），并使基线上一对相应像点间的距离略小于立体镜的观察基线。然后将立体镜放在像对上，使立体镜观察基线与像片基线平行。同时用左眼看左像，右眼看右像。

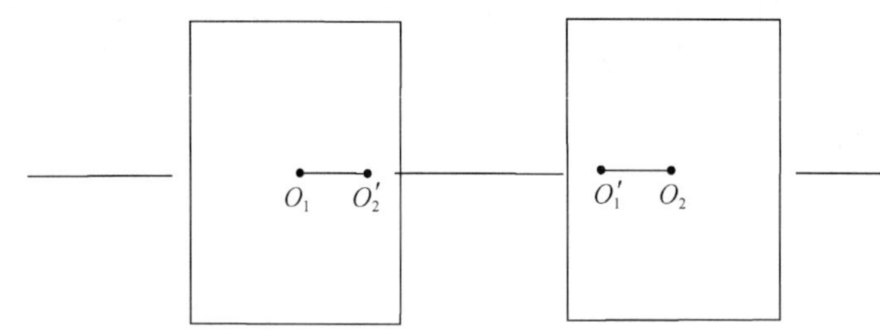

图 4.21　像片定向

开始观察时，可能会有 3 个相同的影像（左、中、右）出现，这时要凝视中间清晰的目标（如道路、田地），如该目标在中间的影像出现双影，可适当转动像片，使影像重合，即可看出立体。

3）用立体镜观察立体像对时应注意的事项

在天然立体观察时，两眼视轴经常是与眼基线在一个平面上的，各相应视线也同样与眼基线在一个平面上。当用立体镜观察时，就可能破坏这种情况。例如，两张像片基线不在一条直线上就会增加眼睛的疲劳，而且超过一定的限度以后，就会完全破坏立体效应。因此，在用立体镜观察像对时，应尽可能地符合天然立体观察时的情况，只有这样，才能看到清晰的立体，观察时也不至于感到疲劳。

进行立体观察时，像片必须按照摄影时的相应位置放置，即重叠部分在中央，此时产生的是正立体。如果左右两张像片对调，则产生反立体，即观察得到的立体感与实际情况相反，高山看起来变成深谷。

4）光学立体模型的变形

在立体镜下看到的光学立体模型比实际地形起伏有所夸大，这是因为光学立体模型的垂直比例尺与水平比例尺不一致的缘故。光学立体模型的变形量可用变形系数 K 来表示，当眼基线与两张像片像主点的距离大致相等时，K 值的近似公式为

$$K = \frac{d}{f} \tag{4.5}$$

式中，d 为立体镜焦距；f 为航摄机焦距。

例如，航摄机焦距为 100mm，立体镜焦距为 250mm，则 K=2.5，即地形起伏被近似夸大了 2.5 倍。

4.4.4　航片的立体量测

1. 像点的坐标

根据像对构成的立体模型，除了供观察地形起伏外，还可以用来测量地形像点间的高差。

分析比较像对上同名地物影像时，可以发现由于从不同角度摄影，两张像片上同名像点在像片上的位置不同。在像片上任意一个像点的位置，都是根据预先规定的直角坐标系来决定的。

在立体量测时，像对是量测的基本对象，两像片的坐标轴是共同的，通常是将像主点作为这个坐标系的原点，x 轴是两张像片上像主点的连线，y 轴是通过像主点垂直于 x 轴的直线，因此在每一个立体像对中，都具有一个横坐标轴 x 和两个纵坐标轴 y 和 y'（图 4.22）。

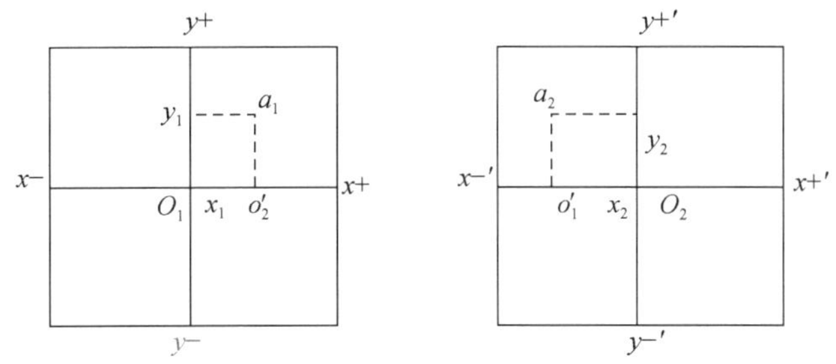

图 4.22　像片直角坐标

在测第二个像对时，x 轴的方向就改变了，因为它是以第二张像片和第三张像片的像主点的连线来作为 x 轴的（而不是以第一张像片和第二张像片像主点的连线作为 x 轴）。纵轴 y 的方向线也改变了。所以第二张像片上可能有两个不相同的坐标轴线。

每一像点的直角坐标，在一个立体像对中有 x_1、x_2 和 y_1、y_2，如图 4.22 所示，其中坐标值 x_1、y_1 表示左像片上某一点 a_1 的位置，而坐标值 x_2，y_2 是右像片上同名点 a_2 的位置。x 值在像主点右边为正，左边为负；y 值在像主点上边为正，下边为负。

2. 像点的高差与左右视差的关系

像对上同名地物点的横坐标差称为左右视差。设有地面点 A 和 C，A 在左右两像片上的

影像分别为 a_1、a_2，A 点在左像片上的横坐标为 Xa_1，在右像片上横坐标为 Xa_2，a 点的横视差 $Pa=Xa_1-Xa_2$。同样，C 点的横视差 $Pc=Xc_1-Xc_2$。可以根据相似三角形原理推导出像点间高差与像点左右视差关系的公式为

$$h=\frac{\Delta P\cdot H_A}{b+\Delta P} \tag{4.6}$$

式中，h 为 C 点相对基准点 A 的高（程）差；ΔP 为两像点间的左右视差较，即 C 像点的左右视差相对 A 像点的左右视差的差数；b 为像片上摄影基线长；H_A 为基准点的航高（或平均航高）。

式（4.6）表明，只要知道航高、像片基线长和两点间的左右视差较，就可计算出两点间的高差。立体量测仪器就是依据这一原理进行立体量测。

在一个像对上，用如下简便方法，就可求出各点的近似高差：首先确定两张像片像主点的位置 o_1 和 o_2，并将其转刺于相邻的像片上，根据两像片求出像片的平均基线长 b。其次用脚规和带有毫米刻划的直尺（量测精度要达到 0.1mm，可用放大镜测量）在两张像片上量测各点横坐标。计算各点的左右视差 Pa、Pc 和左右视差较 $\Delta P=(Pc-Pa)$，按照公式（4.6）即可求出两点间的高差。

例如，在两张像片上都有地面点 A 和 C 的影像，它们在左像片上的位置为 a_1 和 c_1，在右像片上为 a_2 和 c_2。已知 H_A=3500m，量出 b=61.3mm，Xa_1=+19.0mm，Xa_2=−41.3mm；Xc_1=+51.3mm，Xc_2=−12.0mm。求 A，C 两点间的高差。

A 点的左右视差 $Pa=Xa_1-Xa_2=19.0+41.3=60.3$（mm）

C 点的左右视差 $Pc=Xc_1-Xc_2=51.3+12.0=63.3$（mm）

两点的左右视差较 $\Delta P=Pc-Pa=63.3-60.3=3.0$（mm）

两点间高差 $h=\Delta P\times H_A/(b+\Delta P)=3.0\times 3500\times 1000/(61.3+3.0)\approx 163.3$（m）

即 C 点比 A 点高 163.3m。

在实际工作中，常采用视差杆测量左右视差较的方法，计算地物的高差。

3. 用视差杆量测左右视差较

视差杆是反光立体镜的主要附件，也称为视差测微尺，其构造如图 4.23 所示。

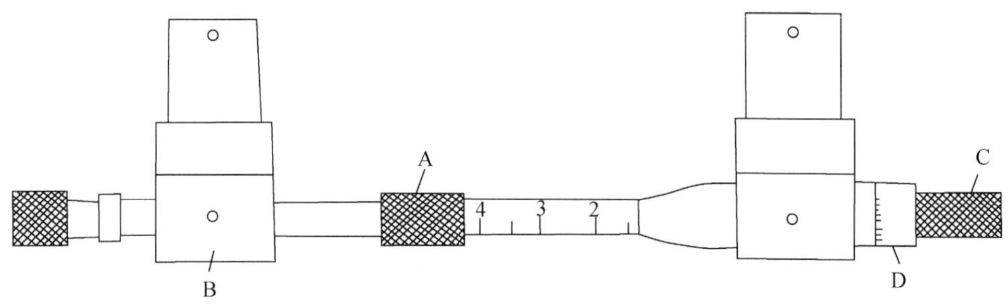

图 4.23　视差杆构造（彭望琭等，2021）

视差杆的左右两端装有两块玻璃（称为视差板），在玻璃的中央刻有红色的小圆或十字线标志，作为测量左右视差时立体观测的两个测标，左边的视差板可以沿视差杆左右移动到所需要的位置，再用螺旋 B 固定。右边的视差固定在视差杆的套筒上，当旋转视差螺旋 C 时，可以使它沿视差杆左右移动，改变两个测标之间的距离，其改变的毫米数值可以在视差杆上读出，小于毫米的数值可以在测微鼓 D 上读出。测微鼓上刻划为 100 格，每转 1 周（100 格）

相当于 1mm，读数可读到 0.01mm。右测标移动范围为 0～4cm，超过这个范围时，则须预先移动左测标。

使用视差杆可按下列步骤进行：

（1）在立体镜下固定像片时，首先使像片构成光学立体模型，然后固定像片。

（2）安置视差杆，在立体镜下将视差杆安置在像片上，使视差杆上十字测标的间距约等于像对上同名像点的间距，杆身和基线平行。

（3）量测像片的左右视差较，使左方测标对准像片上某一像点，转动视差螺旋移动右方测标（视差螺旋顺时针旋转时，两视差板间距扩大，测标在立体观察中下降；视差螺旋逆时针旋转时，测标上升），使空间测标刚好与某地面点相切时读数。然后，移至另一像点上，同法读出读数。这两次读数之差即为左右视差较。

最后应该指出的是，利用左右视差量测高差，会产生一定误差。因为高差公式是假设航空摄影机光轴垂直、像面水平及摄影基线位于同一水平线的情况下推算出来的。而实际摄影过程中，完全保持上述条件是很困难的，因此根据左右视差量测的高差，只是两点间高差的近似值。

4.5　航空像片的目视判读

虽然遥感影像的数字分析和分类的应用越来越受到重视，但遥感图像的目视判读和解译依然是理解影像和获得有用信息的主要方法和重要途径。目视判读也是进行数字分析和分类前对影像进行评价所必需的工作步骤。目视解译方法主要是从早期航空遥感像片的应用中发展起来的，但目前除了航空像片外，各种卫星图像及高分辨率的卫星图像都要进行相似的目视判读，应用相同的判读标志、判读方法和步骤。

遥感影像是地表地物，如植被、土壤、水体、岩石及人为建筑的电磁波反射能量的表达，但遥感影像所表达的信息并不能直接应用，必须经过专业人员的判读和解译，使遥感影像上所表达的地物特征转化为地物类别信息。判读的任务就是确定目标地物、要素或区域的类别。

航空像片判读是根据像片上反映的地物影像特征识别该地物的类别属性和数量特征，并研究其分布和发展规律。航片的判读效果，一方面取决于航片的质量，另一方面也决定于判读人员的专业水平和判读经验。此外判读的效果还取决于影像解译的主题、区域的地理特征和遥感影像的成像系统（陈钦峦等，1998）。

航空遥感图像主要有普通黑白像片、彩色像片、黑白红外像片、彩色红外像片、多光谱像片和雷达像片等。本节重点介绍航片的主要判读标志和方法，以及目前最常用的彩色红外航片的判读。

4.5.1　判读标志

在航空像片上，不同地物有其不同的影像特征，这些影像特征是判读各种地物的依据，称为判读标志。航空像片判读标志是地物本身电磁波性质、形态等特征在像片上的反映。因此，根据影像标志可以直接从像片上辨认出地物的属性及其空间分布等特征。如形状、大小、色调/色彩、阴影、组合图案等要素都是常用的航空像片目视判读标志（图 4.24）。

1）形状

地物不同部分反射光线的强弱不同，故在像片上反映出相应的形状。依据影像的形状特征，就可以辨认出相应的地物（图 4.24）。例如，居民地的房屋影像一般表现为规则的方块状图形，河流常呈弯曲的带状等。

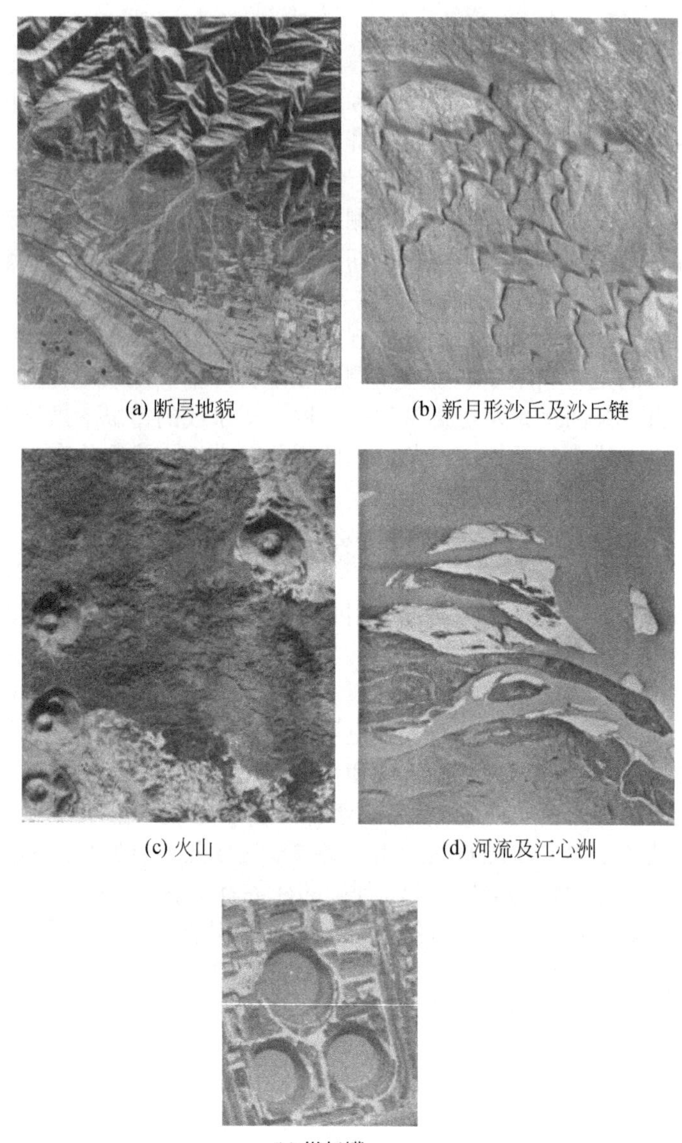

(a) 断层地貌　(b) 新月形沙丘及沙丘链

(c) 火山　(d) 河流及江心洲

(e) 煤气罐

图 4.24* 航空像片上不同地物的形状

航空像片上地物影像的形状，一般与风景照片上看到的有所不同。风景照片上呈现的地物影像形状通常是地物的侧面形状，而航空像片上的影像是地物的顶部形态（图 4.24）。由于航空像片受中心投影性质的影响，具有一定高度的地物，在同一幅航空像片的不同部位，形状是有变化的。在像片中心，无像点位移，看到的是地物顶部的形状；离开像片中心点，就会产生像点位移，在像片四周边缘像点位移最大，变形也最大。只有位于同一高度平面的

* 扫描第二版前言中的二维码浏览清晰图，后同。

地物，如湖泊、平坦耕地等，无论在像片的任何部位，其形状与实际地物的形状相似，没有畸变。

地物影像形状的这种变化，给初学者进行像片判读带来不便。但在掌握了航空像片成像规律之后，就可全面地观察研究地物的形状变化。

2）大小

地物影像的（尺寸）大小，不仅能反映地物的一些数量特征，而且还能据此判断地物的性质。例如，单轨铁路和双轨铁路从形状上往往不易分辨，但是量算它们的宽度，则易于区别。

地物影像大小取决于地物本身尺寸和像片比例尺。要正确判定地物的大小，就必须了解像片的比例尺。一般量测像片上影像大小的方法和地形图上相同，计算公式为

$$L=l \cdot M \tag{4.7}$$

式中，L 为地物实际尺寸；l 为地物的影像尺寸；M 为航空像片比例尺分母。

3）色调/色彩

色调是地物电磁辐射能量在影像上的模拟记录，在黑白影像上表现为灰度，在彩色影像上表现为色彩，它是一切解译标志的基础，也是航空像片判读中的重要标志。这是因为地物的形状特征就是通过与周围地物色调/色彩的差别表现出来的，尤其对一些外部形状特征不明显的地物和现象的判读，色调/色彩更显得重要。如土壤的干湿程度、沙土的分布范围等，主要是根据色调/色彩特征判读的。

黑白影像上根据灰度差异划分为一系列等级，称为灰阶。一般情况下从白到黑划分为 10 级：白、灰白、淡灰、浅灰、灰、暗灰、深灰、淡黑、浅黑、黑，也有分为 15 级或更多的。对于分为 10 个以上的灰阶，摆在一起，人眼可分辨出它们的差别，但是如果单独拿出一个灰阶，则难以确定其级别。因此，在实际应用时，人们一般归并为 7 级（白、灰白、浅灰、灰、深灰、浅黑、黑）和 5 级（灰白、浅灰、灰、深灰、黑），甚至更简略地分为浅色调、中等色调、深色调 3 级。

彩色影像上人眼能分辨出的色彩在数百种以上，常用色别、饱和度和明度来描述。实际应用时，色别用孟塞尔颜色系统的 10 个基本色调，饱和度用饱和度大（色彩鲜艳）、饱和度中等和饱和度低 3 个等级，明度用高明度（色彩亮）、中等明度和低明度（色彩暗）3 级。

在目视解译时，能识别出的地物色调/色彩虽然是一个灵敏的判读标志，但它又是一个不稳定的标志，影响它的因素很多，包括物体本身的物质成分、结构组成、含水性、传感器的接收波段、感光材料特性、摄影季节和时间、洗印技术等。因此，色调/色彩标志的标准是相对的，不能仅仅靠色调/色彩来确定地物。一般物体颜色浅者，则像片色调较淡；反之则暗。一般来说，如果物体表面平滑而具有光泽，则反射光较强，影像色调较淡；表面粗糙，则反射光弱而影像色调较暗。

4）阴影

地物的阴影可分为本身阴影和投落阴影两部分。本身阴影（简称本影）是地物本身未被阳光直接照射到的阴暗部分的影像；投落阴影（简称落影）是在地物背光方向上地物投射到地面的阴影在像片上的构像（图 4.25）。

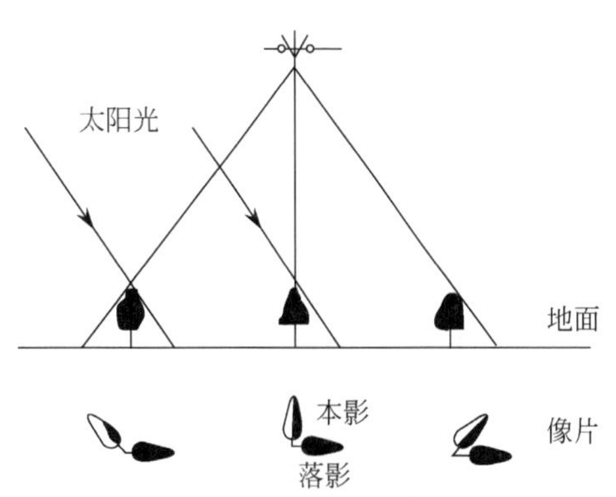

图 4.25　航空像片上物体的阴影

在像片判读中，本影有助于获得地物的立体感，这对于地质、地貌判读很有用。地物落影的形状和长度，则可以帮助判读地物的性质和高度。例如，水塔、烟囱等建筑物，它们顶部的影像形状较难区分，但利用其落影就很容易将二者分辨出来。在利用落影长度判断地物高度时，应注意太阳高度角的变化，以及该地物所处的地形位置，因为这些因素都能影响地物落影的长度。

5）组合图案

当地物较小或像片比例尺较小时，在像片上往往不易观察到单个地物的影像。但这些细小的地物群体影像可以构成一种特殊纹理的组合图案（图 4.26）。因为这些细小地物的性质不同，其构成的图案花纹也就不一样。所以，可根据其图案的特点来判读不同的地物群体。例如，在中、小比例尺的航空像片或卫星图像上树冠的形状很难区分，但可以根据森林的组合图案特征的不同，区别针叶林、阔叶林或杂木林等。

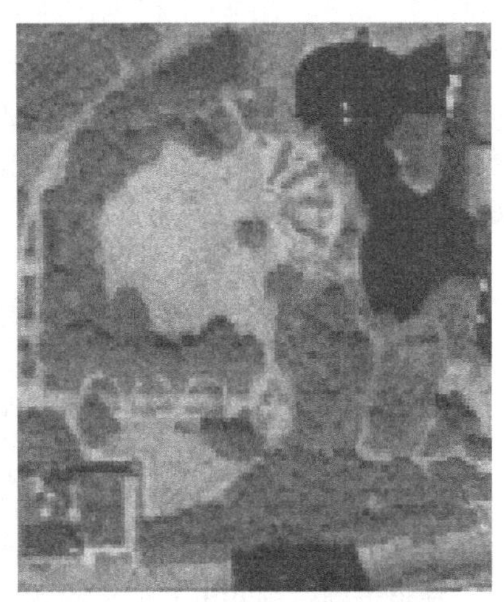

(a) 不同植被类型的组合图案

(b) 不同类型农田的组合图案

图 4.26* 航空像片上不同地物的组合图案

航空像片的判读标志，一般都具有明显的时间性和区域性。严格来说，任何像片的判读标志都只能适用于特定的时间和地区。这是因为航空像片是地面的瞬时记录，而且地物随着季节和环境条件的变化，其影像特征也会发生变化。这样，判读标志就必然具有时空的局限性。所以，对不同时期、不同地区的航空像片都要建立专门的判读标志。而且，在运用判读标志进行判读时，也不能只根据一种标志下结论，而要运用多种标志，反复观察对比，详细分析各种现象间的相互联系，才能获得正确的判读结果。

上述 5 种判读标志，是一般地物在航空像片上构成影像的基本要素，反映了地物本身所固有的特征。根据这些特征可以直接把地物类别区分出来。所以，常把这些标志称为直接判读标志。一般在判读时除了利用直接判读标志外，还利用与判读对象密切相关的地物和现象，如位置、相关布局等，运用相关的专业知识和经验进行判读，通常把这些相关参照物称为间接判读标志。例如，在像片上泉水的影像呈线状排列，下面就可能有断层存在。这些呈线状排列的泉水，就是判读断层的间接标志。

因为判读标志具有可变性和局限性，所以不能生搬硬套其他地区的判读标志，也不能只用一两项判读标志，而必须反复认真解译和野外对比检验，并选取一些典型像片作为建立地区性判读标志的依据，对其进行全面综合的分析。

4.5.2 判读方法

进行航空像片判读时，应遵循先整体后局部，从已知到未知，先易后难，由宏观到微观的原则进行。对每一种地物的判读，首先是观察和总结地物影像特征，然后将所观察到的各种现象，加以“由表及里”“由此及彼”的综合分析研究，进而判明地物的性质和类型。根据判读对象和主题的不同，判读时可采用以下方法。

1）直接判定法

对于像片上影像特征比较明显的地物，通过直接判读标志即可判定地物的性质，识别出地物。

2）对比分析法

这种方法是将像片上待判别的影像，与已知地物类别的影像或标准航片，以及区域内各种已知地物类别的地图或专题地图进行比较，以判定该地物的性质和类别。标准航空像片是预先选定的典型样片，像片上地物性质是已知的。对比分析法在岩性、地质、植被、水文、土壤、土地利用类型等专业判读中经常采用。

3）量测法

地物的数量特征，是通过仪器量测计算求得的。例如，用立体量测仪、立体镜及视差杆等量测高差，利用密度计测定地物色调、反差等，都有利于判读。

4）逻辑推理法

利用各种现象之间的关系，依照专业逻辑推理进行的判读。例如，泉水露头成线状展布的地方，一般都有断层存在。再如，在研究新构造运动时，常常利用河流的移动来判读地壳的升降。河流是地壳垂直运动最敏感的标志，河流向一侧移动，说明另一侧可能有地壳上升。这就是利用地质、地貌专业知识进行逻辑推理判读出来的。

利用判读标志直接从像片上判读出来的地物多半是地面可见物体。对地理工作者来说，不仅要了解个体地物特征，更需要了解地区的综合特点，以及它们发生发展的规律。因此，逻辑推理方法在专业判读中应用相当广泛。所以，判读中应该注意运用地理专业知识，细致观察各种地物的相互关系，以取得更好的判读效果。

5）历史对比法

利用不同时间重复成像的航片加以对比分析，从而了解地物与自然现象的变化情况，称为历史对比法。这种方法对自然资源和环境动态的研究特别有用，如土壤侵蚀、河口三角洲变迁、农田面积减少、冰川进退、洪水泛滥等。

4.5.3 航片的目视判读步骤

地理工作中航空像片判读，通常可分为准备工作、室内判读、野外校核和成图与总结四个阶段。

1）准备工作

（1）资料准备。航空像片是最重要的资料。根据判读任务的需要，应收集不同波段、不同比例尺和不同拍摄时间的各种航空像片。航空像片要构像清晰、反差适中、层次丰富。像片四周的主要标志要清楚，对所收集到的航空像片要进行质量评述（包括像片倾斜、重叠量、比例尺、影像分辨率及其洗印质量等），以保证判读的质量及其任务的完成。

关于像片的说明资料，如航摄机焦距、摄影比例尺、航高、摄影时间等参数对判读都很重要，应收集齐全。此外，还应收集判读地区的地形图，以及相关的专题图和地理文献等，作为判读的参考。地形图的比例尺与航空像片比例尺应相近，以便于对比和转绘。

（2）工具材料准备。像片判读所用的工具，主要有立体镜、放大镜、直尺、比例规、透明聚酯薄膜（或透明纸）等。在室内判读最好用反光立体镜，野外判读以桥式立体镜为宜。

（3）熟悉地理概况。在进行判读前，应阅读判读地区的地理文献和地图资料，掌握该地区的基本地理特点，这会为以后判读工作带来很大便利。

（4）圈定像片使用面积。每张像片使用面积的大小，根据工作精度要求和地面高差大小确定。一般只用航向重叠和旁向重叠中线围成的范围作为使用面积，逐片圈定。使用面积的4个角点在相邻像片上应易于寻找和识别，以保证使用面积相互衔接。若工作精度要求不高或地形起伏不大，也可以隔片圈定使用面积。

（5）像片镶嵌图的制作。由于每张像片所包括的面积有限，为了进行区域研究，经常把所用的单张像片拼接成像片镶嵌图。像片镶嵌图的制作有两种方式，一种是手工制作，其制作方法是根据航线和像片编号，依次按明显地物把像片拼接起来，固定在图板上，构成一幅区域的像片镶嵌图。另一种是计算机镶嵌制作，它是在计算机图像处理软件中，通过坐标配准后生成区域镶嵌图，并按照行政区域或其他区域确定研究区域。目前这种镶嵌制作方法更常用。

利用纠正过的像片拼接而成的像片镶嵌图称为像片平面图。像片平面图消除了倾斜误差，同时也把地形起伏引起的投影差限制在制图精度范围内，统一了各张像片的比例尺。像片平面图的拼接方法与像片镶嵌图的方法基本相同，只是镶嵌时不是用明显地物拼接，而是用控制点拼接，因此精度较高。

像片平面图的用途较广，可以像地形图一样在各种工程建设中使用。

2）室内判读

在了解和掌握判读地区地理概况的基础上，根据判读任务的需要及相关学科的特点，制订出统一的分类系统（土地、植被、地貌等分类系统），并选择已知或典型地区，建立其判读标志，然后对镶嵌的像片图进行判读。

像片判读时，要依据判读原则，先进行宏观观察，掌握其整体的特征，先易后难，由浅入深，分别识别出地物的类别属性，然后手工用铅笔或在计算机屏幕上用鼠标勾画出其分布范围和界线，并用统一的符号和线条标示清楚，绘制出判读草图。

目视判读过程中，要注意利用已知资料，以及放大镜、立体镜等辅助工具。对重要的地物和现象及有疑问的地方应加以特别的标记，以便在野外校核时重点进行检查。

3）野外校核

野外校核是航空像片判读一个重要的环节。野外校核主要有以下几方面工作：一是解决判读中的疑问和错误，二是建立解译标志，三是检验和评价解译结果。要根据室内判读后拟定的路线进行，把室内判读的结果与实地进行对照，特别是对一些重要现象和有疑问的地方，应详细加以观察和验证，以修改、补充和完善室内的判读，并建立解译标志。通过野外校对和检验后，形成最终的解译结果，对解译结果必须进行精度评价。野外校核工作是检验和评价遥感判读结果的重要方式。

4）成图与总结

判读结果经过野外校核以后，即可将其按照制图要求，采用网格法或目估法用手工或者光学转绘仪转绘到准备好的底图上，形成各种专题图件。目前常用的是在计算机 GIS 软件中直接形成输出地图或图层。最后根据任务要求，编写解译和制图总结报告，以及解译结果的精度评价。

4.6 常见地物的像片判读

彩色红外航空像片是目前使用最多的像片，所以本节以彩色红外航空像片为主，介绍常见地物的判读。彩色红外航空像片是彩色红外感光片和黄色滤光镜配合在空中成像的。彩色红外感光片涂有三层感光乳剂，黄色滤光镜可将进入镜头的蓝光吸收掉，而将绿光记录后呈蓝色，红光记录呈绿色，近红外记录呈红色，三层乳剂层叠加就得到彩色红外像片。彩色红外像片上地物所呈现出的颜色与实际地物的色彩不相同，最典型的特征是植被为红色。

彩色红外像片由于黄色滤光镜的滤光作用，消除或减少了短波蓝光散射的影响，像片反差得到改善，影像清晰度提高，色彩更为鲜艳，分辨率大大提高，信息量丰富，是像片判读质量良好的影像。因此，目前彩色红外航空像片已广泛应用于城市、农业、林业、地质找矿、水文等自然资源的调查和环境监测评价等方面。

4.6.1 水体判读

水强烈吸收红外光，并吸收红光，对蓝绿光反射稍强些。因此，水体在彩色红外像片上常呈蓝黑色、蓝灰色；清澈的净水呈蓝色，当水含泥沙或受污染时，长波反射增强，影像色彩发生变化，从蓝向青、黄变化。清洁的深水呈深蓝到暗黑色、清洁的浅水呈青蓝色、浑水呈青色、褐色的水呈绿色、氧含量少的污水呈乳白色，被藻类覆盖的水呈红色、藻类含量高的严重污染区呈暗红色，中度和轻度污染区分别为棕褐色和棕黄色。

河流常表现为界线明显、自然弯曲、宽窄不一的带状（图 4.27）。河流上常有堤坝、桥梁、船舶和码头等人工建筑物，这些可以作为判读分析河流的辅助依据。

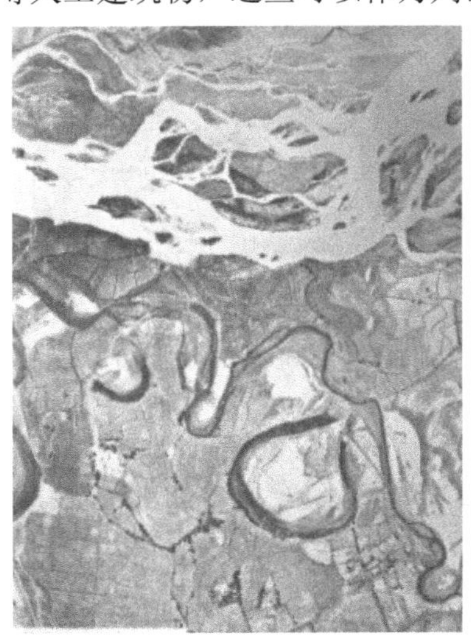

(a) 河漫滩牛轭湖

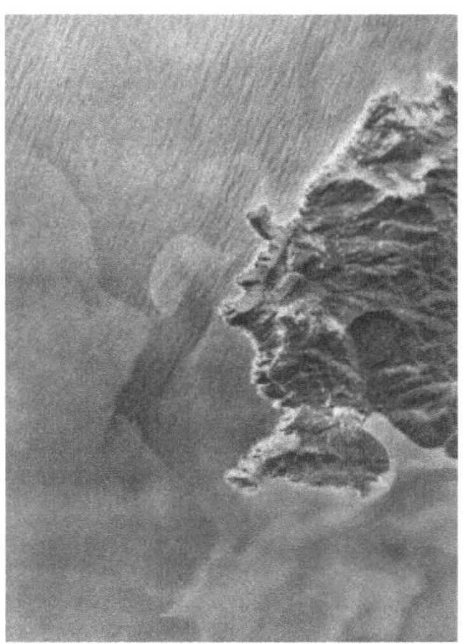

(b) 侵蚀海岸

图 4.27 黑白影像上的不同水体类型

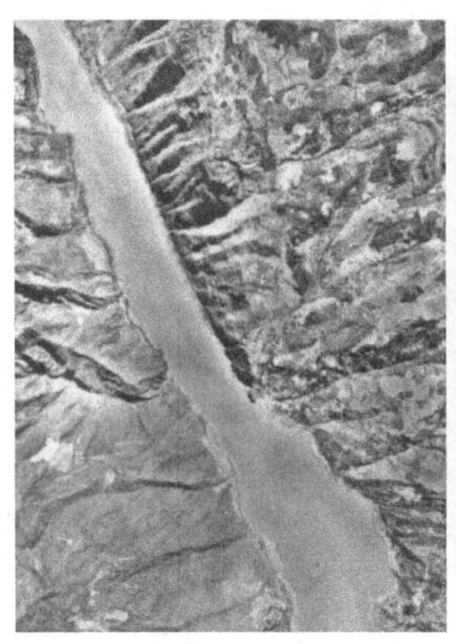

(c) 深切河流

(d) 黄土地区弯曲河

图 4.27（续）

湖泊在像片上一般表现为均匀的深色调，其湖岸线呈自然弯曲的闭合曲线，轮廓较为明显。但当湖泊中生有水草或其他植物时，边界一般变得模糊，色调也较紊乱。

海岸附近的浅海海域，一般为浅蓝色，深海一般为深蓝色。海、陆界线在像片上一般较为明显，可较容易地勾画出它们之间的界线。由于海浪影响，浅海域色调一般不太均匀，根据水涯线可以清楚地判读出潮浸地带和高潮、低潮的位置。潮浸地带一般没有植被生长，多为新的沉积物。一般在反光立体镜下，用视差杆可量测出高潮和低潮海水面的高差。

海岸带沉积物的搬运方向，可以根据河口泥沙流的方向判读，泥沙流一般为白灰到黄色，非常容易判读。

4.6.2　植被判读

植被判读中，色彩、形状、大小、阴影及图案等判读标志均有重要的意义和作用。由于植被是随季节而变化的，判读标志也是变化的和不稳定的。绿色植物在彩色红外像片上的色彩为蓝色（绿→蓝）和红色（近红外→红）二色的叠加，而生成品红色。植物的红外反射峰比绿光反射峰大很多（3～5 倍），绿色植物在像片上往往呈现偏红的色彩（图 4.28）。由于植物种类的不同，以及物候期各异，不同植物所呈现的色彩亦有差别，一般在品红到红色、深红之间变化。根据像片上色彩的变化，即可识别出不同的植物类别，并可对植物生长发育变化、作物的长势和作物病虫害进行识别、分析和预报。

植被的判读会受到摄影季节的影响。例如，在夏季拍摄的像片上，各种植被生长旺盛，色彩鲜艳，易于识别；不同的色彩往往表示不同的植被类型，同时明显反映出的各树种所特有的树冠形状及其大小，以及本身阴影的特点，可以帮助识别出不同的树种或类别。而秋季拍摄的像片上，植被生长差异很大，常绿植被为红色，落叶植被没有了红色影像特征，所显示出的植被明显比夏季要少。

此外，进行植被判读时，要充分分析研究树种的立地条件。因为树种的生物学特征不同，各树种有自身的分布规律，在判读时应注意利用。例如，北方山区荆条灌丛和杂灌丛，从色彩和图案上很难分辨。但荆条灌丛多生长在山的阳坡，而杂灌丛生长在阴坡。因此，可利用山坡坡向将其区分开；再如，小兴安岭的云冷杉和红松，树冠形状和色彩较难区分开。但考虑到云冷杉多分布在低洼河滩地上，而红松则分布在排水良好的山脊或坡地上。这样，就可以比较容易地把二者区分开来。

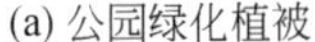

(a) 公园绿化植被

(b) 天然草操场

(c) 人造草操场

图 4.28* 不同植被类型的彩红外影像

4.6.3 居民地判读

居民地通常分为城市、集镇和乡村 3 种类型，在各种比例尺的航空像片上一般都较容易识别。居民地因房屋材料不同，在彩红外像片上呈现不同的颜色，如青瓦房一般呈灰蓝色；红瓦房、新草房由于反射红光、红外光而呈浅黄色；旧草房则呈灰色、深灰色。

城市的特点是面积大，房屋稠密，除有广大居住区分布外，还有工厂、商业区、学校、公园等建筑。在大比例尺的航空像片上，可以明显识别出建筑类别、道路、公园、行道树、绿地、广场等。

集镇一般分布在公路和铁路沿线，通常都有车站等建筑物。集镇面积比城市小，街道窄且不太规则，尚未形成一定的平面图形结构。集镇也有一些工厂和学校，而且往往由 1～2 条主要大街形成商业区，周围有农田和菜地分布（图 4.29）。

乡村居民地比较小且分散，但因各地区历史和自然条件的不同，居民地的结构与分散程度有很大区别。我国北方农村一般比南方乡村的面积大，也更集中。平原农村地区又比山区农村面积大而集中。山区农村因耕地分散，通常是比较分散的小村庄。在航空像片上，乡村的轮廓一般能判读出来。但如果房顶建筑材料与背景差别不大时，色调差异小，特别是在小比例尺像片上零星分散的居民点就不容易辨认了。

4.6.4 道路判读

道路可分为铁路、公路、乡村大路和小路。在像片上城市的道路呈条带形状很容易判读（图 4.30）。

铁路在航空像片上一般为深灰色调，呈线状延伸，转弯较平滑均匀。铁路沿线有停车站、水塔等附属建筑，与其他道路相交时，无论公路或大路一般为垂直交叉通过铁路。

(a) 居民镇

(b) 乡村

图 4.29* 航空像片上的居民地

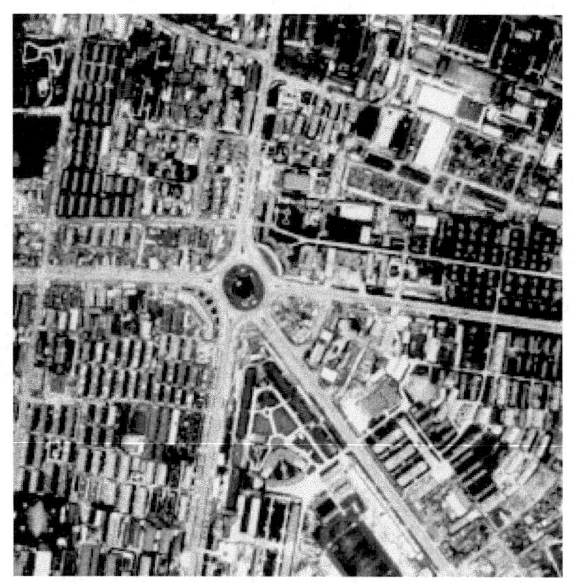

图 4.30* 航空像片上的道路

公路与铁路的形状相似，均为线状，但公路转弯较急，曲率半径小，与乡村大路相交不一定成直角。乡村道路多为浅灰色或白色的线条，宽窄不一，边缘往往不清晰。乡村大路，在经过规划的地区，多为直线或折线状，在山区则多为曲线。农村小路比大路窄，影像常为浅色的细线。

航空像片的获取简单方便、可信度高、价格便宜、成像高度灵活，既可以是低空成像，也可以是卫星轨道高度成像。航空像片一直是编制许多地图的基本信息源，特别是大比例尺的地形图。大比例尺的垂直航空像片已经作为地图的替代和补充得以广泛应用。经过几何校正的航空像片，可以正确表达地物的位置，并可对其进行精确的量测等。航空影像客观综合地记录了地面的所有景观，便于进行各要素的综合分析。但影像的判读和解译需要一定的方法和一定的地理背景知识储备，这样才能正确应用航空影像所表达出来的信息。

航空遥感目前依然是遥感重要的应用数据源，在国民经济的发展和建设中起着重要的作用。

思 考 题

1. 时间在航空摄影的飞行计划中很重要吗？试说明相关原因。
2. 航空摄影的优缺点有哪些？
3. 为什么彩色红外航空摄影能成为当前航空摄影的主要技术？说明其优势。
4. 航片是地图吗？比较一下两者的异同点。
5. 大比例尺航片一定比小比例尺航片更有用吗？说明哪些情况下适合使用大比例尺航片？哪些情况下适合使用小比例尺航片？
6. 简述无人机航空摄影与传统航空摄影原理的区别。无人机航空摄影能替代传统航空摄影吗？说明相关原因。

第 5 章　地球资源卫星

5.1 概　　述

遥感卫星按照探测的目的可以分为地球资源卫星、气象卫星和海洋卫星。地球资源卫星是以探测地球资源为目的而设计的，它既要求有较高的空间分辨率又要有较长的寿命。从1972 年美国发射第一颗地球资源卫星（Landsat-1）以来，世界各国相继设计和发射了多种以探测地球资源为目的的遥感卫星。如法国发射的 SPOT 卫星、日本的 JERS 卫星、印度的 IRS 卫星、欧洲空间局的 ERS 卫星、俄罗斯的 ALMAZ 卫星、中国和巴西联合发射的 CBERS 卫星等。这些地球资源卫星探测地球表面的农作物、森林植被、水体、土地利用、城市及矿产资源等信息，为人们了解和合理利用地球资源提供了重要的信息。与航空遥感数据相比，地球资源卫星数据具有视域范围大、宏观性强、周期性重复成像和多波段成像等特点，因此地球资源卫星数据广泛应用于世界范围的制图、地球环境变化监测等方面。

当前，地球资源卫星遥感数据发展很快，尤其是空间分辨率越来越高。从 Landsat（陆地卫星）数据的 30m，到 SPOT 卫星数据的 10m，再到 IKONOS 卫星数据的 1m 和 QuickBird 数据的 0.61m 分辨率；资源三号 02 星具备亚米级分辨率（0.8m，全色）。同时，遥感卫星对同一地区的重访周期在不断地缩短。因为地球资源卫星大都采用太阳同步轨道，不具备通过变轨来满足缩短重访周期的能力。为此，不少遥感卫星的星载传感器设计成可以侧摆，以实现在不同轨道上获得对同一地区的观测数据，从而缩短对特定地区的重访周期，如法国的 SPOT 卫星、印度的 IRS 卫星。近年来出现的小卫星为缩短卫星遥感重访周期提供了另一条途径，即发射数颗甚至数十颗小卫星组成小卫星群对地进行观测，使获取同一地区数据的周期缩短到每天一次或一天数次。如中国 2015 年底发射的高分四号（GF-4）静止轨道卫星，空间分辨率为 50m；预计 2030 年实现 138 颗小卫星组网的“吉林一号”后续卫星星座，空间分辨率为 1.12m，届时将具备对全球任意点 10 分钟以内重访观测（张兵，2017）的能力。

Landsat 是周期性提供地球表面数据时间最长的一颗地球资源卫星，后来其他国家设计和发射的地球资源卫星系列几乎都以它为参照，这就使得各种地球资源卫星数据之间具有很强的可对比性。因此，本章以美国陆地卫星（Landsat）为主，向读者介绍地球资源卫星的基本原理、数据的基本特征和图像数据目视解译的方法等。

5.2 Landsat 简介

Landsat 是美国发射的地球资源卫星系列，原称为地球资源技术卫星（ERTS），以探测地球资源为主要目的。该卫星系列自 1972 年 7 月 23 日发射了第一颗地球资源技术卫星以来，迄今已经发射了 9 颗(表 5.1)。目前正常运行的是 Landsat-5、Landsat-7、Landsat-8 和 Landsat-9。

Landsat-1～Landsat-3 的外形结构和运行轨道基本相同，均携带反束光导管（return beam vidicon，RBV）摄像机和多光谱扫描仪（multi-spectral scanner，MSS）。Landsat-4 和 Landsat-5 完全相同，是在 Landsat-1～Landsat-3 的基础上改进的，轨道高度下降到 705km，地面分辨率有所提高，运行参数也随之改变。Landsat-4 和 Landsat-5 除带有 MSS 外，还带有一套改进的（第二代）多光谱扫描仪，称为专题制图仪（thematic mapper，TM）。Landsat-7 轨道和周期与 Landsat-5 完全相同，所携带的传感器为增强型专题制图仪（ETM）。Landsat-8 上携带陆地成像仪（operational land imager，OLI）和热红外传感器（thermal infrared sensor，TIRS）。

Landsat 卫星是目前世界范围内应用最广泛的民用对地观测卫星，已获取了数百万幅有价值的图像。图像上载有丰富的地面信息，在农林、生态、地理、地质、气象、水文、海洋、环境污染、地图测绘等方面得到了广泛的应用。

表 5.1　Landsat 卫星系列

项目	Landsat-1	Landsat-2	Landsat-3	Landsat-4	Landsat-5	Landsat-6	Landsat-7	Landsat-8	Landsat-9
发射时间	1972.7.23	1975.1.22	1978.3.5	1982.7.16	1984.3.1	1993.10.5	1999.4.15	2013.2.11	2021.9.17
重访周期	18 天	18 天	18 天	16 天	16 天		16 天	16 天	16 天
波段数	4	4	4	7	7		8	11	11
机载传感器	MSS RBV	MSS RBV	MSS RBV	MSS、TM	MSS、TM	ETM	ETM	OLI TIRS	OLI-2 TIRS-2
运行情况	1978 年退役	1982 年退役	1983 年退役	1983 年退役	在役服务	发射失败	在役服务	在役服务	在役服务

5.3　Landsat 轨道

地球资源卫星在天空中所走过的路线称为它的空中轨道（简称轨道）。卫星正下方的地面点称为它的星下点（或天底点）。星下点的集合称为星下点轨迹（或地面轨道）。Landsat 在地面上空 700～900km 高处运行，这种轨道属于中高轨道。卫星轨道接近于圆形。卫星在南北纬 80° 之间的广大上空反复多次连续不停地旋转，其轨道距两极上空较近，故称为“近极地轨道”。在太阳同步轨道上，卫星于同一纬度的地点，每天在同一地方时同一方向上通过，即卫星轨道面永远与当时的“地心-日心连线”保持恒定角度，称为“太阳同步轨道”。

Landsat 的运行特征包括以下几点。

1）近极地、近圆形轨道

Landsat 的轨道十分接近于正圆轨道（图 5.1），而且轨道经过南北极附近地区，故又称为“极轨卫星”。用于资源探测和环境监测的卫星多是极轨卫星。这种卫星的优点是可以覆盖全球绝大部分地区（南北纬 82°以上的地区除外），与静止卫星相比，它所获得的地面图像的分辨率较高。由于是近圆形轨道，探测器在地面上的瞬间视场大小一致，即图像的比例尺保持相同。这种轨道有利于增大卫星对地面的观测范围，最北和最南分别能达到 80°N 和 81°S，利用地球自转并结合轨道运行周期和图形扫描宽度的设计，能保证全球绝大部分地区都在卫星覆盖之下。

2）运行周期

卫星运行周期是指卫星绕地球一周所需的时间。Landsat 在一个预先设计的轨道上运行，星载传感器沿着轨道在地面上的轨迹，按一定宽度（185km）垂直于运行方向进行扫描，这个扫描宽度称为“扫幅”。不同轨道间不是连续的，而是跳跃式的。这是由于在卫星飞行的同时，地球也在自西向东自转，每下一次的轨道轨迹均向西移动。例如，Landsat-1～Landsat-3 每天可围绕地球转 14 圈，形成 14 条间隔 2875km 的条带，条带宽度为 185km。第二天的轨道紧靠着第一天的轨道西移 159km，第 19 天的轨道与第一天重合。这样经过 18 天的运行，

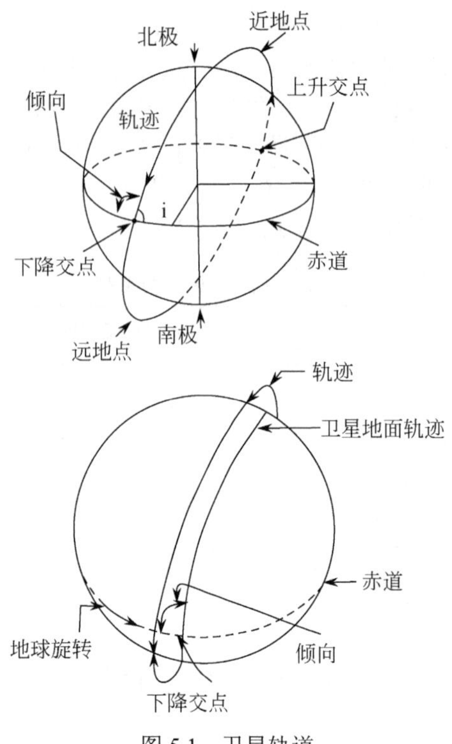

图 5.1　卫星轨道

卫星就可以覆盖全球一遍。重复周期是指从某地上空开始运行，再回到该地上空所需要的天数，即对全球扫描覆盖一遍所需的时间。Landsat-1～Landsat-3 的重复周期为 18 天，Landsat-4～Landsat-9 为 16 天。轨道的重复回归性有利于对地表事物和现象的动态监测。

3）轨道运行与太阳同步

Landsat 的传感器只有在理想的光照条件下成像，才能获得质量较高的图像。例如，上午 9 时至 10 时之间，在北半球太阳位于东南方向，高度角适中。如果 Landsat 能在这个同一地方时经过各地上空，那么每个地区的图像都是在大致相同的光照条件下成像，便于不同时期成像的卫星图像上同名地物的对比。因此，卫星轨道既要保证传感器在不变条件下进行探测，又要保证卫星运行的周期，这样就要求卫星的轨道与太阳同步，它是通过卫星轨道倾角来实现的。卫星轨道平面垂直方向称为法向，这个法向与北极的夹角称为轨道倾角。

轨道倾角大于 90°，这是所有与太阳同步卫星的要求。凡是具有倾斜轨道的卫星，在运行中都会受到地球赤道突出部分摄动的影响，使得卫星轨道面发生偏转。当倾角小于 90°时，轨道面自东向西偏转；当倾角大于 90°时，轨道面自西向东偏转。而后者恰好与地球公转方向一致，如果轨道面偏转的角速度等于地球太阳的角速度，就可以保证卫星轨道与太阳同步。

5.4　Landsat 工作系统

Landsat 的工作系统主要包括遥感试验系统、星载系统和地面控制、接收和处理系统。

1）遥感试验系统

为了研究和选择星载传感器的类型，确定其技术指标，划分和选择最佳的电磁波波段，在卫星发射之前要进行大量的遥感试验工作。试验内容主要包括：确定各种对象的辐射光谱特性及其变化规律，并试验各种传感器的性能；研制和论证各种数据的处理技术，分析各种判读的技术及实用价值；研究影响各种对象的辐射光谱特性及影响传感器性能的各种环境因素等。

在卫星发射以后，还要进行同步地面观测和航空试验，其目的是对卫星传感器进行定标校准，为卫星图像的精处理、数据订正和判读提供依据。美国在发射 Landsat 之前进行了多年的试验与研究。

2）星载系统

Landsat 的星载系统包括两个分系统：自动调节控制分系统和传感器分系统。

自动调节控制分系统包括：控制卫星姿态的装置，卫星与地面联系和仪表运行程序控制的装置，保证卫星轨道符合设计要求的轨道调整装置及卫星能源供应等。

传感器分系统包括：

（1）反束光导管（RBV）摄像机。Landsat-1～Landsat-3 上曾经携带有反束光导管摄像机，但均因电路发生故障，工作时间都不长，所提供的图像资料很有限，这里不作为重点介绍。

（2）多光谱扫描仪（MSS）。Landsat-1～Landsat-5 上均装有多光谱扫描仪，除了 Landsat-3 上的 MSS 增加了一个热红外波段外，其余都采用 4 个工作波段。表 5.2 列出了 MSS 各波段的编号及波段的划分。

表 5.2　MSS 波段和波长范围

波段序号	波长/μm	波段名称	分辨率/m
4	0.5～0.6	绿色	79
5	0.6～0.7	红色	79
6	0.7～0.8	近红外	79
7	0.8～1.1	近红外	79
8	10.4～12.6	热红外	240

注：Landsat 上 MSS 编号依次为 4、5、6、7。

多光谱扫描仪扫描的几何关系如图 5.2 所示。扫描镜与地面聚光系统的光轴均成 45°，扫描镜的摆幅为 2.89°，对应地面扫描宽度为 185km。探测器以 4×6 的阵列排列，即分四个波段，每个波段有 6 个探测器记录，探测器对地面的采样大小为 79m，因此地面分辨率为 79m。在卫星运行中，扫描是连续的，自西向东为有效扫描。当回扫时，为无效扫描，这样每扫描一次，有 6 条扫描线，对应地面上为 6×79m＝474m，卫星前进到下一次有效扫描恰好是 474m。

（3）专题制图仪（TM）。专题制图仪是第二代光学机械扫描仪，与 MSS 相比，它具有更好的波谱选择性，更好的几何保真度，更高的辐射准确度和分辨率。Landsat-4～Landsat-5 上均装有专题制图仪，它有 7 个不同的工作波段（表 5.3）。

表 5.3　TM 波段、波长范围及分辨率

波段	波长范围/μm	分辨率/m	波段	波长范围/μm	分辨率/m
1	0.45～0.53	30	5	1.55～1.75	30
2	0.52～0.60	30	6	10.40～12.50	120
3	0.63～0.69	30	7	2.08～2.35	30
4	0.76～0.90	30			

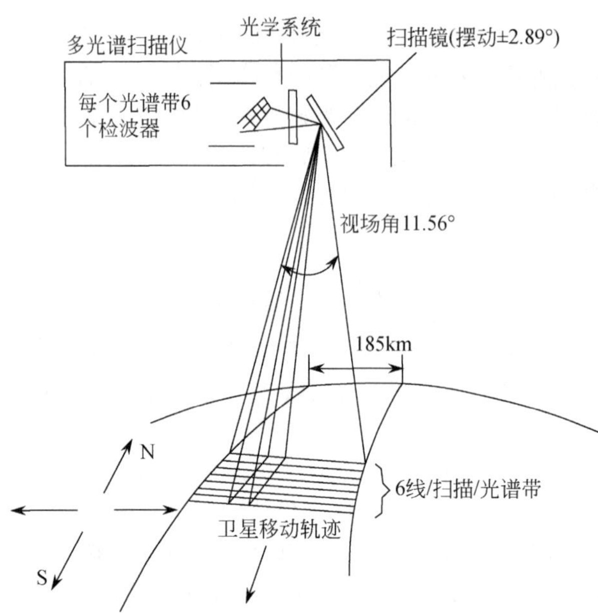

图 5.2　多光谱扫描仪扫描的几何关系（彭望琭等，2021）

TM 的工作原理与 MSS 相似，地面扫描宽度为 185km，地面分辨率为 30m。TM5、TM7 新增了近红外波段，主要用于探测岩石和地表地物在近红外波段的光谱特性；TM6 为热红外波段，地面分辨率为 120m，用来探测地面的热特性。

（4）增强型专题制图仪（enhanced thematic mapper，ETM）。增强型专题制图仪是 Landsat-7 上装载的传感器，和 TM 传感器相比，它增加了一个波长 0.5～0.9μm 的全色波段，称为 PAN 波段，其瞬时视场为 13m×15m。除了 ETM6 热红外波段的地面分辨率提高到了 60m 外，其他 7 个波段的波长范围、瞬时视场均与 TM 相同（表 5.4）。

表 5.4　ETM 波段、波长范围及分辨率

波段	波长范围/μm	地面分辨率/m	波段	波长范围/μm	地面分辨率/m
1	0.45～0.515	30	5	1.55～1.75	30
2	0.525～0.605	30	6	10.40～12.50	60
3	0.63～0.690	30	7	2.09～2.35	30
4	0.75～0.90	30	PAN	0.52～0.90	15

（5）陆地成像仪（OLI）和热红外传感器（TIRS）。OLI 和 TIRS 是 Landsat-8 和 Landsat-9 上装载的传感器。OLI 陆地成像仪包括 9 个波段，空间分辨率为 30m，其中包括一个 15m 的全色波段，成像宽幅为 185km×185km。OLI 包括了 ETM 传感器所有的波段，为了避免大气吸收特征，OLI 对波段进行了重新调整，比较大的调整是 band5（0.845～0.885μm），排除了 0.825μm 处水汽吸收特征；OLI 全色波段（band8）范围较窄，这种方式可以在全色图像上更好区分植被和无植被特征；此外，还有两个新增的波段：蓝色波段（band 1：0.433～0.453μm）主要应用海岸带观测，短波红外波段（band 9：1.360～1.390μm）包括水汽强吸收特征可用于云检测；近红外（band5）和短波红外（band9）与 MODIS 对应的波

段接近（表 5.5）。

热红外传感器 TIRS 包括 2 个单独的热红外波段（表 5.6），分辨率为 100m。

3）地面控制、接收和处理系统

地面控制中心是指挥 Landsat 工作的枢纽，其主要任务是通过不同的指令，控制卫星运行的姿态、轨道，指挥传感器信息的传输及星载仪器与地面接收机构协调配合等。

地面接收站的主要任务是接收和记录从卫星上传送回来的各种数据。当卫星进入地面接收站视野范围（仰角大于 5°）时，地面接收站可以实时接收从卫星上发回来的数据。当卫星不在地面站视野范围时，地面站可以延时接收暂且记录在卫星磁带上的数据。当然，地面站也可以接收由中继卫星转发的卫星数据。目前我国卫星数据接收站包括了北京密云站、新疆喀什站、海南三亚站、云南昆明站及北京总站。

表 5.5　OLI 波段、波长范围及分辨率

波段	波长范围/μm	地面分辨率/m	波段	波长范围/μm	地面分辨率/m
1	0.433～0.453	30	6	1.560～1.660	30
2	0.450～0.515	30	7	2.100～2.300	30
3	0.525～0.600	30	8	0.500～0.680	15
4	0.630～0.680	30	9	1.360～1.390	30
5	0.845～0.885	30			

表 5.6　TIRS 波段、波长范围及分辨率

波段	中心波长/μm	波长范围/μm	分辨率/m
10	10.9	10.6～11.2	100
11	12.0	11.5～12.5	100

地面数据处理机构的主要任务是对视频数据进行视频-影像转换，生产和提供各种 Landsat 产品。例如，我国的遥感卫星地面站可以完成接收数据及制作完成各种胶片、像片及计算机用数字产品等格式，为用户提供各种 Landsat 产品。

5.5　Landsat 数据特征

5.5.1　Landsat 图像的物理特征

Landsat 图像是地面各种地物光谱特性的反映，它是以不同的色调/色彩来表现的。因此，在判读时首先必须了解影像色调/色彩的差异、光谱效应及空间分辨率等物理特性。

1）灰阶

地面上各种地物的辐射强度表现在像片格式的卫星图像上是色调的深浅，对色调深浅的分级称为灰阶。因此，灰阶是区分地物辐射强度和影像色调的标准。多光谱扫描图像和专题制图仪的图像灰阶划分为 15 级，第一级是辐射强度最强的，呈白色；第 15 级辐射强度相当于 0，呈黑色。各级灰阶之间的差值相当于最大辐射量的 1/14（Landsat-3 增加的第八波段灰阶只分为 8 级）。灰阶大小决定了卫星图像的辐射分辨率。辐射分辨率是指传感器区分地物辐射能量细微变化的能力，即传感器的灵敏度。传感器的辐射分辨率越高，其对地物反射或发射辐射能量的微小变化的探测能力越强。

灰标是各级灰阶的视觉标志，每幅像片格式的卫星图像（图 5.3）的下边框都附有灰标。判读时，可以把灰标上的灰度与影像的色调进行比较。

图 5.3　陆地卫星的灰标

多光谱扫描图像不同波段图像上的灰阶只反映该波段的辐射强度。例如，第四波段图像上的灰阶只反映地物在 0.5～0.6μm 的辐射强度，这与普通黑白航片（全色片）是不相同的，普通黑白像片是反映地物对可见光的反射强度。

2）光谱效应

由于各种地物组成的物质成分、结构及地物表面温度等的不同，其光谱特性也就不同。在黑白图像上是色调的差异，在彩色图像上是色别的不同，即使是同样的地物在不同波段的图像上其色调（或色别）也会有不同。因此，利用不同波段的图像判读、识别地物的能力和判读效果是不一样的，称为光谱效应。

TM1：0.45～0.52μm，蓝波段。这个波段的短波端对应于清洁水的峰值，长波端在叶绿素吸收区；这个波段对水体的穿透力强，对叶绿素及其浓度反应敏感，有助于判别水深、水中泥沙分布和进行近海水域制图等；对植被也有明显的反应，易于识别针叶林。

TM2：0.52～0.60μm，绿波段。这个波段在两个叶绿素吸收带之间，对应于健康植物的绿色反射峰值区域，因此对健康茂盛植物反应敏感，用于探测健康植物绿色反射率，按“绿峰”反射评价植物生活力，区分林型、树种和反映水下特征等。此外对水的穿透力也较强。

TM3：0.63～0.69μm，红波段。为叶绿素的主要吸收波段，反映不同植物的叶绿素吸收、植物健康状况，用于区分植物种类与植物覆盖度。在可见光中，这个波段是识别土壤边界和地质界线的最有利的光谱区，信息量大，表面特征经常展现出高的反差，受大气云雾的影响比其他可见光波段低，影像的分辨能力较好；广泛应用于地貌、岩性、土壤、植被、水中泥沙流的探测等方面。

TM4：0.76～0.90μm，近红外波段。对绿色植物类别差异最敏感（受植物细胞结构控制），对应于植物的叶绿素反射峰值，为植物遥感识别通用波段；用于生物量调查、作物长势测定、进行农作物估产等；水体在近红外波段多被吸收，因此为暗色调；对植物、土壤等地物的含水量敏感。

TM5：1.55～1.75μm，近红外波段。处于水的吸收带（1.4～1.9μm），对地物含水量很敏感，在这个波段叶面反射强烈地依赖于叶片的含水量，在对干旱的监控和植物生物量的确定很有用；常用于土壤湿度调查、植物含水量调查、水分状况、地质研究、作物长势分析等研究。

TM6：10.4～12.5μm，热红外波段。这个波段记录了来自地物表面发射的热辐射量，根据辐射影响的差别，区分农、林覆盖类型，辨别表面湿度、水体、岩石，以及监测与人类活动有关的热特性，进行热测量与制图；对于植物分类和估算作物产量也很有用。

TM7：2.08～2.35μm，近红外波段。为地质学研究追加的波段，该波段处于水的强吸收带，水体呈黑色，用于城市土地利用与制图，岩石光谱反射及地质探矿与地质制图，特别是热液变质岩环的制图。

TM 主要用于对全球作物进行估产、土壤调查、洪水灾害估算、野外资源考察、地下水和地表水资源研究等。TM 图像的平面位置几何精度高，有利于图像配准与制图，经处理后的位置精度平均为 0.4～0.5 个像元，适用于编制 1∶100000 的专题图。

3）空间分辨率

空间分辨率是指遥感图像上能区分的地面最小地物的尺寸，是用来表征影像分辨地面目标细节能力的指标，也称为地面分辨率。通常凡是大于分辨率的地物较容易辨认，而小于分辨率的地物辨认就较困难。在实际判读时，地物的判读与其所处的背景条件有很大关系。当背景反差较小时，虽然地物大于分辨率，也不易判读，因为该地物被“淹没”在背景中，不易识别出来；当背景反差较大时，虽然地物小于分辨率，但该地物却能从背景中被“突出”出来，反而容易识别。

为什么小于分辨率的地物有时也可以识别呢？因为 Landsat 图像是以像元的大小作为分辨率，实际地面上一个像元内，可能包括多种地物类型，各地物类型的辐射强度是不相同的，而扫描时所得到的是其综合辐射强度。例如，在 OLI5 波段（分辨率 30m）的图像上，裸露沙质土地面有一个 10m×10m 的池塘，使得它所在像元的综合辐射强度明显低于周围的地物，因而可以判读出来。一些线状地物其宽度小于分辨率，但是在有利的条件下也能判读出来。例如，大同以东黄土高原和唐山天津之间盐碱地上的铁路，路基较高、筑路材料的色调较暗，而且是西南—东北走向，和太阳的光照方向垂直，形成较宽的阴影，与背景的反差又较大，因而虽然其宽度仅 10m 余，但从图像上还是能够判读出来的。而类似的地物在许多地区，因为没有这样好的背景条件而判读不出。

4）成像季节对图像判读的影响

地表部分地物具有明显的季节性变化的特点。表现在遥感图像上，不同地物在不同季节的图像也有明显不同的影像特征，从而导致其灰度和可辨性受到不同程度的影响。以植被为例，冬季由于气候干冷、植物枯黄，地表裸露，图像上植被信息就不丰富，而且植被与背景地物的区别也不明显，判读的效果就不理想。夏季植物生长茂盛，图像上植被信息最丰富，既能判读植被的空间分布，也能获取植被覆盖度、植物生物量等信息。春、秋两季，根据不同植物的生长季节的差异，还能区别出植物类型。因此，遥感图像判读时要根据判读的内容，选择最佳季节的图像以提高判读的效果。

5.5.2　Landsat 图像的几何特性

Landsat 图像的几何特性主要是指地面接收站所接收的遥感数据的地理坐标、投影、分幅编号及遥感数据获取时的状态参数，如成像时间、波段、太阳高度角等。

1）地理坐标

卫星图像的经纬度是根据成像时间、卫星姿态数据和运行方向等因素，由地面处理机构通过电子计算机求算并直接记录在 70mm 的胶片上的。经纬度注记标注在像幅四周，其间隔为 30′。纬度 60°以上地区，采用 1°的间隔。粗制图像的经纬度是用图像中心的经纬度推算的，精制图像的经纬度是经过地面控制点纠正后计算而得的，故其精度较高。

2）投影性质

Landsat 图像是卫星运行中由传感器扫描而产生的连续条带图像，因此图像是成像扫描时间的函数。每一个瞬时现场（扫描像元）相当于框幅摄影的单幅像片，一幅 MSS 图像就相当于 7581600（2340×3240 个像元点）张框幅像片，因此，Landsat 图像属于多中心投影。由于航高很大，视场角很小，在判读应用时，可以把它近似地看作垂直投影。

精制图像是指利用地面控制点进行精确校正，并通过计算机处理生成通用横轴墨卡托（universal transverse Mercator，UTM）投影或极地球面投影（polar stereographic projection，PSP）的图像。

3）重叠

（1）航向重叠：Landsat 图像是连续扫描成像的，相邻图像的航向重叠是由地面处理机构在分幅时处理形成的，用以拼接相邻图像。重叠的宽度为 16km，占像幅的 9%。

（2）旁向重叠：旁向重叠是轨道间相邻图像的重叠，是由轨道间距和成像宽度决定的。在赤道地区轨道间距为 159km，成像宽度为 185km，有 26km 重叠，占像距的 14%。随着纬度的提高而加大，在两极上空达到最大。利用旁向重叠是可以进行立体观察，但由于 Landsat 图像旁向重叠率不大，立体观察仅仅限于南、北纬 60° 以上地区的图像。

4）编号

Landsat 图像采用全球参考系统（worldwide reference system，WRS）方法进行编号。该方法由两组数字组成，前面一组数字为卫星轨道编号，后面一组数字为行号。Landsat 轨道号数从美国东海岸纽芬兰岛的东部起算，行号从高纬向低纬编号。我国领土大约位于 122～163 号轨道号、23～58 行号之间。例如，133～32（北京幅），就是指第 133 号轨道的第 32 行。

5）Landsat 的符号和注记

Landsat 的像片产品有符号和注记，这些符号和注记可分为两部分：图像四周的符号注记和图像下部的注记行。Landsat 的数字产品有一个说明头文件（.hrf），它记录了卫星成像时的相关参数，如成像时间、轨道号、传感器类型、行列像元数等。

如果是像片产品，其四周的符号主要有：

（1）像幅重叠符号（+）。在像幅四角各有一个“+”，称为十字丝。它是多波段图像的重叠符号。传感器同一时间获取的多波段图像，可按照十字丝配准重叠，这在光学彩色合成中是必不可少的步骤。十字丝中心连线的交点，就是像幅中心。

（2）坐标注记。像幅四边框外标有经纬度注记，以 E、W、N、S 后加数字表示东经、西经、北纬、南纬若干度若干分。一般以 30′ 作为经纬度最小间隔；但在南北纬 60° 以上，为了避免坐标注记过密，改用 1° 作为最小间隔。边框两边同一纬度（或同一经度）附近的两短横（或两短竖）的近图的端点之间的连线即为该纬线（或经线）。

（3）灰标。在图像下部的注记行的下方，有一个由若干方格组成的长条，就是灰标。其中每一格对应着图像中一定的灰度级别（即灰阶）。灰度表示黑白的程度，灰标是灰度的标准，灰阶是灰度的级别。RBV 图像的灰标共有 10 格，即 10 级灰度；MSS4～MSS7 图像的灰标有 15 格，MSS8 的灰标有 8 格；TM 图像有 2 行灰标，上一行灰标有 24 格，下一行有 14 格。

（4）图像下方有一行注记，用来说明成像的日期和时间、图像代表的地理位置、传感器类型和通道号、卫星的参数、太阳辐射参数、数据处理参数，发射机构和接收站等内容，这一行文字称为“注记行”。

有关 Landsat 卫星的数据可参考下列网站：http://www.resdc.cn（中国科学院资源环境科学数据平台）；https://www.cpeos.org.cn/（国家遥感数据与应用服务平台）；http://ids.ceode.ac.cn/（中国对地观测数据共享计划）；https://www.gscloud.cn/（地理空间数据云）；https://www.usgs.gov/core-science-systems/nli/landsat（美国国家地质调查局）；http://landsat.gsfc.nasa.gov/（美国国家航空航天局）。

5.6　卫星遥感图像的目视判读

5.6.1　概述

卫星图像与航空像片同属于遥感成像方式获得的资料，都是按一定比例尺，客观真实地记录和反映了地表地物辐射（反射或发射）电磁波的强弱变化。因此，卫星图像具有与航空像片一样的特性（物理、几何特性）。判读航空像片的一些原则和方法，基本上适用于卫星图像的判读。但是卫星图像是在离地球表面（大于 150km）更高的平台成像，所采用的传感器类型、工作方式及其性能等与航空摄影方式是不同的，因此卫星图像的空间分辨率与航空像片是不同的，数据的格式也是不同的。一般卫星图像是数字数据格式，而航空像片是胶片格式。数字图像更适合进行数字分析和分类，而航空像片主要是目视判读分析。但数字图像的目视判读分析是数字分析的基础和重要方面，是不可缺少的分析手段。但卫星图像的空间分辨率一般不及航空像片，例如，Landsat TM 图像分辨率是 30m，而城市彩色红外航空摄影一般分辨率是 0.5～1m。因此卫星图像目视判读分析又有如下一些特点。

1）卫星图像更具宏观性特点

卫星图像成像距离远，成像比例尺小，覆盖面积大。因此，卫星图像更具概括性，使较大型的地物和景观的宏观特征得以突出地显现出来，例如，山地和平原的分布，山间盆地的形态，区域地层展布，以及地质构造痕迹等大型地物和现象，在卫星图像上一般都可清晰地反映出来。由于卫星图像覆盖面积大，有利于展示地物和现象间的空间关系，为分析研究地物之间的关系及其相互影响，提供了更为有利的条件和基础。

2）卫星图像具有多波段特点

卫星平台所携带的传感器为多通道同步成像，获取的是多波段图像。而且，随着新一代传感器的使用，卫星图像波段选择的针对性越来越强，波段数目增多，信息量更为丰富，分辨地物的能力不断提高，应用领域不断扩展。一般是将卫星图像的多波段在计算机处理软件中合成假彩色或标准假彩色图像后，再进行目视判读分析。

3）卫星图像具有周期成像特点

由于卫星遥感平台有规律不间断地运行，可较容易地获得地表不同时相的周期性卫星图像。这样不但可以对同一地区自然景观和现象进行动态变化分析研究，而且还可获得植物和作物生长发育情况、冰雪消融、云量及降水变化等信息，为分辨识别地物提供进一步的信息，为气象、水文、洪水的预报提供依据，对火山爆发、地震灾害、地质灾害等做出分析和预报。

5.6.2　卫星图像的判读标志

卫星图像的判读标志是指在卫星图像上反映出的地物和现象的图像特征。卫星图像同航空像片一样，都是由深浅不同的黑白色调（灰阶）或多波段合成的假色彩构成。因此，卫星图像的判读标志也可概括为：色调/色彩、形状、大小、阴影和组合图案等。基于卫星图像所具有的特点，这些标志在表现形式上及在判读运用中又有别于航空像片。一般卫星图像判读以组合图案、色调/色彩、形状、阴影和大小为判读标志的顺序，而航空像片为形状、大小、色调/色彩、阴影和组合图案。这里主要介绍组合图案和色调/色彩两个判读标志。

1）组合图案标志

因为卫星轨道高度高、比例尺小，除大型地物外，卫星图像上单一个体的形状、大小、阴影等特征，很难反映出来，往往反映出众多个体在形状、大小和阴影等方面的群体综合特征。所以，属性相同或性质相近的个体组成的群体，一般在色调及其所形成的图案纹形上，往往呈现出一种特定的图形模式，根据该图形模式可直接判读识别出相应的地物或现象，此图形模式称为图形标志。

卫星图像的组合图案标志是地物形态特征与其光谱特征的综合反映，主要取决于地物的性质及其平面形态和高低起伏的特征。例如，我国南方石灰岩广泛分布地区（广西、贵州一带），地表喀斯特地貌十分发育，峰丛、溶丘、干谷、洼地正负喀斯特地形纵横交错，在卫星图像上构成了深灰色调带麻点状、菱形或网格形的“橘皮状”（或称为“花生壳状”）图形。按照这一图形标志，可从图像上直接识别出喀斯特地貌类型。又如，我国黄土地区，水土流失严重，沟谷纵横，地形切割破碎，在卫星图像上表现出大范围的呈浅灰色调的细密型树枝状图形，依此可确定黄土地貌的分布。所以，在判读卫星图像时，要善于总结出一些地物和现象所反映出的特殊图形标志，依此来进行判读。

2）色调/色彩标志

色调/色彩是地物反射或发射电磁波强弱程度在遥感图像上的记录和反映，是判读卫星图像的主要标志和依据之一。

卫星图像是分波段成像的。因此，分析卫星图像色调特征时，首先必须分清图像属于哪一波段及其波长的范围。不同波段的图像，色调变化是不一样的。例如，Landsat 的 TM1 图像上的色调变化，只反映地物或现象对 TM1（0.45～0.52μm）蓝光波段反射的强弱；若地物反射蓝光的强度强，在 TM1 图像上相应的色调浅，反之则色调深。而 TM2 图像上的色调，只反映地物反射（0.52～0.60μm）黄绿光的强弱程度。所以，在分析卫星图像色调变化时，必须了解和掌握地物的光谱特性，依照地物光谱特性分析各种地物在卫星图像上色调变化的特征，从而识别出不同地物和进行信息的提取。

5.6.3　卫星图像的判读方法

由于卫星图像与航空像片性质上的一致，判读标志的运用又相似，卫星图像的判读可沿用航空像片的判读原则和方法进行。但应注意结合和突出卫星图像的特点。

1）直接判读法

卫星图像比例尺小，在卫星图像上除了较大型的地物个体，可根据其色调、形态等标志直接判读外，一般地物个体的形态特征，在卫星图像上都不如航空像片清楚。因此，在卫星图像上直接判读一般是依据其色调标志和图形标志进行直接判读。例如，对喀斯特地貌或黄土地貌进行的分析判读。

在进行各种标志的综合分析时，要相互对照、互相补充印证。另外，应强调指出，色调/色彩标志在卫星图像直接判定中的重要性，对色调分析必须要结合具体的图形或图像特征，即“色”要附于一定的“形”上。这样，色调才具有实际意义，才可能判定识别地物。

2）对比分析法

对比分析法是对不同波段、不同时相的图像进行对比分析，以及与地面已知资料或实地进行对比。对比的目的在于建立卫星图像与实地地物和现象的对应关系，总结判读经验，发现图像异常，以便从卫星图像上提取更多信息，使判读成果更为准确可靠。

对比分析方法是卫星图像判读的重要方法和常用方法。例如，大豆和玉米两种作物，从图像上可能很难区分开，但是，利用不同时相图像的对比，有可能将两者区分开。图 5.4 是大豆和玉米在不同时相的反射光谱曲线。从图 5.4 分析可见，在播种后的一段时间，两者光谱曲线接近，而在播种 30 天前后，绿色覆盖尚不完全时，光谱曲线的差异比 75 天、100 天和 140 天都显著得多。因此，选择播种 30 天前后的图像资料，就能把种植大豆和玉米的土地分开。所以，在对比不同时相的图像资料时，要注意选择所要判读地物和现象光谱差异最大时的最佳时段，利用此时图像对比，有利于提高判读效果。

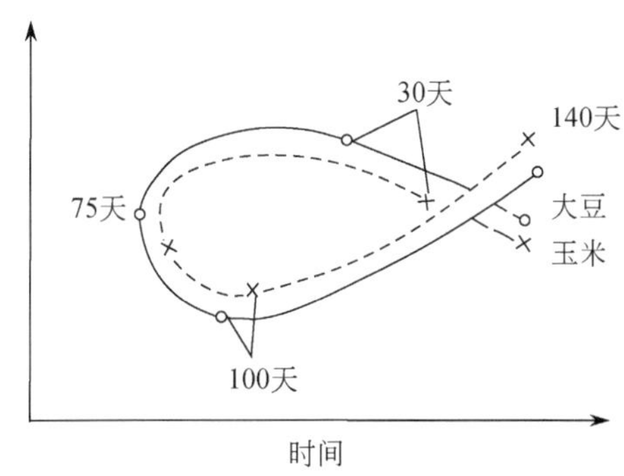

图 5.4　大豆、玉米反射光谱曲线随时间变化的情况（彭望琭等，2021）

另外，通过对比已知资料或与实地对比，可发现图像异常，进而引起判读者的注意，据此常能引出一些新的发现或有意义的启示。例如，矿区外围找矿中，常利用对比分析法，发现找矿线索，寻找到有意义的控矿构造等。

3）逻辑推理法

基于卫星图像的特点，卫星图像的判读更多的是应用地学规律的相关分析和实际经验，进行逻辑推理法的判读，即借助各种地物和自然现象间内在联系，结合图像上表现出的特征，用专业知识的逻辑推理方法，判定某一地物或现象的存在及其属性（陈述彭和赵英时，1990）。

卫星图像的视域宽广，能显示较大区域的地物和现象的空间分布。根据地物和现象在自然界中固有的相互依存关系和规律，运用逻辑推理法，就能从容易被人们忽视，或难于发现的潜在的或微小的图像差异中，寻找出识别地物的依据，从而提取更多有用的信息。例如，从水系分布的格局、密度，可推断出有关岩性及地貌类型等方面的信息。从植被类型分布，可推断出土壤类型等方面的信息。

进行逻辑推理时，必须尊重图像的客观现实，分析时要对图像上反映的每一个微小差别和具有潜在意义的信息一一做出交代，说明原因；对于判读中出现的一些疑点，要结合野外实地观察和验证加以解决。只有这样才能不断地提高判读的效果。

总之，卫星图像的判读一般要比航空像片的判读难度大。在实际判读中要综合运用直接判读法、对比分析法、逻辑推理等方法进行判读。

近年来，在卫星图像专业判读中总结出“单项提取、系列成图、综合分析”的方法，即首先从卫星图像上提取单项信息，如水体、河流、地貌形态、土地覆盖类型、植被、土壤等要素的分布，并依次作出系列单要素判读成果图。然后，根据专业的需要将其中几个或全部单要素图重叠，根据各要素之间的相互关系进行综合分析研究，做出进一步的综合判读。

“单项提取、系列成图、综合分析”的方法，有利于从卫星图像中提取更多信息，是目前各专业判读中应用比较广泛的方法之一。

5.6.4　卫星图像的判读步骤

卫星图像的判读步骤，同航空像片一样，可分为准备工作、室内判读、实地（野外）校核验证和成图总结 4 个阶段。根据其判读任务的需要，卫星图像判读强调判读工作要有侧重点，突出卫星图像的特点。

例如，在准备工作中，以卫星资料收集为主，收集不同时期（时相）、不同波段、不同比例尺、不同类型的卫星图像，以及对典型地物光谱曲线的测试和收集工作等。而其他的一些工作，如工作底图、文字资料、专题地图等资料的收集、整理的原则和方法，基本上与航空像片相同。

室内判读强调多种判读方法和资料的综合运用，例如，应用假彩色合成图像、彩色等密度分割图像及各种增强处理的图像，以辅助判读、提取信息，或相互验证，使判读准确可靠。

实地（野外）校核验证，一般先是与航空像片或已知资料对比，进行检验。对一些重点或典型区，或是判读疑难点（图像异常），需要到实地查证校核。

根据近几年来进行的一些遥感工程情况看，转绘和成图一般都是采用遥感系列成图的方法，分要素或按不同需要和功能分别成图，形成系列要素图。这样，不但发挥了卫星图像信息丰富的特点，而且为区域开发、规划以及科学管理提供了较全面的信息基础，也可为建立地理信息系统（GIS）提供信息保证。

5.6.5　常见地物的目视判读

常见的地物包括水体、植被、土壤、地貌、城镇等，下面介绍这些常见地物在 Landsat 图像上的目视判读方法。

1）水体判读

基于水的光谱特性，水体一般在卫星图像上均能反映出直观而清晰的图像特征，易于判读。而且，卫星图像能在较大地域上展现水体的空间分布，显现出区域的地形宏观特征，反映一地区的地势基本构架。因此，在卫星图像判读中，往往先进行水体判读，并作为判读其他地物的标志性地物。

水体判读一般采用 Landsat 的 TM4（0.76～0.9μm）或 MSS4（0.8～1.1μm）的近红外线波段图像。在近红外图像上，水体呈封闭的自然平面状，色调均匀且深，一般呈浅黑或黑色调，常表现出与周围地物明显的界线。因此，在这种黑白图像上能比较容易地分辨、识别出水体。在 TM4、TM3 与 TM2 合成的标准假彩色图像，水体呈蓝黑色、深蓝色，更容易从图像上分辨出来。一般大于扫描像元的水体，在卫星图像上均有相应的反映，在背景反差较好的情况下，小于像元面积的水体，有时也能反映出来。

河流、海洋、湖泊、水库、池塘等不同水体类型的识别，主要结合其平面形状、大小、位置，以及水源条件、人工建筑等辅助工程（如水坝等）综合判读。

2）植被判读

根据植物的光谱特性，植物在 TM2、TM3 波段的卫星图像上一般是深色调，在 TM4 波段图像上呈浅色调，其中阔叶林比针叶林更浅一些。在 TM4、TM3、TM2 合成的标准假彩色图像上植物表现为红色，特别容易识别，也是识别其他地物的标志性地物。一般幼嫩的植物呈粉红色，长势好的为红色，成熟的为鲜红色，受到伤害的植物呈暗红色，干枯的植物为青色。阔叶树和针叶树相比，前者的颜色显得鲜红，后者则较深些；灌丛的颜色淡一些；水稻呈暗红色。

植被判读中，除图像色彩标志外，还可以结合植物的地带性和垂直分带特点、植被生长发育特点，以及当地地形、土壤、水文、地质特点进行详细的植被类型判读。

植被判读中要注意，植物光谱特性随时间和环境的不同而变化，植物的生长发育与气候密切相关，即植物具有物候期的特点。例如，春末秋初是各种落叶植物叶片变化最大的时期，对判读植被是有利的。运用植物生长季节图像和冬季图像对比，可以清楚地判读落叶林和常绿林。判读各种农作物时应根据各地物候期的特点选取适当的卫星图像。

3）土壤判读

土壤判读一般以逻辑推理判读为主。为提高判读效果，需要进行一些图像增强处理，以突出各种因素的特点和图像间的微小差异，并利用多时相的特点，根据同一地区不同时相的卫星图像，了解不同时期各个因素的变化等，这对于成土因素判读，确定土壤类型是非常有利的。农业土壤除受自然因素影响以外，还受到人类生产活动的影响。

4）地貌判读

卫星图像地貌判读通常从地貌宏观形态特征入手，结合其色调、图形等标志，从整体到局部逐渐深入。判读时要依据地貌学原理结合具体地区的地质、水文、土壤、植被等地理因素进行分析和综合判读。可以判读地貌形态（平原、高原）和地貌类型（如流水地貌、风成地貌、黄土地貌、冰川地貌、火山地貌等）。

卫星图像地貌判读时，以采用冬季成像的太阳高度角较低的卫星图像为佳，一般宜采用可见光波段和近红外波段的图像，例如，Landsat TM1～TM4 图像及假彩色合成图像。

5）城镇判读

城镇的光谱特性是建筑物和建筑物之间空地的综合反映。在 TM（或 MSS）图像上，城镇一般呈现较浅的色调，能识别城镇的轮廓，在 TM4、TM3、TM2 合成的标准假彩色图像上，城镇常呈现浅蓝色或蓝灰色，城镇的中心部分色调相对深一些。采用高分辨率的 TM 和 SPOT 卫星 HRV 图像，或经过增强处理，也可突出城镇内部的细节，进行更深入的判读。例如，TM4、3、2 合成的北京标准假彩色图像，可清楚看到人民大会堂、革命历史博物馆、毛主席纪念堂，以及中山公园、劳动人民文化宫、故宫等建筑物。

基于卫星图像的特点，目前卫星图像城镇判读偏重于对大、中城市的判读，而对一些小的城镇（如县级以下的城镇，或较大的自然村）一般只作定位判读。判读中以圈定城市轮廓，确定城市发展规模，以及利用不同时相图像进行城市发展、环境动态监测和分析工作为主。随着航天遥感发展，特别是图像分辨率的提高和处理手段的完善，卫星图像城镇判读的领域和范围会不断扩大。随着高分辨率卫星图像的出现，如 0.61m 分辨率的 QuickBird 图像，可分辨出城市内部的细节，适合城市进行详细规划和管理应用。

5.7 其他地球资源卫星

5.7.1 法国地球资源卫星

1. SPOT 卫星概述

1978 年起，法国联合比利时、瑞典等国家，设计、研制了一颗名为“地球观测实验系统”（SPOT）的卫星，也称为“地球观测实验卫星”，迄今已经发射了 7 颗（表 5.7 和表 5.8）。

表 5.7 SPOT 卫星

名称	发射时间	状态
SPOT 1	1986.2	目前仍在运行，但从 2002 年 5 月起停止接收其影像
SPOT 2	1990.1	至今还在运行
SPOT 3	1993.9	运行 4 年后在 1997 年 11 月由于事故停止运行
SPOT 4	1998.3	卫星作了一些改进，仍在运行
SPOT 5	2002.5	已于 2015 年 3 月 31 日退役，存档的 SPOT 5 卫星图像仍继续可用
SPOT 6	2012.9	与 SPOT 7 卫星共同组网
SPOT 7	2014.6	SPOT 6 与 SPOT 7 代替了 SPOT 5

表 5.8 SPOT 卫星数据特点

卫星 项目	SPOT 1，2，3	SPOT 4	SPOT 5	SPOT 6 和 SPOT 7
波段及分辨率	1 个全色波段（10m） 3 个多光谱波段（20m）	1 个全色波段（10m） 3 个多光谱波段（20m） 1 个短波红外波段（20m）	2 景全色波段影像（5m），通过它们可以生成一景 2.5m 影像 3 个多光谱波段（10m） 1 个短波红外波段（20m）	1 个全色波段（1.5m） 4 个多光谱波段（6m）
波谱范围	B1：0.50～0.59μm B2：0.61～0.68μm B3：0.78～0.89μm P：0.50～0.73μm	B1：0.50～0.59μm B2：0.61～0.68μm B3：0.78～0.89μm B4：1.58～1.75μm P：0.50～0.73μm	B1：0.50～0.59μm B2：0.61～0.68μm B3：0.78～0.89μm B4：1.58～1.75μm P：0.48～0.71μm	B1：0.455～0.525μm B2：0.53～0.59μm B3：0.625～0.695μm B4：0.76～0.89μm P：0.455～0.745μm
装置	2 个高分辨率可见光成像装置（HRVs）	2 个高分辨率可见光及短波红外成像装置（HRVIRs）	2 个高分辨率几何装置（HRGs）	2 台称为“新型 Astrosat 平台光学模块化设备”（NAOMI）的空间相机
扫描宽度	60km	60km	60km	60km

十几年来，SPOT 每隔几年便发射一颗卫星来确保服务的连续性。1986 年以来，SPOT 已经接收、存档超过 700 万幅全球的卫星数据。目前正常运行的多颗卫星成为多星运作体系。

SPOT 5 卫星装有 2 台并排放置的相机，实现了立体像对的成像要求，同时全色波段的分辨率提高到 5m，3 个多光谱波段（B1，B2，B3）分辨率提高到 10m，幅宽保持在 60km。法国空间局采用了一种把两张分辨率 5m 的图像重叠起来的技术，利用卫星上的两个传输通道传输同一台相机在同一瞬间拍摄的图像，从而使图像在不减少幅宽的情况下，把分辨率提高到 2.5～3m。

2012 年 9 月 9 日发射的 SPOT 6 卫星和 2014 年 6 月 30 日发射的 SPOT7 卫星，共同组网，星座运行。设计指标相同，卫星数据产品无差别。60km×60km 大幅宽拍摄影像数据，单颗卫星可实现 3 天以内，全球任意地点重访。双星大大增加了拍摄效率，同时 SPOT 6 和 SPOT 7 具有较高的 1.5m 分辨率，先进的卫星系统设计及机动能力，可满足大面积连续更新监测应用。

SPOT 系列产品主要用于制图，也可用于陆地表面、数字地形模型（digital terrain model，DTM）、农林、环境监测、区域和城市规划与制图等。

2. SPOT 卫星星载系统

SPOT 卫星轨道是中等高度圆形近极地太阳同步轨道。白天卫星自北向南（略偏西）飞行，夜晚自南向北（略偏西）飞行。SPOT 卫星轨道参数见表 5.9。

表 5.9　SPOT 卫星轨道参数

轨道高度	832km
轨道倾角	98.7°
运行一圈的周期	101.46min
日绕总圈数	14.19 圈
重访周期	26d
降交点地方太阳时	10：30（±15min）
HRV 地面扫描宽度	60km
舷向每行像元数	3000/6000 个（多波段/全色波段）

SPOT 卫星的轨道特点包括以下几点。

（1）近极地轨道。SPOT 是近极地卫星，轨道近极地有利于增大卫星对地面的观测范围。考虑到地球绕极轴的自转和卫星约 98° 的轨道倾斜面，SPOT 卫星能在其 26 天的运行周期内飞过地球上任何一点的上空。

（2）近圆形轨道。轨道高度 832km，轨道倾角约 98°，绕地球一圈运行周期约 101min，重复周期 26 天，一个重复周期内卫星绕地约 369 圈，相继轨迹间地面偏移距离向西 2823km。

（3）与太阳同步轨道。卫星轨道这样的设计，能保证各地的成像时间基本一致。这就要求卫星保持与太阳同步，即卫星轨道平面与太阳方向之间的夹角是大于 90° 的恒值。这样对于不同日期获取的影像比较时，影像都是处于相同的太阳照度之下，保证了比较的效果。

（4）可重复轨道。SPOT 卫星每隔 26 天飞过地面上的同一地点。为了保证卫星在一个周期内将全球完整覆盖一次，SPOT 采用了“双垂直”的视场配置模式，两个高分辨率成像装置沿地面轨迹获取两条数据带，这个宽度大于相邻两地面轨迹间的距离。

3. SPOT 卫星的数据

SPOT 卫星传感器（图 5.5）称为分辨率可见光扫描仪（HRV），HRV 属于 CCD 推帚式扫描仪，在焦平面上每条扫描线由 6000 个 CCD 探测元件线性排列组成。来自于地面的辐射能量被反射到可以来回摆动的平面反射镜，地面控制系统能控制平面反射镜的方向，使得卫星能以多光谱和全色两种模式进行工作。HRV 不是光学-机械扫描仪，因此避免了光学-机械扫描仪固有的边缘几何畸变，节省了反射镜摆动的能耗，而且每个地面单元的光投射到检测器光敏元件上的曝光时间也大大增加了，这样，光灵敏度也大大提高了。

HRV 有两种光谱记录模式，即多波段模式和全色模式。在多波段模式中，有绿、红、近红外 3 个波段：波段 1：0.50～0.59μm（绿波段）；波段 2：0.61～0.68μm（红波段）；波段 3：0.79～0.89μm（近红外波段）。

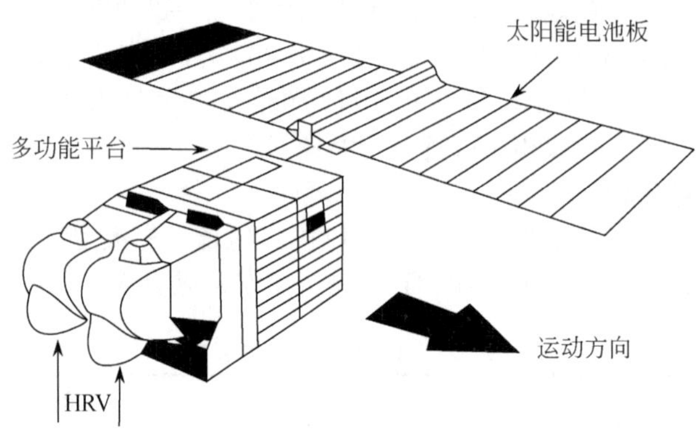

图 5.5　SPOT 卫星传感器

各波段所对应的一根 CCD 线列探测杆包含 256 个 CCD，每个 CCD 对应的瞬时视场角为 2.4×10^{-5}rad（即 0.001375°），相应的星下地面单元（空间分辨率）为 20m×20m。每根 CCD 线列探测杆对应地面扫描宽度为 60km，即图像的扫描宽度为 60km。3 个波段的图像可以像 TM、MSS 图像一样，在计算机图像处理软件中合成假彩色图像。

在全色模式中，只有一个波段，包括从绿到红（0.51～0.73μm）的各种色光，其 CCD 线列探测杆包含 6000 个 CCD，每个 CCD 的瞬时视场角为 1.2×10^{-5}rad，对应的星下地面单元（空间分辨率）为 10m×10m。每根 CCD 线列杆在舷向的总瞬时视场角为 4.13°，对应于地面 60km 长度。全色波段可以与多波段图像进行融合，以提高多波段图像的空间分辨率。

SPOT 数据各波段的主要用途见表 5.10。

表 5.10　SPOT 数据各波段的主要用途

波段	用途
0.50～0.59μm（绿色）	区分植物类型和评估作物长势，对水体也有一定的穿透深度，区分人造地物类型
0.61～0.68μm（红色）	辨识农作物类型，地质解译，识别石油带、岩石与矿物
0.78～0.89μm（近红外）	区分植物类型、水体边界，探测土壤含水量
1.58～1.75μm（短波红外）	探测植物含水量及土壤湿度，区分云与雪
0.50～0.73μm（全色波段）	调查城市土地利用现状、区分主要干道、大型建筑物，了解城市发展状况

4. SPOT 数据的产品类型

SPOT 的地面接收站主要有两个：法国南部的图卢兹站和瑞典的基律纳站。此外，还有加拿大的艾伯特王子城站和温哥华附近的纳奈莫站，孟加拉国的达卡站，印度的海德拉巴站。我国北京的遥感卫星地面站可兼容接收 Landsat 和 SPOT 卫星的数据。

SPOT 图像数据按处理质量标准分为四级五等，即 1A，1B，2，3，4。其中 1A 处理精度最低，4 级处理精度最高。此外，还有一种 S 级产品，是各时期均可以重叠处理的图像。

SPOT 产品包括数字产品和图像产品两种。

（1）数字产品。SPOT 采用 Landsat 地面站规定格式。1A，1B，2 级，S 级的全色磁带（CCTs）和多波段磁带（CCT）都有两种规格——6250 位/英寸（1 英寸=2.54 厘米）和 1600 位/英寸。

在多波段记录中，6250 位/英寸为波段逐行交替记录，1600 位/英寸有波段顺行记录和波段逐行交替记录两种格式。

（2）图像产品。有胶片和像片两种，多波段胶片有黑白和彩色两种。

了解该卫星数据更详细内容可参考下列网站：https://earth.esa.int/eogateway/missions/spot（欧洲空间局 SPOT 卫星中心）；http://www.kosmos-imagemall.com（北京揽宇方圆信息技术有限公司）。

5.7.2 “哨兵”系列卫星

“哨兵”系列卫星是欧洲哥白尼计划[之前称为“全球环境与安全监测”（Global Monitoring for Environment and Security，GMES）计划] 空间部分的专用卫星系列，由欧洲委员会投资，欧洲航天局（European Space Agency，ESA）研制。“哨兵”系列卫星主要包括 2 颗哨兵 1 号卫星、2 颗哨兵 2 号卫星、2 颗哨兵 3 号卫星、2 个哨兵 4 号载荷、2 个哨兵 5 号载荷、1 颗哨兵 5 号的先导星——哨兵-5P，以及 1 颗哨兵 6 号卫星。

1. 哨兵 1 号

哨兵 1 号卫星是全天时、全天候雷达成像卫星（搭载有全天候全时段的极轨雷达成像仪），用于陆地和海洋观测。哨兵-1A（Sentinel-1A）卫星于 2014 年 4 月 3 日发射，哨兵-1B（Sentinel-1B）于 2016 年 4 月 25 日发射。

哨兵 1 号卫星是高分辨率合成孔径雷达卫星，采用“意大利多用途可重构卫星平台”，采用太阳同步轨道，轨道高度 693km，倾角 98.18°，轨道周期 99min，重访周期 12 天。此外，哨兵 1 号卫星还装载了一台激光通信终端，为光学低轨-静止轨道通信链路。激光通信终端基于“陆地合成孔径雷达-X”（TerraSAR-X）卫星的设计，功率 2.2W，望远镜孔径 135mm，通过“欧洲数据中继卫星”下行传输记录数据。

哨兵 1 号携带的 C 频段合成孔径雷达由阿斯特留姆公司研制，它继承了“欧洲遥感卫星”（ERS）和“环境卫星”上合成孔径雷达的优点，具有全天候成像能力，能提供高分辨率和中分辨率陆地、沿海及冰的测量数据。同时，这种全天候成像能力与雷达干涉测量能力相结合，能探测到毫米级或亚毫米级地层运动。该合成孔径雷达的 C 频段中心频率为 5.405GHz，带宽 0～100MHz，峰值功率为 4.368kW，脉冲持续时间 5～100μs，脉冲重复频率 1000～3000Hz；其天线质量为 880kg（约占卫星发射质量的 40%），尺寸为 12.3m×0.84m。星上合成孔径雷达有 4 种操作模式：条带（strip map，SM）模式、干涉测量宽幅（interferometric wide-swath，IW）模式、超宽幅（extra wide-swath，EWS）模式、波（wave，WV）模式。

2. 哨兵 2 号

哨兵 2 号（Sentinel-2）卫星是多光谱高分辨率成像卫星（搭载有多光谱高分辨率极轨成像仪），用于陆地监测，可提供植被、土壤和水覆盖、内陆水路及海岸区域等图像，还可用于紧急救援服务，分为 2A 和 2B 两颗卫星。

哨兵 2 号 A 于 2015 年 6 月 23 日用“织女星”运载火箭发射升空。6 月 29 日，在轨运行 4 天的哨兵-2A 卫星，传回了第一景数据，幅宽 290km。卫星第一次扫描的范围从瑞典开始，经过中欧和地中海，到阿尔及利亚结束。

哨兵 2 号 B 于 2017 年 3 月 7 日用“织女星”运载火箭发射升空。

哨兵-2A、2B 卫星运行在高度为 786km、倾角为 98.5°的太阳同步轨道上，2 颗卫星的重访周期为 5 天（每 5 天可完成一次对地球赤道地区的完整成像，而对于纬度较高的欧洲地区，这一周期仅需 3 天）。

哨兵-2 卫星的主要有效载荷是多光谱成像仪（MSI），工作谱段为可见光、近红外和短波红外，地面分辨率分别为 10m、20m 和 60m；多光谱图像的幅宽为 290km，每 10 天更新一次全球陆地表面成像数据；每个轨道周期的平均观测时间为 16.3min，峰值为 31min。

该卫星具有高分辨率和高重访率，因此其数据的连续性比 SPOT 5 和 Landsat-7 更强。

哨兵 2 号卫星的传感器参数见表 5.11。

表 5.11　哨兵 2 号传感器参数

波段	中心波长/μm	分辨率/m	带宽/nm
海岸/气溶胶波段	0.443	60	20
蓝波段	0.490	10	65
绿波段	0.560	10	35
红波段	0.665	10	30
红边波段 1	0.705	20	15
红边波段 2	0.740	20	15
红边波段 3	0.783	20	20
近红外波段（宽）	0.842	10	115
近红外波段（窄）	0.865	20	20
水蒸气波段	0.945	60	20
短波红外波段（卷云）	1.375	60	20
短波红外波段 1	1.610	20	90
短波红外波段 2	2.190	20	180

3. 哨兵 3 号

哨兵 3 号（Sentinel-3）携带多种有效载荷，用于高精度测量海面地形、海面和地表温度、海洋水色和土壤特性，还支持海洋预报系统及环境与气候监测。哨兵-3A（Sentinel-3A）发射于 2016 年 2 月 16 日，哨兵-3B（Sentinel-3B）发射于 2018 年 4 月 25 日。

哨兵 3 号卫星运行在平均高度为 814km、倾角为 98.6° 的太阳同步轨道，携带的有效载荷包括光学仪器和雷达测高仪等地形学仪器。光学仪器包括海洋和陆地彩色成像光谱仪（OLCI）与海洋和陆地表面温度辐射计（SLSTR），提供地球表面的近实时测量数据；地形学仪器包括合成孔径雷达高度计（SRAL）、微波辐射计（MWR）和精确定轨（POD）系统，提供高精度地球表面（尤其是海洋表面）测高数据。

海洋和陆地彩色成像光谱仪是一种中分辨率线阵推扫成像光谱仪，质量约 150kg，幅宽为 1300km，视场 68.5°，海洋上空的分辨率为 1.2km，沿海区和陆地上空的分辨率为 0.3km。海洋和陆地表面温度辐射计质量为 90kg，工作在可见光和红外光谱段，幅宽为 750km，热红外通道的分辨率为 1km（天底点），可见光和短波红外通道的分辨率为 500m。合成孔径雷达高度计是地形学有效载荷的核心仪器，这是一台双频（C 和 Ku 频段）高度计，质量约 60kg，提供地表高度、海浪高度和海风速度等数据；其雷达采用线性调频脉冲，地表高度测量的主频率是 Ku 频段（13.575GHz，带宽 350MHz），C 频段（5.41GHz，带宽 320MHz）用于电离层修正，两个频段的脉冲持续时间为 50ms。该高度计有低分辨率模式（LRM）和合成孔径雷达（SAR）模式两种。

4. 哨兵 4 号

哨兵 4 号（Sentinel-4）载荷专用于大气化学成分监测，其紫外-可见光-近红外光谱仪和热红外探测器搭载在第三代静止轨道气象卫星（MTG-S）上。通过红外探测仪与紫外探测仪协同工作，提供对臭氧、一氧化碳、二氧化硫和其他痕量气体综合观测能力，并且能以高时间分辨率（1h）对整个欧洲地区的空气质量进行监测和预测。

Sentinel-4 有效载荷参数包括以下内容。

（1）仪器类型：无源成像光谱仪。

（2）光谱带数量：在两个光谱仪[紫外-可见光谱（ultraviolet-visible spectroscopy，UV-VIS）和近红外光谱（near-infrared spectroscopy，NIR）]中实现的三个波段：紫外（305～400nm），可见光（400～500nm）和近红外（750～775 nm）波段。

（3）光谱通道数：2（UV-VIS 通道；NIR 通道）。

（4）配置：推帚式扫描仪（沿 E/W 方向扫描）。

（5）视场（field of view，FOV）：在 40°N 上空时，东西方向覆盖从 30°W 到 46.5°E；南北方向覆盖从 30°N 到 65°N。

（6）空间分辨率：8×8km^2。

（7）光谱分辨率：UV-VIS 通道为 0.5nm；近红外通道为 0.12nm。

（8）辐射度精度（绝对值）：测得的太阳辐照度、地球辐射度和光谱反射率的 3%（目标为 2%）。

（9）总质量：200kg。

（10）尺寸：1.1×1.4×1.6m^3。

（11）设计寿命：8.5 年。

（12）功率需求：180W。

（13）观测期间生成的数据量：每天约 2.0Mbit。

（14）重访时间：约 60min。

5. 哨兵-5P

哨兵 5 号的前身（Sentinel-5P）用于提供实时的与众多痕迹气体和气溶胶相关的数据，减小欧洲“环境卫星”（Envisat）和哨兵 5 号载荷之间的数据缺口，于 2017 年 10 月 13 日发射。该卫星运行在太阳同步轨道，高度 824km，倾角 98.742°，重访周期 17 天。

哨兵-5P 卫星携带紫外-可见光-近红外-短波红外（UV-VIS-NIR-SWIR）推帚式光栅分光计，名为 TROPOMI。该仪器用于优化光谱分辨率、覆盖范围、空间采样点距、信噪比（signal-to-noise ratio，SNR）和高优先频带，能在较高时间分辨率和空间分辨率情况下进行大气化学元素测量，加强无云情况下对对流层变化的观测，特别是对臭氧、二氧化氮、二氧化硫、一氧化碳和气溶胶的测量。

哨兵-5P 的相关参数与指标如表 5.12 和表 5.13 所示。

6. 哨兵 5 号

哨兵 5 号（Sentinel-5）是一个极轨气象载荷，它配合哨兵 4 号静止轨道气象载荷用于全球实时动态环境监测。首个哨兵 5 号载荷在 2020 年由第二代“气象业务”卫星搭载升空。

表 5.12　哨兵-5P 相关参数与指标

参数	指标
平台	特定极轨平台
平台质量/kg	540（最大）
功率	1kW（平台平均最大功率），170kW（载荷）
载荷质量/kg	200
载荷尺寸	1400mm×650mm×750mm
空间分辨率/km	7
光谱范围/nm	270～495，710～775，2314～2382
光谱分辨率/nm	0.25～0.55
辐射测量精度	2%
在轨数据量/Gbit	140

表 5.13　哨兵-5P 相关参数特性

谱段	谱段范围/nm	光谱分辨率/nm	光谱采样/nm	空间采样范围/km^2	信噪比（SNR）
紫外 1	270～300	0.5	0.065	21×28	100
紫外 2	300～320	0.5	0.065	7×7	100～1000
紫外-可见光	310～405	0.55	0.2	7×7	1000～1500
可见光	405～500	0.55	0.2	7×7	1500
近红外 1	675～725	0.5	0.1	7×7	500
近红外 2	725～775	0.5	0.1	7×1.8	100～500
短波红外	2305～2385	0.25	<0.1	7×7	100～120

Sentinel-5 载荷的主要特点包括以下内容。

（1）类型：无源光栅成像光谱仪。

（2）配置：在最低点查看时推扫帚凝视（非扫描）。

（3）幅宽：2670km。

（4）空间采样：50×50km^2（UV1），7.5×7.5km^2（所有其他通道）。

（5）光谱：5 个光谱仪（UV1 中 1 个，UV2VIS 中 1 个，NIR 中 1 个，SWIR 中 2 个）。

（6）辐射测量精度（绝对值）：测得地球光谱反射率的 3%，6%（SWIR）。

（7）总质量：290kg。

（8）尺寸（xyz）：1.145×1.032×1.026m^3。

（9）设计寿命：7.5 年。

（10）功率需求：300W。

（11）生成的数据量：每个完整轨道 139Gbit。

7. 哨兵 6 号

哨兵 6 号（Sentinel-6）是欧洲空间局研发的一个监测卫星，用于监测全球海洋。它通过携带的雷达高度计来测量全球海表高度，以此辅助海洋学与气候研究。

了解该卫星数据更详细内容或免费下载该卫星数据可参考下列网站：https://sentinel.esa.

int/web/sentinel/home（哨兵系列卫星官网）；https://dataspace.copernicus.eu/（哥白尼数据空间生态系统）。

5.7.3　印度资源卫星

印度从 1978 年起开始制定 IRS 系列卫星计划，并在 1983 年开始发射该系列的第一颗卫星，至今共发射 30 余颗。

印度在 1988 年 3 月成功发射了地球资源卫星 IRS-1A。1991 年 8 月，发射了与 IRS-lA 同型的后继卫星 IRS-lB。1995 年 12 月，“印度遥感卫星 1 号 C”（IRS-1C）发射成功。其轨道高度为 817km，是太阳同步极地轨道。降交点时刻为上午 10：30，旋转周期为 101.5 分钟，每日绕地球 14 圈，回归周期为 24 天。1997 年 9 月“印度遥感卫星 1 号 D”（IRS-1D）发射成功，星上仪器和性能与 IRS-1C 基本相同。但发射时由于第 4 级火箭故障未进入 820km 的预定轨道，而停留在 308km×822km 的椭圆形轨道上。该卫星载有 3 种传感器：全色相机（PAN）、线性成像自扫描仪（LISS）和广域传感器（WiFs）。其相应的数据类型主要包括以下 3 种。

1）PAN

PAN 用 CCD 推扫方式成像，地面分辨率高达 5.8m。PAN 的覆盖地面舷向带宽为 70km，光谱范围为 0.5～0.75μm。该相机可作±26°侧视成像，可在 5 天内重复拍摄同一地区，而且具有立体成像能力。PAN 的高分辨率、立体观测能力和 5 天重访能力，使得用它的资料可以生产详细的数字化制图数据和数据高程模型（digital elevation model，DEM），这有助于利用工程方法解决复杂问题及微观的规划和开发，还可用于城市管理和规划、居民迁移及地图更新等（Fornaro，1996）。

2）LISS

LISS-3 是 4 波段（表 5.14）相机，在可见光与近红外波段的地面分辨率为 23.5m，带宽为 141km；在短波红外波段的地面分辨率为 70m，带宽为 148km。LISS-3（多波段相机）有利于研究农作物含水成分和估算叶冠指数，并能在更小的面积上更精确地区分植被，也能提高专题数据的测绘精度。

表 5.14　LISS-3 的 4 个波段

项目	波长范围/μm	光谱段	空间分辨率/m
波段 1	0.52～0.59μm	绿色波段	23.5
波段 2	0.562～0.68μm	红色波段	23.5
波段 3	0.77～0.86μm	近红外波段	23.5
波段 4	1.55～1.70μm	近红外波段	70.5

3）WiFs

WiFs 是一个宽视场相机，与 LISS 相似，有两个波段：可见光（0.62～0.68μm）和近红外（0.77～0.86μm），由 2048 个像元的 CCD 构成，幅宽 774km，分辨率 188m，5 天重复观测同一地区。WiFs 特别有利于自然资源监测和动态现象（洪水、干旱、森林大火等）监测，也可用于农作物长势、种植分类、轮种、收割等方面的监测。

5.7.4　中国陆地资源卫星

目前，中国陆地资源卫星包括资源一号、资源二号和资源三号，其中资源一号包括中巴地球资源卫星（CBERS）和中国资源卫星（ZY）两个系列。CBERS 系列是在中国资源一号原方案基础上，由中、巴两国共同投资，联合研制；ZY 系列是由我国自主研发的卫星，预计到 2025 年，中国资源卫星将陆续建成陆地中分星座、高分星座，形成全天候、全谱段遥感数据保障体系。

资源一号卫星包括中巴地球资源卫星 01 星（CBERS-01）、02 星（CBERS-02）、02B 星（CBERS-02B）、02C 星（ZY-1 02C）、04 星（CBERS-04）和 02D 星（ZY-1 02D）。中巴地球资源卫星 01 星（CBERS-01）于 1999 年 10 月成功发射，也是中国和巴西联合研制的第一代传输型地球资源卫星，该卫星已于 2003 年 8 月停止运行，工作时间超出计划寿命近两年。CBERS-01 主要搭载了 3 台遥感仪器，其中多光谱相机空间分辨率为 20m，红外多光谱扫描仪在可见光、短波红外波段的空间分辨率为 78m，热红外波段的空间分辨率为 156 米，宽视场成像仪分辨率为 258m（表 5.15）。中巴地球资源卫星 02 星（CBERS-02）是 01 星的接替星，其功能、组成、平台、有效载荷和性能指标参数等与 01 星相同。CBERS-02 星于 2003 年 10 月 21 日在太原卫星发射中心发射升空，经在轨测试后于 2004 年 2 月 12 日正式投入使用。中巴地球资源卫星 02B 星（CBERS-02B）于 2007 年 9 月 19 日在中国太原卫星发射中心发射并成功入轨。CBERS-02B 星是具有高（2.36m）、中（19.5m）、低（258m）三种空间分辨率的对地观测卫星，搭载的 2.36m 高分辨率相机使我国首次实现了高分辨率资源卫星数据的获取（表 5.16）。中巴地球资源卫星 03 星于 2013 年 12 月发射，但卫星未能进入预定轨道，卫星发射失败。中巴地球资源卫星 04 星（CBERS-04）于 2014 年 12 月 7 日在山西太原卫星发射中心成功发射，目前仍在轨。CBERS-04 卫星共搭载 4 台相机，其中 5m/10m 空间分辨率的全色多光谱相机（PAN）和 40m/80m 空间分辨率的红外多光谱扫描仪（IRS）由中方研制。20m 空间分辨率的多光谱相机（MUX）和 73m 空间分辨率的宽视场成像仪（WFI）由巴方研制（表 5.17）。多样的载荷配置使其可在国土、水利、林业资源调查、农作物估产、城市规划、环境保护及灾害监测等领域发挥重要作用。

表 5.15　CBERS-01/02 卫星有效载荷参数

有效载荷	波段号	光谱范围/μm	空间分辨率/m
CCD 相机	1	0.45～0.52	20
	2	0.52～0.59	
	3	0.63～0.69	
	4	0.77～0.89	
	5	0.51～0.73	
宽视场成像仪（WFI）	6	0.63～0.69	258
	7	0.77～0.89	
红外多光谱扫描仪（IRMSS）	8	0.50～0.90	78
	9	1.55～1.75	
	10	2.08～2.35	
	11	10.4～12.5	156

表 5.16　CBERS-02B 卫星有效载荷参数

有效载荷	波段号	光谱范围/μm	空间分辨率/m
CCD 相机	1	0.45～0.52	20
	2	0.52～0.59	
	3	0.63～0.69	
	4	0.77～0.89	
	5	0.51～0.73	
高分辨率相机（HR）	6	0.5～0.8	2.36
宽视场成像仪（WFI）	7	0.63～0.69	258
	8	0.77～0.89	

表 5.17　CBERS-04 卫星有效载荷参数

有效载荷	波段号	光谱范围/μm	空间分辨率/m
全色多光谱相机（PAN）	1	0.51～0.85	5
	2	0.52～0.59	10
	3	0.63～0.69	
	4	0.77～0.89	
多光谱相机（MUX）	5	0.45～0.52	20
	6	0.52～0.59	
	7	0.63～0.69	
	8	0.77～0.89	
红外相机	9	0.50～0.90	40
	10	1.55～1.75	
	11	2.08～2.35	
	12	10.4～12.5	80
宽视场相机（WFI）	13	0.45～0.52	73
	14	0.52～0.59	
	15	0.63～0.69	
	16	0.77～0.89	

在中巴地球资源卫星的基础上，经过多年的技术积累，中国资源卫星的自主研发能力进入飞速发展阶段。资源一号 02C 星（ZY-1 02C）于 2011 年 12 月 22 日成功发射，设计寿命 3 年，搭载有全色多光谱相机（空间分辨率 5m/10m）和高分辨率相机（空间分辨率 2.36m），如表 5.18 所示。该星是当时研制周期最短（22 个月）的大型卫星，也是首颗用户定制的遥感业务星，对民用遥感向业务化应用转型具有重要意义，为空间基础设施规划的业务研制模式奠定了基础。资源一号 02D 星（ZY-1 02D），又称为 5m 光学卫星，于 2019 年 9 月 12 日成功发射，是资源一号 02C 星的接替星。该星运行于太阳同步轨道，设计寿命 5 年，可有效获取 115km 幅宽的 9 谱段多光谱数据，以及 60km 幅宽的 166 谱段高光谱数据，其中全色谱段分辨率可达 2.5m、多光谱为 10m、高光谱优于 30m，高光谱载荷可见光/近红外和短波红

外（0.4～2.5μm）光谱分辨率分别达到 10nm 和 20nm（表 5.19）。该星作为我国自主建造并成功运行的首颗民用高光谱业务卫星，可实现地物的精细化光谱信息调查，满足新时期自然资源监测与调查需求。

表 5.18　ZY-1 02C 卫星有效载荷参数

有效载荷	波段号	光谱范围/μm	空间分辨率/m
全色/多光谱相机（P/MS）	1：全色	0.51～0.85	5
	2：多光谱	0.52～0.59	10
	3：多光谱	0.63～0.69	
	4：多光谱	0.77～0.89	
高分辨率相机（HR）	5：全色	0.50～0.80	2.36

表 5.19　ZY-1 02D 卫星有效载荷参数

有效载荷	波段号	光谱范围/μm	空间分辨率/m
可见光/近红外相机	1	0.452～0.902	2.5
	2	0.452～0.521	10
	3	0.522～0.607	
	4	0.635～0.694	
	5	0.776～0.895	
	6	0.416～0.452	
	7	0.591～0.633	
	8	0.708～0.752	
	9	0.871～1.047	
高光谱相机	10nm，共 76 个谱段：可见光/近红外	0.40～2.50	30
	20nm，共 90 个谱段：短波红外		

资源二号（ZY-2）是我国自主研发的第一代传输型遥感卫星，主要用于获取 3m 分辨率、30km 幅宽的全色影像，并在国土资源勘查、环境监测与保护、城市规划、农作物估产、防灾减灾和空间科学试验等领域发挥了重要作用（表 5.20）。资源二号卫星包括资源二号 01 星（ZY2-01）、02 星（ZY2-02）和 03 星（ZY2-03）。资源二号 01 星（ZY2-01）于 2000 年 9 月 1 日成功发射，第三天即开始传输图像，刷新了首次发射成功立即投入使用的新纪录。资源二号 02 星（ZY2-02）和资源二号 03 星（ZY2-03）分别于 2002 年 10 月 27 日和 2004 年 11 月 6 日成功发射，与 01 星共同构成三星组网，服务于国民经济建设。目前资源二号卫星在超期服役后已停止运行。

表 5.20　ZY-2 卫星有效载荷参数

有效载荷	波段号	光谱范围/μm	空间分辨率/m
CCD 相机	1：全色	0.50～0.90	3

资源三号卫星（ZY-3）是中国自主研制的民用高分辨率立体测绘卫星，通过立体观测，可以测制 1∶5 万比例尺地形图，为国土资源、农业、林业等领域提供服务。资源三号卫星

包括资源三号 01 星（ZY3-01）、资源三号 02 星（ZY3-02）和资源三号 03 星（ZY3-03）。资源三号 01 星（ZY3-01）于 2012 年 1 月 9 日在太原卫星发射中心由“长征四号乙”运载火箭成功发射升空。该卫星是中国首颗民用高分辨率光学传输型立体测图卫星，集测绘和资源调查功能于一体。资源三号 01 星上搭载的前后（空间分辨率 3.5m）、正视（空间分辨率 2.1m）相机可以获取同一地区三个不同观测角度立体像对，能够提供丰富的三维几何信息，填补了中国立体测图这一领域的空白，具有里程碑意义（表 5.21）。通过立体观测，可以测制 1∶5 万比例尺地形图，为国土资源、农业、林业等领域提供服务。资源三号 02 星（ZY3-02）于 2016 年 5 月 30 日在太原卫星发射中心用“长征四号乙”运载火箭成功发射。这是我国首次实现自主民用立体测绘双星组网运行，形成业务观测星座，缩短重访周期和覆盖周期，充分发挥双星效能，可以长期、连续、稳定、快速地获取覆盖全国乃至全球高分辨率立体影像和多光谱影像。资源三号 02 星前后视立体影像分辨率由 01 星的 3.5m 提升到 2.5m，实现了 2m 分辨率级别的三线阵立体影像高精度获取能力，为 1∶5 万、1∶2.5 万比例尺立体测图提供了坚实基础。双星组网运行后，将进一步加强国产卫星影像在国土测绘、资源调查与监测、防灾减灾、农林水利、生态环境、城市规划与建设、交通等领域的服务保障能力。资源三号 03 星（ZY3-03）是资源三号系列卫星的第三颗，于 2020 年 7 月 25 日成功发射，具备多角度立体观测和激光高程控制点测量能力，有效载荷参数与 ZY3-02 星相同。ZY3-03 星激光测高仪单点测高精度约为 1m，点间隔约 3.6km，设计寿命由资源三号 02 星的 5 年延长至 8 年，与目前在轨的资源三号 01 星、02 星共同组成我国立体测绘卫星星座，重访周期从 3 天缩短到 1 天，保证了我国高分辨率立体测绘数据的长期稳定获取，形成全球领先的业务化立体观测能力，显著提升了我国自然资源立体调查能力，为国民经济建设和社会发展提供了基础性数据保障（唐新明等，2013）。

表 5.21　ZY3-01 卫星有效载荷参数

有效载荷	波段号	光谱范围/μm	空间分辨率/m
前视相机	—	0.50～0.80	3.5
后视相机	—	0.50～0.80	3.5
正视相机	—	0.50～0.80	2.1
多光谱相机	1	0.45～0.52	6
	2	0.52～0.59	
	3	0.63～0.69	
	4	0.77～0.89	

目前我国资源卫星 CBERS-04、ZY1-02D、ZY3-01、ZY3-02 和 ZY3-03 的数据可以在下列网站申请下载：http://www.cresda.com/（中国资源卫星应用中心）；http://www.chinageoss.cn/（国家综合地球观测数据共享平台）；http://www.sasclouds.com/chinese/normal/（自然资源卫星遥感云服务平台）。

5.7.5　DigitalGlobe 系列卫星

DigitalGlobe 于 1992 年在美国成立，该公司一直提供地球影像服务，拥有自主研发的卫星群，也是世界上第一家将卫星图像分辨率提升到 30cm 的企业。DigitalGlobe 旗下卫星包括：

IKONOS（2015 年退役）、QuickBird（2015 年退役）、GeoEye-1（在轨）、WorldView-1（在轨）、WorldView-2（在轨）、WorldView-3（在轨）和 WorldView-4（在轨但不成像）。

IKONOS：1999 年 9 月 24 日，IKONOS 卫星发射成功，成为世界上首颗分辨率优于 1m 的商业遥感卫星。2015 年 3 月 31 日，IKONOS 卫星在超额服务 15 年后退役，其工作时间是设计寿命（7 年）的 2 倍多。IKONOS 卫星是可采集 1m 分辨率全色和 4m 分辨率多光谱影像的商业卫星，同时全色和多光谱影像可融合成 1m 分辨率的彩色影像。在 681km 高度的轨道上，IKONOS 的重访周期为 1～3 天，并且可从卫星直接向全球 12 个地面站传输数据。时至今日 IKONOS 卫星已采集超过 2.5 亿 km^2 遍布每个大洲的影像。

QuickBird：QuickBird 于 2001 年 10 月 18 日在美国发射成功，成为世界上唯一能提供亚米级分辨率的商业卫星，具有最高的地理定位精度，海量星上存储，单景影像比其他的商业高分辨率卫星高出 2～10 倍。2015 年 1 月 27 日，QuickBird 脱离轨道，其工作时间是设计寿命的近 3 倍。QuickBird 处于 450km 高度、98° 倾角的太阳同步轨道上，包括一个分辨率为 60cm 的全色相机和一个分辨率为 2.4m 的多光谱相机。QuickBird 卫星系统每年能采集 7500 万 km^2 的卫星影像数据，在中国境内每天至少有 2 至 3 个过境轨道，有存档数据约 500 万 km^2。

GeoEye-1：是美国的一颗商业卫星，于 2008 年 9 月从美国加利福尼亚州范登堡空军基地发射。GeoEye-1 不仅能以 0.41m 黑白（全色）分辨率和 1.65m 彩色（多谱段）分辨率搜集图像，而且还能以 3m 的定位精度精确确定目标位置。因此，GeoEye-1 成为当时世界上能力最强、分辨率和精度最高的商业成像卫星。GeoEye-1 卫星的影像数据产品用途广泛，在国防、国家安全、空运和海运、石油和天然气、能源、采矿、制图和基于位置的服务、保险与风险管理、农业、自然资源和环境监测等方面都有应用。GeoEye-1 传感器参数如表 5.22 所示。

表 5.22　GeoEye-1 传感器参数

波段	波长范围/μm	光谱段	空间分辨率/m
波段 1	0.45～0.51	蓝波段	1.65
波段 2	0.51～0.58	绿波段	1.65
波段 3	0.655～0.69	红波段	1.65
波段 4	0.78～0.92	近红外波段	1.65

WorldView-1：该颗卫星于 2007 年 9 月 18 日发射成功。该卫星运行在高度 450km、倾角 98°、周期 93.4min 的太阳同步轨道上，平均重访周期为 1.7 天，星载大容量全色成像系统每天能够拍摄多达 50 万 km^2 的 0.5m 分辨率图像。卫星还将具备现代化的地理定位精度能力和极佳的响应能力，能够快速瞄准要拍摄的目标和有效地进行同轨立体成像。WorldView-1 传感器参数如表 5.23 所示。

WorldView-2：该颗卫星于 2009 年 10 月 6 日发射升空，运行在 770km 高的太阳同步轨道上，能够提供 0.5m 全色图像和 1.8m 分辨率的多光谱图像。该卫星的星载多光谱遥感器不仅具有 4 个业内标准谱段（红、绿、蓝、近红外），而且包括四个额外谱段（海岸、黄、红边和近红外 2）。多样性的谱段为用户提供进行精确变化检测和制图的能力。由于 WorldView 卫星对指令的响应速度更快，图像的周转时间（从下达成像指令到接收到图像所需的时间）仅为几个小时。WorldView-2 传感器参数如表 5.24 所示。

表 5.23 WorldView-1 传感器参数

项目	波长范围/μm	光谱段	空间分辨率/m
波段 1	0.4～0.9μm	全色波段	0.45

表 5.24 WorldView-2 传感器参数

项目	波长范围/μm	光谱段	空间分辨率/m
波段 1	0.45～0.51	蓝波段	1.8
波段 2	0.51～0.58	绿波段	1.8
波段 3	0.63～0.69	红波段	1.8
波段 4	0.77～0.895	近红外波段	1.8
波段 5	0.585～0.625	黄波段	1.8
波段 6	0.4～0.45	海岸波段	1.8
波段 7	0.705～0.745	红边波段	1.8
波段 8	0.86～1.04	近红外 2 波段	1.8

WorldView-3：该颗卫星于 2014 年 8 月 13 日发射成功，卫星影像分辨率为 0.31m，是目前世界上分辨率最高的光学影像。WorldView-3 除了提供 0.31m 分辨率的全色影像和 1.24m 分辨率的多光谱影像外，其主要改进在于提供 8 个短波红外波段（目前提供的短波红外产品分辨率是 3.7m）和 12 个 CAVIS 波段（沙漠云，气溶胶 1，气溶胶 2，气溶胶 3，气溶胶 3P，绿色，水 1，水 2，水 3，NDVI-SWIR，卷云，雪）。WorldView-3 具有的覆盖可见光、近红外、短波红外的波谱特征，使 WorldView-3 拥有极强的定量分析能力，在植被监测、矿产探测、海岸/海洋监测等方面拥有广阔的应用前景。WorldView-3 传感器参数如表 5.25 所示。

表 5.25 WorldView-3 传感器参数

项目	波长范围/μm	光谱段	空间分辨率/m
波段 1	0.4～0.45	海岸波段	1.24
波段 2	0.45～0.51	蓝波段	1.24
波段 3	0.51～0.58	绿波段	1.24
波段 4	0.585～0.625	黄波段	1.24
波段 5	0.63～0.69	红波段	1.24
波段 6	0.705～0.745	红边波段	1.24
波段 7	0.77～0.895	近红外波段	1.24
波段 8	0.86～1.04	近红外 2 波段	1.24
波段 9	1.195～1.225	短波红外 1 波段	3.7
波段 10	1.55～1.59	短波红外 2 波段	3.7
波段 11	1.64～1.68	短波红外 3 波段	3.7
波段 12	1.71～1.75	短波红外 4 波段	3.7
波段 13	2.145～2.185	短波红外 5 波段	3.7
波段 14	2.185～2.225	短波红外 6 波段	3.7

续表

项目	波长范围/μm	光谱段	空间分辨率/m
波段 15	2.235～2.285	短波红外 7 波段	3.7
波段 16	2.295～2.365	短波红外 8 波段	3.7
波段 17	0.405～0.42	沙漠云层	30
波段 18	0.459～0.509	浮质 1	30
波段 19	0.525～0.585	绿波段	30
波段 20	0.62～0.67	浮质 2	30
波段 21	0.845～0.885	水 1	30
波段 22	0.897～0.927	水 2	30
波段 23	0.93～0.965	水 3	30
波段 24	1.22～1.252	NDVI-SWIR	30
波段 25	1.35～1.41	卷云	30
波段 26	1.62～1.68	雪	30
波段 27	2.105～2.245	浮质 3	30
波段 28	2.105～2.245	浮质 3	30

WorldView-4：2016 年 11 月 WorldView-4 发射升空，其轨道高度为 617km，拍摄能力为 68 万平方千米每天，提供 0.31m 全色分辨率、1.24m 多光谱分辨率影像，被广泛认为是目前全球最先进的超光谱、高分辨率商业卫星。2019 年 1 月，DigitalGlobe 公司报告称该卫星上的一个控制矩陀螺仪出现故障，导致其无法正常成像。

2024 年 5 月 3 日，“猎鹰九号”运载火箭搭载 WorldView Legion 1/2 光学遥感卫星从美国西海岸范登堡太空军基地 SLC-4E 工位发射升空，将卫星送入高度 450km 太阳同步轨道。

有关 DigitalGlobe 卫星群更详细的信息，可参考 DigitalGlobe 公司网站，或者北京揽宇方圆信息技术有限公司网站（http://www.kosmos- imagemall. com）。

5.7.6　中国高分系列卫星

为落实国务院发布的《国家中长期科学和技术发展规划纲要（2006—2020 年）》中确定的高分专项（高分辨率对地观测系统），我国陆续发射了一系列的高分系列卫星。

高分一号（GF-1）卫星是中国高分辨率对地观测系统的第一颗卫星，于 2013 年 4 月 26 日成功发射，搭载了两台 2m 分辨率全色/8m 分辨率多光谱相机，四台 16m 分辨率多光谱相机。为国土资源部门、农业部门、环境保护部门提供高精度、宽范围的空间观测服务，在地理测绘、海洋和气候气象观测、水利和林业资源监测、城市和交通精细化管理、疫情评估与公共卫生应急、地球系统科学研究等领域发挥重要作用。

高分二号（GF-2）卫星是我国自主研制的首颗空间分辨率优于 1m 的民用光学遥感卫星，于 2014 年 8 月 19 日成功发射。搭载有两台高分辨率 1m 全色、4m 多光谱相机，具有亚米级空间分辨率、高定位精度和快速姿态机动能力等特点，是我国目前分辨率最高的民用陆地观测卫星。为自然资源部、交通运输部等部门提供数据支持，同时还将为其他用户部门和有关区域提供示范应用服务。

高分三号（GF-3）卫星，是中国首颗分辨率达到 1m 的 C 频段多极化合成孔径雷达（SAR）成像卫星，是高分专项“天眼工程”中唯一一颗“雷达星”，于 2016 年 8 月 10 日 6 时 55 分发射升空。由于其 1m 的空间分辨率，高分三号卫星成为世界上 C 频段多极化 SAR 卫星中分辨率最高的卫星系统，同时也是世界上成像模式最多的合成孔径雷达（SAR）卫星，具有 12 种成像模式。它不仅涵盖了传统的条带、扫描成像模式，而且可在聚束、条带、扫描、波浪、全球观测、高低入射角等多种成像模式下实现自由切换，既可以探地，又可以观海，达到“一星多用”的效果。高分三号卫星可全天候、全天时监视监测全球海洋和陆地资源，通过左右姿态机动扩大观测范围、提升快速响应能力，将为自然资源部、民政部、水利部、中国气象局等部门提供高质量和高精度的稳定观测数据，有力支撑了海洋权益维护、灾害风险预警预报、水资源评价与管理、灾害天气和气候变化预测预报等应用，有效改变了我国高分辨率 SAR 图像依赖进口的现状，对海洋强国、“一带一路”建设具有重大意义。

高分四号（GF-4）卫星是我国第一颗地球同步轨道遥感卫星，于 2015 年 12 月 29 日在西昌卫星发射中心成功发射。搭载了一台可见光 50m/中波红外 400m 分辨率、大于 400km 幅宽的凝视相机，采用面阵凝视方式成像，具备可见光、多光谱和红外成像能力。通过指向控制，实现对中国及周边地区的观测。为我国减灾、林业、地震、气象等应用提供快速、可靠、稳定的光学遥感数据，为灾害风险预警预报、林火灾害监测、地震构造信息提取、气象天气监测等业务补充了全新的技术手段，开辟了我国地球同步轨道高分辨率对地观测的新领域。

高分五号（GF-5）卫星是世界首颗实现对大气和陆地综合观测的全谱段高光谱卫星，也是中国高分专项中一颗重要的科研卫星，于 2018 年 5 月 9 日 2 时 28 分在太原卫星发射中心成功发射。它填补了国产卫星无法有效探测区域大气污染气体的空白，可满足环境综合监测等方面的迫切需求，是中国实现高光谱分辨率对地观测能力的重要标志。2019 年 3 月 21 日，高分五号卫星正式投入使用，标志着高分专项打造的高空间分辨率、高时间分辨率、高光谱分辨率的天基对地观测能力中最有应用特色的高光谱能力已经形成。

高分六号（GF-6）是一颗低轨光学遥感卫星，也是中国首颗用于精准农业观测的高分卫星，于 2018 年 6 月 2 日在酒泉卫星发射中心成功发射。配置 2m 全色/8m 多光谱高分辨率相机、16m 多光谱中分辨率宽幅相机。有力支撑了农业资源监测、林业资源调查、防灾减灾救灾等工作，为生态文明建设、乡村振兴战略等重大需求提供遥感数据支撑。

高分七号（GF-7）卫星是我国首颗民用亚米级高分辨率、1∶10000 比例尺立体测绘卫星。高分七号卫星是高分系列卫星中测图精度要求最高的科研型卫星，于 2019 年 11 月 3 日在太原卫星发射中心发射升空。搭载了双线阵立体相机、激光测高仪等有效载荷。实现我国民用 1∶10000 比例尺卫星立体测图，可满足测绘、住建、统计等用户在基础测绘、全球地理信息保障、城乡建设监测评价、农业调查统计等方面对高精度立体测绘数据的迫切需求，提升我国测绘卫星工程水平，提高我国高分辨率立体测绘图像数据自给率。

高分系列卫星数据的参考网站：http://www.cresda.com/（中国资源卫星应用中心）；http://www.sasclouds.com/chinese/normal/（自然资源卫星遥感云服务平台）。

5.8　气 象 卫 星

气象卫星除了能提供天气云图和进行天气预报外，还广泛应用于海洋和地球资源的探测，是一种综合性的遥感卫星。在灾害损失评估、农业估产和海洋水色环境等研究中，都是利用气象卫星数据取得重要成果。因此在本章中也做简单介绍，作为对地球资源卫星的补充。

气象卫星按轨道的不同，分为太阳同步气象卫星（中轨）和地球同步气象卫星（即静止卫星，高轨）两类。第一类气象卫星的轨道高度一般在400～1800km，可进行全球观测，每天定时飞过同一地区上空两次，可获得两次观测资料。如果同时有两颗气象卫星在轨道上运行，则每天定时取得4次观测资料。第二类气象卫星为圆形轨道，飞行高度约36000km，定位于赤道上空。此类卫星能连续观测，每20多分钟就可获得一次观测资料。这类卫星能观测地表面积的1/4，纬度在南、北纬60°以内，经度跨140°左右。如果有4～5个这样的卫星，就可对全球中、低纬地区进行观测。以上两类气象卫星组合观测，是一种理想的大气观测方式。下面介绍一些常用的气象卫星。

5.8.1　美国NOAA卫星

自1970年1月23日发射第一颗诺阿（NOAA）卫星，到2021年9月止，已发射了20颗NOAA卫星。NOAA卫星共经历了6代，第一代NOAA1～5是一系列重新配置的太阳同步ITOS（改进的TIROS运行卫星）卫星，带有改进的气象传感器，由NOAA在1970年至1976年之间发射并运行。第二代NOAA-6和NOAA-7是NOAA的第三代低地球轨道极地运行环境卫星(POES)的一部分。第三代NOAA-8是先进TIROS-N(ATN)系列。第四代NOAA-9至NOAA-14是先进TIROS-N（ATN）系列和NOAA的第四代低地球轨道极地运行环境卫星（POES）的一部分。第五代NOAA-15至NOAA-19是NOAA管理的TIROS-N系列卫星的一部分，由NASA协助设计和发射。其中，NOAA-16由于传感器退化，自2000年11月以来一直无法使用，并在2014年发生严重异常后退役；NOAA-17是NOAA-16的姊妹卫星，于2002年6月24日发射，在收集了11年的图像、水分和大气数据后，这颗卫星于2013年退役；NOAA-18卫星上的一些仪器虽然仍在运行，但已经失灵，包括NOAA-18 MIMU激光陀螺和AVHRR图像(尽管可用,但存在地理定位错误)。2009年6月23日,NOAA-18与NOAA-19一起改变了频率，现在是补充NOAA-20操作的辅助卫星；NOAA-19，也被称为NOAA-N-Prime，截至2020年，卫星上的所有仪器都处于最佳状态。2017年11月18日，搭载着美国国家海洋和大气管理局联合极轨卫星系统（JPSS）的第一颗卫星JPSS-1的Delta II火箭在加利福尼亚州范登堡空军基地发射升空。该卫星将显著提升天气预报的精确度，有望提前7天预报极端天气事件。JPSS是美国最新一代（第六代）气象卫星系统，包括4颗卫星。按照计划，另外三颗卫星JPSS-2、JPSS-3和JPSS-4将分别于2022年（已发射）、2026年和2031年发射。JPSS-1入轨后正式更名为NOAA-20，将替代NOAA目前运营中的极轨环境卫星（POES）星座，成为美国主要的新一代极轨气象卫星，每天绕地球飞行14圈，搜集地球大气、陆地和海洋中的各种信息。卫星数据将支持各领域环境监测应用，包括天气分析和预报、气候研究和预报、全球海平面温度测量、大气温度和湿度探测、海洋动态研究、火山喷发观测、森林火灾探测、全球植被分析、搜救工作等（Nyberg et al.，2020）。其中部分NOAA卫星的发射时间和轨道参数如表5.26所示（https://www.noaa.gov/）。

NOAA卫星轨道为近圆形太阳同步轨道。卫星携带的环境监测遥感器主要有改进型甚高分辨率辐射计（AVHRR）和泰罗斯业务垂直观测系统（TOVS）。AVHRR是旋转平面镜式光学-机械扫描仪，全视场角为±56°，地面扫描宽度为2700km。它有5个通道（表5.27），白天可提供云覆盖和冰雪覆盖图像，夜晚可提供云覆盖和海面温度等的图像。它的高分辨率图

表 5.26　部分 NOAA 卫星的发射时间和轨道参数

名称	发射时间	轨道高度/km	轨道倾角/（°）	轨道周期/min
NOAA-11	1988 年 9 月 24 日	841	98.9	101.8
NOAA-12	1991 年 5 月 14 日	804	98.6	101.1
NOAA-14	1994 年 12 月 30 日	845	99.1	101.9
NOAA-15	1998 年 5 月 13 日	808	98.6	101.2
NOAA-16	2000 年 9 月 12 日	850	98.9	102.1
NOAA-17	2002 年 6 月 24 日	811	98.7	101.2
NOAA-18	2005 年 5 月 11 日	854	99.0	102
NOAA-19	2009 年 2 月 6 日	849	99.2	101.9
NOAA-20	2017 年 11 月 18 日	834	98.7	101.4

表 5.27　AVHRR 数据的波段及主要应用

通道	波段范围/μm	谱段性质	主要应用（1.1km 分辨率）
AVHRR-1	0.58～0.68	黄至红	天气预报、云边景图、冰雪探测
AVHRR-2	0.725～1.10	红至近红外短波	水体、冰雪、植被、草场、农作物评价
AVHRR-3A	1.58～1.64	短波红外	白天图像、土壤湿度、云雪判识、干旱监测、云区分
AVHRR-3B	3.55～3.95	中红外	海面温度、水陆分界、森林火灾、夜间云覆盖
AVHRR-4	10.30～11.30	远红外	昼夜图像、海面温度、云量、土壤湿度
AVHRR-5	11.50～12.50	远红外	

像传输（high resolution picture transmission，HRPT）有 1.1km 的星下点分辨率；自动图像传输（automatic picture transmission，APT）有 4km 的无畸变分辨率。

AVHRR 资料的应用主要有两个方面：一方面是大尺度区域（包括国家、洲乃至全球）调查，AVHRR 的地面分辨率远远低于 Landsat 的地面分辨率，它的一个像元的面积相当于 200 个 MSS 像元之和或 1340 个 TM 像元的面积之和。因此，在地面处理时可大大节约时间。这样，在对大范围资源、环境作宏观监测及作预报时，用 AVHRR 既经济实惠，又节省时间。目前已经开展过的工作主要是土地覆盖调查，应用的方法一般是采用多时相分类的方法对 1km 空间分辨率的 AVHRR 数据或更低空间分辨率的 GAC 或 GVI 数据进行分类。另一方面是中小尺度区域的调查，由两颗 NOAA 卫星组成的双星系统，每天可对同一地区获得 4 次观测数据。除了应用在气象领域外，AVHRR 数据还广泛应用于非气象领域，如海洋油污染监测、火山喷发探测、森林火灾和田野禾草燃烧位置测定、海洋涌流测定、植被生活力探测、蝗虫孳生地范围确定、农作物监测与作物估产、湖面水位变化探测等。

有关 NOAA 卫星的详细更新内容，可参考下列网站：https://www.noaa.gov/（NOAA 卫星信息服务网站）；http://www.goes.noaa.gov/（NOAA 卫星信息服务网站）；http://ngdc.noaa.gov/ngdcinfo/onlineaccess.html（美国国家海洋和大气管理局）。

5.8.2 中国气象卫星数据

1988 年 9 月 7 日和 1990 年 9 月 3 日，我国用自制的“长征四号”运载火箭从太原发射中心发射了我国第一颗气象卫星“风云一号 A”（FY-1A）和第二颗气象卫星“风云一号 B”（FY-1B）。截至 2024 年我国共成功发射了两代四型 21 颗风云气象卫星，目前有 9 颗在轨运行，为 129 个国家和地区提供资料和产品。

FY-1A 和 FY-1B 均为近极地太阳同步轨道，两星性能、指标基本相同。

FY-1A 轨道高度 901km，倾角 99.1°，旋转周期 102.8min，每天绕地球 14 圈。卫星携带多光谱可见光红外扫描辐射仪，它有 5 个通道，用于获取昼夜可见光、红外云图，冰雪覆盖、植被、海洋水色、海面温度等。各通道的波长范围分别是：①通道 1，0.58～0.68μm（绿～红）。②通道 2，0.725～1.1μm（近红外）。③通道 3，0.48～0.53μm（蓝～绿）。④通道 4，0.53～0.68μm（绿～红）。⑤通道 5，10.5～12.5μm（热红外）。

通道 1 和 2 可获取白天云图及地表图像；通道 3 和 4 可获取海洋水色和陆表图像；通道 5 可获取昼夜云图、海温和地表温度。通道 1～4 每 24h 覆盖全球一次，通道 5 每 12h 覆盖全球一次。其图像数据还可用于监测积雪、海冰、大面积洪涝灾害，区分云与雪，提供植被指数及海洋叶绿素分布图（徐兴奎和田国良，2000）。AVHRR 的地面覆盖宽度为 3200km，星下点分辨率为 1.1km。

FY-1A 的 AVHRR 数据与美国 NOAA 卫星的 AVHRR 很相似，可互相切换工作，互为备份。FY-1 两卫星的实时传输采用与 NOAA 卫星兼容的体制，有 HRPT 和 4km 分辨率的 APT 两种。凡是可接收 NOAA 卫星 HRPT 和 APT 信号的地面接收设备都可实时接收 FY-1 的相应数据。此外，FY-1 的延时图像传输（delayed picture transmission，DPT）仅向中国气象卫星地面站发送。FY-1 还不具备获取全球云图的能力，但可任意选取全球任一局部地区的云图（龙飞和赵英时，2002）。

1997 年 6 月 10 日，我国在西昌卫星发射中心用“长征三号”火箭发射了第二代气象卫星“风云二号”（FY-2）。6 月 17 日，该卫星最后定点于东经 105° 的赤道上空 35800km 高度，成为一颗地球静止轨道气象卫星。这与第一代气象卫星“风云一号”（A 和 B）作为太阳同步轨道近极地卫星截然不同。“风云二号”卫星经过 160 多天的测试和试用后，性能良好，达到了 20 世纪 90 年代国际同类卫星的水平，于 1997 年 12 月 1 日正式交付国家卫星气象中心使用。这颗卫星正式投入运行后，可连续对我国及周边地区的天气进行实时监测，较大地提高我国各种尺度的天气系统的监测能力，所获云图资料可填补我国西部和西亚、印度洋上的大范围气象资料的空白。可连续监测天气变化，其视野更广，可覆盖以我国为中心的约 1 亿 km^2 的地球表面，即亚洲、大洋洲及非洲和欧洲的一部分。观测和提供这一区域内的云图、温度、水汽、风场等气象动态，对进行中长期天气预报和灾害预报有重要作用。

风云一号 D 星（FY-1D）已于 2002 年 5 月 15 日北京时间 9：50 在山西太原卫星发射中心成功发射。这是我国自行研制发射成功的第六颗气象卫星。同日上午 11 时 37 分在我国新疆乌鲁木齐气象卫星地面站收到第一幅高分辨率图像，图像质量优良。

风云二号 A 星（FY-2A）于 1997 年 6 月 10 日由长征三号火箭从西昌发射中心发射升空。卫星于 1997 年 6 月 17 日定位于东经 105°，并于 1997 年 6 月 21 日获取第一张可见光云图，1997 年 7 月 13 日获取第一张水汽，红外云图。

FY-2A 卫星数据对全球用户开放，凡是在风云二号 A 星覆盖范围内的用户均能接收到其广播的 S-VISSR 资料和 WEFAX 低分辨率模拟图像。

风云一号 C 星（FY-1C）扫描辐射计已于 2002 年 2 月 8 日 11：26（UTC）由 B 机切换到 A 机，信息格式不变。

2008 年 11 月 18 日，风云三号 A 星（FY-3A）及地面应用系统投入业务试运行。星载遥感仪器数量从风云一号的 2 个增加到风云三号 A 星的 11 个，其中 9 个为首次装载升空，整星探测通道多达 99 个，光谱波段覆盖紫外到微波。FY-3A 投入业务试运行，标志着中国成功实现了极轨气象卫星的升级换代。

2016 年 12 月 11 日，风云四号 A 星（FY-4A）发射成功，是一颗科研试验卫星。2021 年 6 月 3 日，风云四号 B 星（FY-4B）发射成功，是一颗业务卫星。与目前我国在轨业务运行的 FY-2 系列卫星相比，FY-4 卫星是具有划时代意义的新一代静止气象卫星，卫星与有效载荷的整体性能都大幅优于 FY-2 系列卫星，其主要功能亮点表现在实现了静止轨道上的三维大气廓线探测和闪电时空分布探测。同时 FY-4A 的发射使东半球成像时间由 30min 提高到 15min，对中国区域可实现每 5min 一次的观测覆盖，最高分辨率从 1.25km 提高到 500m，依靠其独一无二的大气“CT 机”——高光谱探测仪，在全球首次实现静止轨道大气高光谱垂直探测、我国首次实现天基闪电监测和空间天气多要素监测，综合探测水平国际领先。

国家卫星气象中心负责气象卫星资料的地面接收、处理、存储和分发等。有关风云气象卫星数据的详细情况可参考下列网站：http://www.nsmc.org.cn（国家卫星气象中心）；https://www.cma.gov.cn/（中国气象局）。

5.8.3 日本气象卫星

葵花气象卫星系列（GMS）自 1977 年 7 月 14 日发射成功，到 2020 年为止，共发射了 9 颗卫星。卫星定位于 140°E 上空，高约 35800km，倾角 0°，每分钟自旋 100 周，每天绕地球一圈。星上载有可见光至红外自旋扫描辐射计（成像）和空间环境监测仪。GMS 系列可提供全景圆形图像、日本邻区局部放大图像、分割圆形为 7 扇形图像、极地立体投影图像、墨卡托投影图像。

各种图像均有可见光、红外及等温、分层等图像。地面站还可提供放大、缩小、数字图像处理、附加及投影变换。

2014 年 10 月，日本首颗第三代气象卫星“向日葵-8”（Himawari-8）成功发射，定点在东经 140°。“向日葵-8”卫星由三菱电机公司研制，采用 DS-2000 平台，卫星发射质量约 3500kg；主要有效载荷是美国 TrExelis 公司研制的“先进向日葵成像仪”（AHI），可与美国新一代“地球静止轨道环境业务卫星”R 系列（GOES-R）卫星的“先进基线成像仪”（ABI）相兼容。

思考题

1. 简要叙述一幅 SPOT 或 Landsat 图像的判读方法和程序。说明判读中会遇到哪些困难。
2. 当研究区域较大时需要将多幅卫星图像拼接在一起组成镶嵌图，请分析图像镶嵌过程中可能遇到的问题。
3. 卫星图像的优缺点有哪些（相对于航空遥感图像进行比较）？
4. 为什么陆地观测卫星的轨道比通信卫星低？
5. 试讨论在设计像元越来越小的多光谱卫星传感器时可能遇到的问题，如何避免这些问题。
6. 利用学过的知识，计算一幅 Landsat 和 SPOT 多波段图像的像元数量（假设 SPOT 图像为天底点获得的 HRV

图像）；再计算一下每个传感器全色波段的像元数量。

7. 分析同一区域卫片和航片的应用。

8. 单一波段的一幅 SPOT 图像所含像元数量是多少？单一波段的 TM 图像呢？

9. 登录各卫星的网站，了解各卫星的最新动态，谈谈你的收获。

10. 陆地资源卫星（Landsat）绕地球一圈的时间是多少？图像的重访周期与时间分辨率有什么样的关系？

11. 请查阅 Landsat-8 的波段，理解 11 个波段的不同光谱特性，请选择研究植被的合适波段。

第6章 微波遥感

在遥感技术体系中，可见光和近红外遥感是人们最为熟悉的。微波遥感是在20世纪90年代迅速发展起来的遥感技术，它具有不同于可见光和近红外遥感的特点和优势。如主动微波具有穿透云层、雾和雨、雪的能力，而且很少受太阳辐射的影响。因此微波遥感既可在恶劣的天气条件下，也可以在白天和黑夜进行探测，具有较强的全天候、全天时的工作能力，这一特性优于可见光和红外波段的探测系统。目前微波遥感已成为研究人类活动对全球影响、探测非常事件、保卫国家安全的主导性遥感手段，主要应用于海洋、冰雪、大气、测绘、农业、灾害监测等方面。

在电磁波谱中，波长在1～1000mm的波段范围称为微波。微波遥感是指通过微波传感器获取从目标地物发射或反射的微波辐射，经过判读处理来识别地物的技术。微波遥感分为主动式和被动式。主动微波遥感是由传感器发射微波束，再接收地物反射回来的微波信号。主动微波遥感很少受太阳辐射的影响，可以全天候工作，不受成像时间和大气条件的限制，应用广泛。被动微波遥感是由微波传感器接收地面地物的微波辐射。被动微波遥感受太阳辐射的影响比较大，其成像受时间和大气条件的限制。本章主要介绍主动微波遥感，重点是雷达遥感图像的获取和图像特点。

6.1 主动微波遥感

主动微波遥感是通过向目标地物发射微波并接收其后向散射信号来实现对地观测的遥感方式。其特点是传感器自身发射微波辐射，并接收从目标反射或散射回来的电磁波。典型传感器有高度计、散射计和成像雷达。

6.1.1 主动微波遥感传感器

微波遥感的传感器有成像和非成像方式两种类型。非成像方式如散射计、高度计、无线电地下探测器；成像方式如微波辐射计和雷达。微波辐射计是被动微波遥感成像的传感器，雷达是主动微波遥感成像的传感器。这里主要介绍雷达传感器（柏延臣等，2001）。

雷达（radar）是英文“无线电探测与测距”（radio and range direction）的缩写。雷达是由发射机通过天线在很短时间内，向目标地物发射一束很窄的大功率电磁波脉冲，然后用同一天线接收目标地物反射的回波信号而进行显示的一种传感器。因此雷达系统一般包括发射机、接收机、天线和存储机。其工作原理是天线发射一束电磁波（或微波）照射目标，部分电磁波在与目标相互作用后产生背向散射，并返回到天线，雷达接收机探测到回波信号，经一系列的信号处理后，送入存储器，存储器的信号经成像后形成雷达图像（舒宁，2000）。

雷达天线的工作波段主要是微波波段，但也有利用其他波段的，如利用红外波段工作的红外雷达，利用激光器作为发射波源的激光雷达等，都是当前微波遥感的前沿领域。

雷达天线的工作方式为侧视。雷达可分为真实孔径雷达和合成孔径雷达。

1）真实孔径雷达

真实孔径雷达（RAR），是按雷达具有的特征来命名的，它表明雷达采用真实长度的天线接收地物后向散射并通过侧视成像。雷达波的发射和接收效率，是依据其自身有效长度直接反映到显示记录中的。运动平台携带真实孔径天线从空中掠过，由天线向平台的一侧或两侧发射波束并扫描地面。这些波束在平台运动的方向上是很窄的，而在垂直于平台运动方向上是延展的。

真实孔径雷达分辨率可分为距离向分辨率和方位向分辨率。在距离向上，雷达测量的是从飞机到地形目标的距离；在方位向上，当地物目标通过照射波束时，雷达记录的是一个特征条带。距离向分辨率是指在脉冲发射方向上（距离向）能分辨两个目标的最小距离，分为斜距分辨率和地距分辨率。方位向分辨率是在与辐射波束垂直方向（方位向）上相邻的两束脉冲之间，能分辨两个目标的最小距离。方位向分辨率与波长、观测距离成正比，与天线孔径成反比。因此，要提高方位向分辨率，必须采用波长较短的电磁波、增大天线孔径及缩短观测距离。

在雷达构成的微波影像中，真实孔径雷达分辨率是由成像雷达的斜距分辨率和方位向分辨率决定的，它们分别由脉冲的延迟时间和波束宽度来控制。

2）合成孔径雷达

20 世纪 50 年代以来，为了提高雷达的分辨率，科学家们进行了不懈的努力，卡尔·维利首先研制成功合成孔径雷达（SAR）。SAR 是利用雷达与目标的相对运动把尺寸较小的真实天线孔径用数据处理的方法合成一较大的等效天线孔径的雷达，也称为综合孔径雷达。即利用小天线作为单个发射接收单元，小天线随平台移动，在移动中选若干个位置，在每个位置上发射一个信号并接收来自地物目标的回波信号，记下回波信号的振幅和相位。当小天线移动一段距离后，将所有不同时刻接收的同一目标信号消除时间和距离不同引起的相位差，修正到同时接收的情况，就得到如同真实孔径侧视雷达一样的效果。合成孔径侧视雷达提高距离分辨率的主要方法，是用宽脉冲频发射和用压缩滤波器对回波信号脉冲宽度进行压缩，从而使宽调频脉冲被压缩成窄脉冲。

因此，合成孔径雷达是一种高分辨率相干成像雷达。高分辨率在这里包含两种含义：高的方位向分辨率和高的距离向分辨率。它采用以多普勒频移理论和雷达相干为基础的合成孔径技术来提高雷达的方位向分辨率，而距离向分辨率的提高则通过脉冲压缩技术来实现。合成孔径雷达与真实孔径雷达的主要差异也就在于合成孔径雷达是利用合成孔径原理来改善方位向分辨率的。

合成孔径雷达系统通过飞机或者星载飞行器的向前运动构成合成孔径。当真实孔径太长，不可能实现的时候，合成孔径雷达就起到了不可估量的作用，它特别适用于星载的飞行器中。

6.1.2 机载雷达遥感系统

雷达的遥感平台有飞机和卫星，以飞机为平台的雷达遥感称为机载侧视雷达（side-looking airborne radar，SLAR）遥感。它所能获得的目标信息包括：根据回波时延测出的目标距离；利用多普勒效应测出的目标相对速度、振动或旋转频率；根据回波到达的波前测出的目标方向角；根据回波幅度测出的目标几何尺寸和介质特性；根据目标散射场测出的目标形状等。

1935 年机载雷达在英国首先研制成功，当时的雷达只不过是简单的探测和跟踪雷达。现代机载雷达一般在微波波段工作，工作波长不大于 22cm，短波波长扩展到红外和激光波段。

但机载雷达图像由于侧视入射角的不同，常常对不平坦的地面产生叠掩（layover）、透视收缩和阴影等几何变化，在侧视区间内强度也不相同。这些几何畸变和亮度变化给机载雷达图像的解译造成困难，在一定程度上妨碍了机载雷达的利用和发展。星载雷达遥感的发展则克服了上述的问题。

6.1.3 星载雷达遥感系统

以卫星为平台的雷达遥感称为星载雷达遥感。迄今已发射的主要航天合成孔径成像雷达系统如表 6.1 所示。常用的极化方式有 4 种：水平发射水平接收（HH），垂直发射垂直接收（VV），水平发射垂直接收（HV），垂直发射水平接收（VH）。这里简单介绍当前应用较多的星载雷达系统。

表 6.1 已发射的主要航天合成孔径成像雷达系统一览表

参数	SIR		SIR-C/X-SAR	ALMAZ-1	ERS-1	ERS-2	RADARSAT	ALOS-PALSAR	Sentinel-1A
	A	B							
发射日期	1981.11	1984.10	1994.4	1991.3	1991.7	1995 春	1995.11	2006.1.24	2014.4.3
轨道高度/km	245～260		225	300～360	785	785	798	691.65	693
波长/cm	23.5		23.5	10	5.7	—	5.6	19.4～76.9	—
波段	L		L.C.X	S	C	C	C	L	C
极化	HH		全极化	HH	VV	HH	HH	全极化	全极化
入射角	47°～53°	15°～60°	15°～60°	30°～60°	23°	24°	10°～60°	8°～60°	19°～47°
距离分辨率/m	—	14～46	10～60	30	30	25	9～100	10～100	5～20
方位分辨率/m	—	25	30	10～15	30	25	9～100	10～100	5～40
覆盖宽度/km	50		15～90	2×350	100	100	45～500	30～350	80～400
发射国家	美国		美国	苏联	欧空局	欧空局	加拿大	日本	欧空局
工作寿命	—		—	18 个月	2～3 年	2～3 年	5 年	3～5 年	7.25 年

1）SIR 系统（航天飞机成像雷达）

自 1981 年发射 SIR-A 以来，SIR 系统已三次携带成像雷达系统，并且每次都有较大的改进。SIR-B 较 SIR-A 主要有两点改进：一是 SIR-B 可自动调节入射角的数字系统装置，具有立体成像能力；二是 SIR-B 具有更高的空间分辨率。而 SIR-C/X-SAR 为唯一的具有多波段、全极化，且有干涉测量能力的航天雷达系统。图 6.1 为 1994 年 10 月 5 日通过 SIR-C/X-SAR 传感器拍摄的堪察加半岛火山的雷达图像。

2）ERS 系统（欧洲遥感卫星）

ERS 卫星（欧洲遥感卫星）于 1991 年 7 月 17 日发射。卫星上搭载的主要遥感器是主动微波仪（active microwave instrument，AMI），其他观测设备有高度计和沿轨道扫描辐射计。为保证测轨精度和进行遥感数据校正，卫星上还装有精密测距测速仪（precise range and range-rate equipment，PRARE）和激光反射器。1995 年 4 月 21 日 ERS-2 的发射成功，不仅保证了 ERS-1 卫星数据的连续性，而且新装的一台全球臭氧监测设备(global ozone monitoring experiment，GOME），能进行更全面的环境和大气研究。除了这个新设备外，ERS-2 的有效载荷基本与 ERS-1 相同，部分设备做了改进。例如，沿轨迹扫描辐射仪（along-track scanning radiometer，ATSR）增加了可用于植被监测的可见光通道（中心波长为 0.555μm 和 0.865μm）；又如，主要用于卫星测轨的精确测距测速仪也做了改进，ERS-2 上的精密测距测速仪改用了增强的抗辐射器件，并且软件也进行了改进，另外还加装了一台精密测距测速仪作为备份。

图 6.1　堪察加半岛火山的雷达图像

（图片来源：https://asf.alaska.edu/author/washreve/）

ERS 卫星的主要任务是海洋观测，观测内容主要包括：海浪、风场、海洋环流、海温和海洋冰结构等。这些信息有助于进一步认识海洋与大气的关系，全面了解海洋能量转换过程和传递过程，监测两极冰覆盖区并研究全球气候变化过程。到 1994 年 4 月，ERS-1 卫星已获得 73 万幅合成孔径雷达图像（其中有地中海图像 1.4 万幅，北海图像 4.2 万幅）。这些图像提供了丰富的海洋信息，对了解大洋洲东部海面、加拿大沿海、英吉利海峡、冰岛和丹麦周围海域、阿拉斯加湾及地中海等区域的详细海况起了重要作用（郭华东，2001）。

3）RADARSAT 系统（加拿大雷达卫星）

RADARSAT 卫星是加拿大航天局负责研制的新型雷达遥感卫星，于 1995 年 11 月 4 日发射，为太阳同步轨道卫星，轨道高度 798km，倾角 98.6°，重复周期 24 天，卫星过境的当地时间约为早 6 点晚 6 点。RADARSAT 具有 7 种模式、25 种波束、多种入射角，可以生成具有多种空间分辨率和不同幅宽的雷达遥感图像（图 6.2）。

4）ENVISAT 系统（欧空局极轨对地观测卫星）

ENVISAT 卫星是欧空局对地观测卫星系列之一，于 2002 年 3 月发射，属太阳同步轨道卫星，高度 800km，倾角 98°，重复周期 35 天。在 ENVISAT-1 卫星上载有多个传感器，分别对陆地、海洋、大气进行观测，其中最主要的传感器是改进型合成孔径雷达（advanced synthetic aperture radar，ASAR），是 ERS-1/2 所载设备的改进型，与 ERS-1/2 的 SAR 传感器相似。ASAR 工作在 C 波段，波长为 5.6cm，并具有多极化、可变观测角度、宽幅成像等许多独特的性质，因此能够提供更加丰富的地表信息。

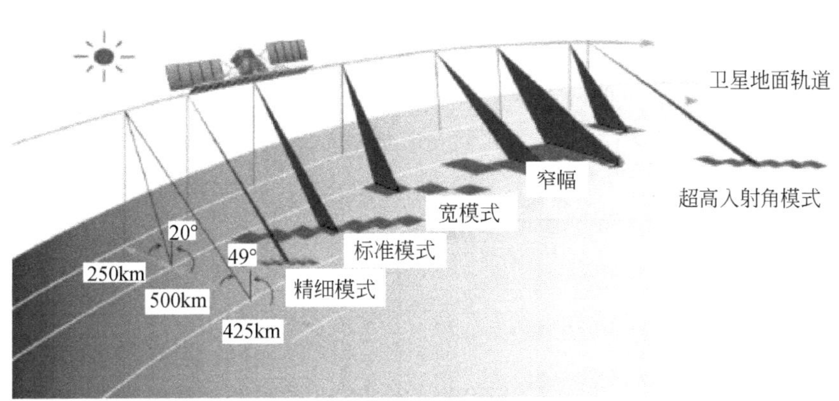

图 6.2 RADASAT-1 工作模式立体示意图（郭华东，2001）

ENVISAT-1 卫星 ASAR 传感器有图像（image）模式、交替极化（alternating polarisation）模式、宽幅（wide swath）模式、全球监测（global monitoring）模式和波（wave）模式，ENVISAT ASAR 工作模式参见表 6.2。

表 6.2 ENVISAT ASAR 工作模式

模式	图像模式	交替极化模式	宽幅模式	全球监测模式	波模式
成像宽度	最大 100km	最大 100km	约 400km	约 400km	5km
下行数据率	100Mbit/s	100Mbit/s	100Mbit/s	0.9Mbit/s	0.9Mbit/s
极化方式	VV 或 HH	VV/HH 或 VV/VH 或 HH/HV	VV 或 HH	VV 或 HH	VV 或 HH
分辨率	30m	30m	150m	1000m	10m

资料来源：http://www.rsgs.ac.cn/envisatzhuanti/ENVISATchanpinjieshao. htm

在上述五种工作模式中，高数据率的图像模式、交替极化模式和宽幅模式供国际地面站接收，低数据率的全球监测模式和波模式仅供欧空局的地面站接收。其中，图像模式生成与 ERS SAR 类似的约 30m 空间分辨率的图像，但与 ERS SAR 不同的是，图像模式可以在侧视 10°～45° 的范围内，并提供 7 种不同入射角、以 HH 或 VV 极化方式成像；交替极化模式的图像除了与图像模式一样，具有约 30m 的空间分辨率的图像，以及 7 种不同入射角的成像位置外，还可以同时提供同一地区两种不同极化方式的图像，这样，用户可根据需要从 VV/HH、HH/HV、VV/VH 组合中选择一种。但是，由于采用了特殊的数据处理技术，与图像模式相比，交替极化模式图像辐射分辨率略有降低；宽幅模式采用 ScanSAR 技术，可以提供更宽的成像条带；宽幅模式的成像幅宽是 405km，空间分辨率 150m，以 HH 或 VV 极化方式成像。

5）ALOS PALSAR

ALOS（advanced land observing satellite）是日本的新一代对地观测卫星，由日本宇宙航空研究开发机构（Japan Aerospace Exploration Agency，JAXA）于 2006 年 1 月 24 日发射升

空，是 JERS-1（Japanese earth resources satellite-1）和 ADEOS（advanced earth observing satellite）的后继卫星，用来加强对地观测能力。其搭载的是用于微波波段成像的相控阵型 L 波段合成孔径雷达（phased array type L-band synthetic aperture radar，PALSAR）传感器。PALSAR 是一部 L 波段上的合成孔径雷达，是一种主动式的微波传感器，它不受云层、天气和昼夜影响，可全天候对地观测，比 JERS-1 卫星所携带的 L 波段 SAR 性能更优越。该雷达具有高分辨率、扫描式合成孔径雷达、极化三种工作模式（表 6-3），其影像可以提供制作土地覆盖分类图，用来进行环境监测与灾害监测等工作，尤其是农作物地区监测与森林监测。

表 6.3　ALOS PALSAR 参数

模式	高分辨率模式		扫描式合成孔径雷达模式	极化模式
中心频率	1270MHz（L-band）			
线性调频宽度	28MHz	14MHz	14MHz，28MHz	14MHz
极化方式	HH or VV	HH+HV or VV+VH	HH or VV	HH+HV+VH+VV
入射角	8°～60°	8°～60°	18°～43°	8°～30°
空间分辨率	7～44m	14～88m	100m（多视）	24～89m
幅宽	40～70km	40～70km	250～350km	20～65km
量化长度	5 位	5 位	5 位	3 位或 5 位
数据传输速率	240Mbps	240Mbps	120Mbps，240Mbps	240Mbps

6.2　雷达图像的特点

6.2.1　雷达图像的亮度

雷达图像亮度变化主要依赖于地物目标的后向散射特性。地物后向散射截面产生的强回波在影像正片呈现为白色调，弱回波信号在影像正片上呈现为灰暗色调，通过雷达图像亮度可以认识不同地物的后向散射特性，识别地物类型。为了细分影像中的色调，通常采用亮白色、白色、灰色、深灰色、暗黑色和黑色来描述影像色调，分别与雷达回波的很强、强、中、中偏弱、弱和无 6 种程度相对应。

但是，利用亮度解译机载雷达图像时会碰到很多困难：首先，绝大多数机载成像雷达没有进行过校正，图像的亮度与目标地物的后向散射并没有定量的对应关系。其次，地物的回波信号覆盖范围很大，远远超出了胶片感光范围，因而无法准确地反映地物实际的反射信号范围，影像所表达的明暗关系是非线性的。最后，地面简单的地物要素会表现为复杂的形状和排列。

6.2.2　雷达图像的波长

雷达应用的微波波长范围一般只是若干个小的波长范围。表 6.4 列出了雷达图像中应用的若干个微波波段划分。在地球资源应用中的常用波段是 X、C、L。其中，C 波段可以用来对海洋及海冰进行成像；L 波段可以更深地穿透植被，在林业及植被研究中有着广泛的应用。例如，欧空局的 ERS 及 Sentinal-1、加拿大的 RADARSAT 利用 C 波段，日本的 JERS 及 ALOS

PALSAR 利用 L 波段，意大利的 COSMO-SkyMed、德国的 TerraSAR-X 利用 X 波段。

表 6.4 微波波段划分

波段名称	波段范围/GHz	波段名称	波段范围/GHz
P	0.23～0.39	Ku	15.25～17.25
L	0.39～1.55	Ka	33.00～36.00
S	1.55～3.90	Q	36.00～46.00
C	3.90～6.20	V	46.00～56.00
X	6.20～10.90	W	56.00～100.00
K	10.90～36.00		

6.2.3 雷达图像的穿透力

与可见光和红外辐射相比，微波辐射具有更强的地表穿透能力，除了能穿云破雾以外，对一些地物（介质），如岩石、土壤、松散沉积物、植被、冰层等，有穿透一定深度的能力。因此，微波遥感不仅能反映地表的信息，还可以在一定程度上反映地表以下物质的信息。

在植被遥感中，微波辐射对植被的穿透力是人们颇感兴趣的，但同时也有容易被误解的方面。概括地说，微波比光波对植被的透过性要强，但是穿透能力不仅与波长和观测角有关，还与植被类型、植被含水量和植被空间分布密度等有关。在植被穿透能力上，波长较长的微波辐射比短波长的辐射强，这是因为较短波长更容易被植被散射，所以短波长一般更多地反映了上层植被的信息，只有较长的微波才有可能反映下层植被和植被下地面的信息。因此，微波频率的高端（如 1cm 波长）只能获得植被层顶部的信息，而微波频率的低端（如 1m 波长），则可以获得植被层底层甚至地表以下的信息（图 6.3）。

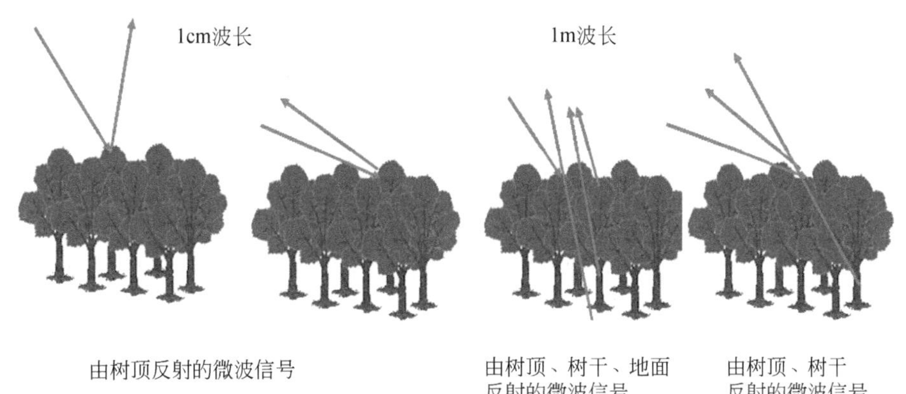

图 6.3 微波信号穿过植被的穿透性

6.2.4 雷达图像的极化

雷达波束具有偏振性（又称为极化）。电磁波与目标相互作用时，会使雷达（电磁波）的偏振产生不同方向的旋转，产生水平、垂直两个分量。若雷达波的偏振（电场矢量）方向垂直于入射面则称为水平极化，用 H 表示；若雷达波的偏振（电场矢量）方向平行于入射面则称为垂直极化，用 V 表示。常用的极化方式有 4 种，即水平发射水平接收（HH），垂直发射垂直接收（VV），水平发射垂直接收（HV），垂直发射水平接收（VH）。前两者为同向极化（或参考极化），后两者为异向极化（或交叉极化、正交极化）。

雷达遥感系统的极化方式，影响到回波强度和对不同方位信息的表现能力。即不同极化方式会导致目标对电磁波的不同响应，使雷达回波强度不同，图像之间产生差异，而具有不同的图像特点和用途。利用不同极化方式图像的差异，可以更好地观测和确定目标的特性和结构，提高图像的识别能力和精度。

6.2.5　雷达图像的几何特性

1. 斜距图像的比例失真

雷达系统的图像记录有两种类型：斜距图像和地距图像。

雷达侧视带状成像，发射脉冲与接收回波之间有个时间“滞后”，雷达回波信号的间隔直接与相邻地面特征的斜距（传感器与目标间距）成正比。因此在斜距图像上，各目标点间的相对距离与目标间的地面实际距离并不保持恒定的比例关系，图像会产生不均匀畸变（图 6.4）。这就是雷达斜距图像的比例失真。

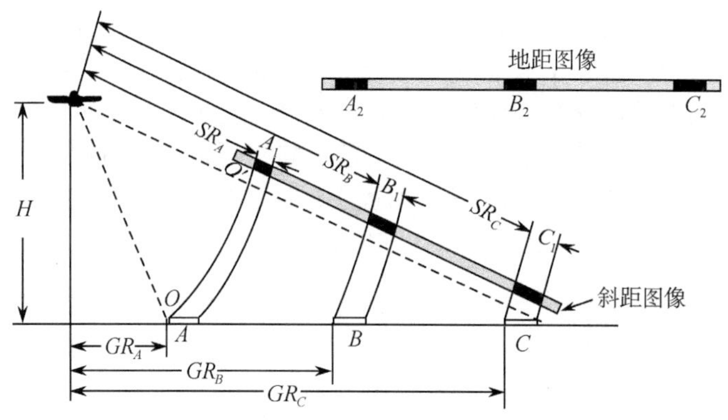

图 6.4　斜距图像的比例失真

图 6.4 说明两种图像记录的特点。A、B、C 代表三个等间距等宽度的物体，分别位于雷达的近、中、远距点上。它们的地距分别为 GR_A、GR_B、GR_C。在斜距图像上，原地面起点 O，成像于 O' 点，其成像前存在一个时间滞后的“空隙带”；原等间距、等宽的 A、B、C 成像后表现不等，即 $A_1 < B_1 < C_1$，距离 $A_1B_1 < B_1C_1$。显然，近距点部位比远距点部位被压缩得更大，图像距离方向的比例尺不均匀，致使图像失真，其失真方向与航空摄影图像正相反。为了得到无几何失真的图像，往往采用地距显示形式。即在雷达成像过程中进行运动补偿成像处理——在雷达显示器内，加延时电路补偿，用这种时间滞后来补偿传输信号的时差，以进行逐行校正得到地距图像。这样在地距图像上，$A_2 = B_2 = C_2$，$A_2B_2 = B_2C_2$，比例尺基本不变。

应该指出的是，飞行参数也会影响航向和方位向的比例。因此在图像校正时还需要考虑飞行姿态及速度、高度等变化。

2. 透视收缩

因为雷达是按时间序列记录回波信号的，所以入射角与地面坡角的不同组合，会出现不同程度的透视收缩现象。即在有地形起伏时，面向雷达一侧的斜坡在图像上被压缩，而另一侧则被延长。如图 6.5 所示，*abc* 为一山体，斜坡 *ab*=*bc*，但由于雷达图像中的透视收缩使图像中面向雷达倾斜的斜坡 *ab* 出现压缩的现象，*a*′*b*′<*b*′*c*′。雷达图像的透视收缩，实际上是电磁波能量集中的表现，前坡的收缩比后坡严重，前坡的图像要比后坡的图像“亮”。当整个坡度收缩成一点时，图像最“亮”。

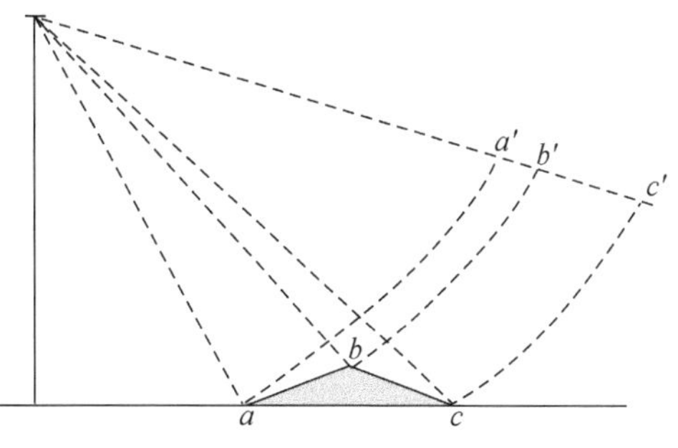

图 6.5 雷达影像的透视收缩现象

3. 顶底位移

雷达是一个测距系统，近目标（即高目标的顶部）离雷达天线近，回波先到达，远目标（即高目标的底部）离雷达天线远，回波后到达。因而顶部先对底部成像，产生目标倒置的视觉效果，这种雷达回波的超前现象，便形成了雷达图像的顶底位移，即叠掩现象。

如图 6.6 所示，从地面距离来说，塔底 *B* 点到雷达的距离较顶部 *A* 点为近，但从到雷达的斜距来说，*A* 点较 *B* 点为近，因而在合成孔径雷达图像里发生了错位，即发生了顶底位移。由此可见，主要基于测距的雷达成像和人的目视像在这里有很大不同，而基于测角的光学仪器成像与目视像是一致的，不会出现上述错位现象。

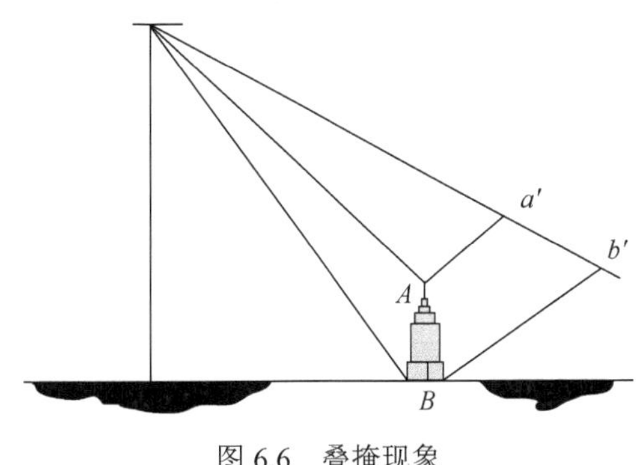

图 6.6 叠掩现象

但并不是所有高出地面的目标都会形成顶底位移，只有当雷达波束俯角与坡度角之和大于 90°时才有此现象。一般来说，俯角越大，出现顶底位移的概率就越高。因此，顶底位移多在近距离点发生。可以说，顶底位移是透视收缩的一种极端情况，它发生在入射角小于局部地形倾斜角时。

雷达图像上顶底位移，对雷达图像的辐射性质和几何性质都有极大的影响。如何识别雷达图像上的叠掩区并对其进行校正，是较复杂和困难的。

4. 雷达视差与立体观察

雷达视差就是两张重叠图像上的两个像点分别产生的位移量之差。当雷达沿两条不同轨道观察高于地面的同一目标时，不同的起伏位移会造成图像视差。利用雷达视差，可以在立体镜下进行立体观察，并可测出目标的相对高度。需要说明的是，雷达图像上像差的测量难度比较大，并且受像元大小的限制，像差测量精度一般至少在 10m 以上。然而，利用干涉雷达则可以获得较高精度（厘米级）的三维数据。

5. 雷达阴影

当有地形起伏时，背向雷达的斜坡往往照射不到，便产生阴影（图 6.7）。

阴影总是在距离向背离雷达的方向，雷达阴影的存在，对于图像解译有利也有弊。适当的阴影能够增强图像的立体感，丰富地形信息。所以在比较平坦的地区，使雷达图像有适当阴影存在，这是允许的。但在地形起伏大的山区，应避免阴影太大。为了补偿阴影区丢失的信息，也可以采用多视向雷达成像技术，使在一种视向时的阴影区目标可在另一种视向的雷达图像上看到。

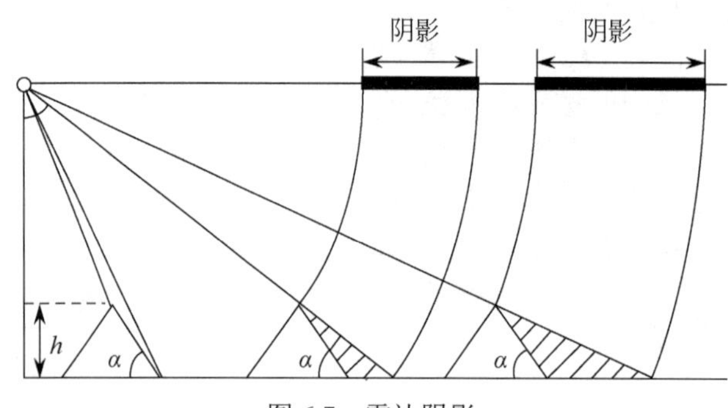

图 6.7　雷达阴影

从以上分析可以看出，雷达图像的几何特征——近距离压缩、顶底位移、透视收缩等均属原理性几何失真。一方面它可以用于进行地形、地物的测量和分析；另一方面它会严重影响到与其他遥感图像的配准，并使雷达图像的几何纠正和数据分析比其他遥感图像更为复杂。

6.2.6　图像的辐射特征

每一时刻，雷达脉冲照射的地表单元内部都包含了很多散射点，这一单元的总的回波是各散射点回波的相干叠加，各散射点的回波矢量相加后得到幅度为 V，为相位的总回波。每一散射点回波的相位与传感器与该点之间的距离有关，因此当传感器有一点移动时，所有的都要发生变化，从而引起合成的幅度 V 发生变化，这样当传感器在移动中连续观测同一地表区域时将得到不同的 V 值，这种 V 值的变化被称为雷达信号的衰落。对于由完全随机分布的许多点散射目标组成的照射表面的衰落，其动态范围都很大，很难取得一个接近于平均值的取样值。而对于遥感应用来说，很重要的问题是如何从观测到的信号中得到平均值的估计值。为了准确地得到地表观测单元的散射特性，需要获取多次观测值，然后平均。

同样地，具有相同后向散射截面的两个相邻观测单元，如在细微特征上有差异，则它们的回波信号也会不同，这样，本来具有常数后向散射截面的图像上的同质区域，像元之间可能会出现亮度变化，被称为斑点。那些回波功率衰减到远低于平均值的像素的灰度值很低，在图像上就表现为黑点；那些回波功率增强到远高于平均值电平的像素很亮，在图像上表现为亮点（图 6.8）。

SAR 图像的斑点与噪声类似，但它不是噪声。雷达图像上周期性出现的斑点噪声是源于 SAR 系统本身就是一个相干系统，由于相干波的加强和减弱叠加而产生。其抑制过程不可避免地会对有用的细节信息造成损害，应针对具体应用目的而专门设计相应的抑制算法。在对影响应用目的的斑点进行抑制的同时考虑对特定信息的保护甚至增强，以有利于后续图像分析与特征提取等工作（韩春明等，2002）。

6.2.7　雷达图像的应用

（1）海洋环境调查。根据微波影像色调差异，可以获取海冰厚度、海域分布、冰山高度、冰与水分布的边界信息，检测海洋大面积石油污染等。

（2）地质制图和非金属矿产资源调查。雷达影像上断层和断裂带等线性构造明显，可以制作大面积小比例尺地质图。由于雷达对地表有穿透能力，有识别埋藏在浅层地表的泥炭、煤等非金属矿产资源的能力。

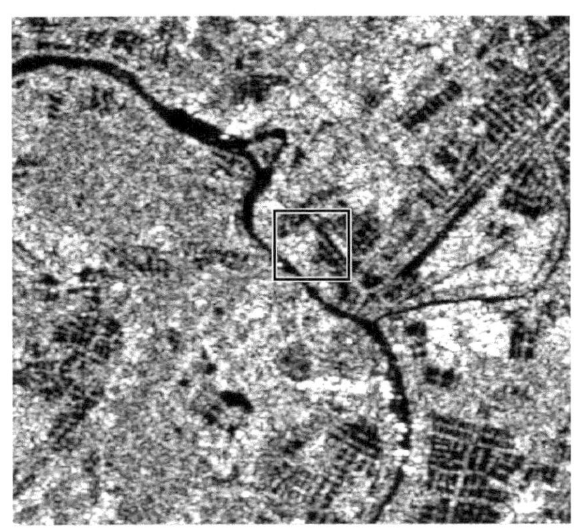

图 6.8 RADARSAT-1 图像上的斑点

（3）洪水动态检测与评估。中国科学院中国遥感卫星地面站利用加拿大 RADARSAT 微波影像，与其他遥感卫星资料进行比较，对受灾地区进行全过程全流域的动态监测和评估。

（4）地貌研究和地图测绘。合成孔径雷达 SAR 能够以很高的分辨率提供详细的地面测绘资料和地形影像，它可以应用于地貌研究。目前 SAR 的分辨能力可以达到 0.3m，这对地图测绘很重要，也是 SAR 最具发展潜力之处。

（5）军事侦察。合成孔径雷达 SAR 采用侧视雷达成像，可以不直接飞越某一国家而能从边境另一侧对该国进行军事侦察。因此在美国的综合机载侦察战略中，SAR 因其全天候能力而被列为基准的成像手段。

6.3 激 光 雷 达

激光雷达是“光探测和测距”（light detection and ranging，LiDAR）的简称。激光雷达也是一种主动传感器，通过发送光脉冲，并测量光脉冲从发射到被反射回的时间延迟来探测目标（图 6.9）。在本章的论述中，尽管激光雷达和微波雷达属于不同的光谱区域，也有很多不同点，但它们的工作原理基本相似：都是向目标发射探测信号（激光束），然后将接收到的从目标反射回来的信号（目标回波）与发射信号进行比较，做适当处理后，就可获得目标的有关信息，如目标距离、方位、高度、速度、姿态，甚至形状等。

激光（LASER）是英文“受激辐射的光放大”（light amplification by stimulated emission of radiation）的缩写。激光是在可见光或近红外光谱区域产生高度定向的受激辐射。激光雷达就是利用激光独特的单色性、相干性和方向性加上由此而产生的超高亮度、超短脉冲的一种技术。19 世纪 60 年代激光问世以后，就在工业和通信领域得到广泛应用。在遥感应用中，激光雷达首先集中在对大气探测上。将激光雷达首次应用于地面目标是利用机载激光设备沿着航测轨迹收集记录返回的地面地形信号，此时还不能产生图像。

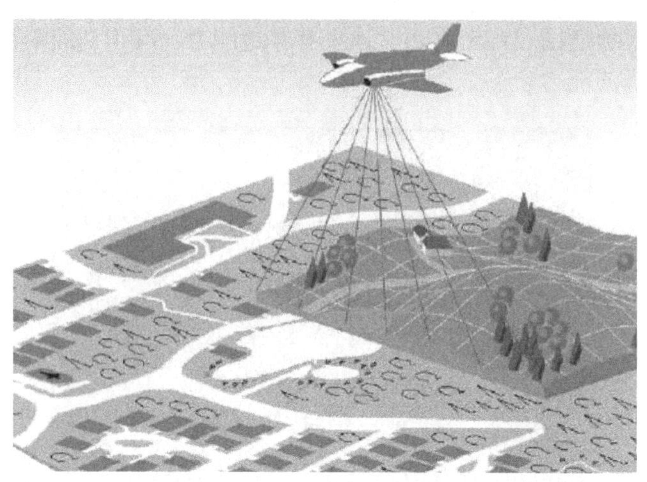

图 6.9　激光雷达采集数据

（图片来源：http：//www.aeromapss.com/lidar.5.jpg）

直到最近几年，应用于地面目标探测的激光雷达成像技术才出现。成像激光雷达采用具有高精度定位的差分全球定位系统（differential global positioning system，DGPS）技术和高精度定向的惯性测量装置（inertial measurement unit，IMU），直接在航测飞行中测定传感器的姿态和位置，以及利用激光扫描仪等光谱成像设备快速扫描记录返回的信号并成像。成像激光雷达通常采用的激光波长一般位于可见光（如波长 532nm 的绿波段，对水体具有穿透能力）和近红外（对植被和大气散射较敏感）的大气窗口。

通常，把利用连续波激光产生调频连续光束进行探测的雷达称为连续波激光雷达；把利用激光脉冲进行探测的雷达称为脉冲激光雷达（刘春等，2010）。连续波激光雷达的工作原理是，向目标发射一束经过调制的连续波激光束，光束到达目标表面后被反射，通过测量发射的调制激光束与接收机接收的回波之间的相位差，可得出目标与测距机之间的距离。脉冲激光雷达的工作原理是，用脉冲激光器向目标发射一列很窄的光脉冲，光脉冲达到目标表面后部分被反射，通过测量光脉冲从发射到返回接收机的时间，可计算出测距机与目标之间的距离。显然，激光雷达是通过测量光脉冲从发射到被反射回的时间延迟（即运行时间）来实现的，这是因为光速是恒定已知的，因此，传播时间即可被转换为对距离的测量，这样利用传感器返回的脉冲时间就可获取探测目标沿着航程测迹的距离、方向等信息，最后经过综合处理可得到沿着一定条带的地面区域的三维信息。

不同激光雷达系统的分辨率变化很大，其分辨率主要取决于系统装置和工作模式，包括飞机的航高和激光束的发散度。因为激光束发散，某一瞬间的激光束照射区域会形成斑点。所以，成像激光雷达常常被设计成小斑点（离散激光雷达）或大斑点（波形激光雷达）。小斑点系统可以获取直径 0.15～0.61m 的面积数据，大斑点系统可以获取直径 5m 甚至更大面积的数据。

因为传感器能准确记录目标脉冲的角度、飞机飞行高度和位置，结合激光器的高度、激光扫描角度，以及从 GPS 得到的激光器的位置和从惯性测量装置（IMU）得到的激光发射方向，每个从地面返回的回波就可以准确地记录每一个测量点的三维坐标数据（X，Y，Z）。对于离散激光雷达，平面精度可以达到 20～30cm，高程精度可达到 15～20cm。所以，LiDAR

系统通过扫描装置，沿航线采集地面点三维数据，通过特定方程解算处理成适当的影像值，可生成数字地形模型（DTM）。如果有地面控制点辅助，激光雷达提供的数据可达到航空摄影测量的精度。

激光雷达能记录地面不同的回波信息。有的激光雷达能测量第一次回波和第二次回波信号。第一次回波测量的是激光点首先入射到的物体，如树木或房屋等；第二次回波测量的是到地面的距离。如果能同时测量第一次回波和第二次回波，就能够得出树木或房屋的高度。还有的激光雷达甚至能够测量第三次或第四次的激光回波信号，这样就能够获得更详细的信息。因此，激光雷达是能够区分不同影像层的唯一传感器。

激光雷达具有极高的角分辨率和距离分辨率，因为其具有速度分辨率高、测速范围广、能获得目标的多种图像等优点，所以得到了广泛的应用。由于城市建设需要建筑密度、城市结构等详细信息，激光雷达的应用首先集中在城市领域。激光雷达数据既应用于道路规划、城市管道线路规划和无线电通信，也应用于林业领域，如分析森林覆盖率和森林覆盖面积，概算出森林占地面积和树木的平均高度，以及森林木材量的多少，以便相关部门进行宏观调控。

思 考 题

1. 与光学遥感相比，微波遥感有哪些特点，其传感器有哪些优势？
2. 微波遥感的主要工作频段有哪些？
3. 主要的微波传感器有哪些？其中主动式和被动式各有哪些？
4. 真实孔径雷达与合成孔径雷达最大的差异在何处？
5. 简述 SAR 图像与光学影像的差异。
6. 微波雷达数据的分辨率由什么因素决定？
7. 什么是极化？简述 SAR 极化态的几种表述形式。说明植被、沙地、高渗透性的土壤下垫面对微波遥感极化的反应。
8. 举例说明 SAR 在某一领域的应用，并简述 SAR 应用于考古研究的原因。
9. 简述激光雷达的特点和应用。

第 7 章　热红外遥感

热红外遥感是指利用热红外传感器探测地物在热红外光谱段光谱特性的遥感。红外光谱段是指波长在 0.76～1000μm 的光谱段区域。在红外光谱段范围内，地物的辐射特性差异很大，因此又将红外光谱段分为近红外（或叫反射红外，0.76～3.0μm）、中红外（3～6μm）、远红外（又称为热红外或发射红外，6～15μm）和超远红外（15～1000μm），其中热红外就是指远红外波段（图 7.1）。

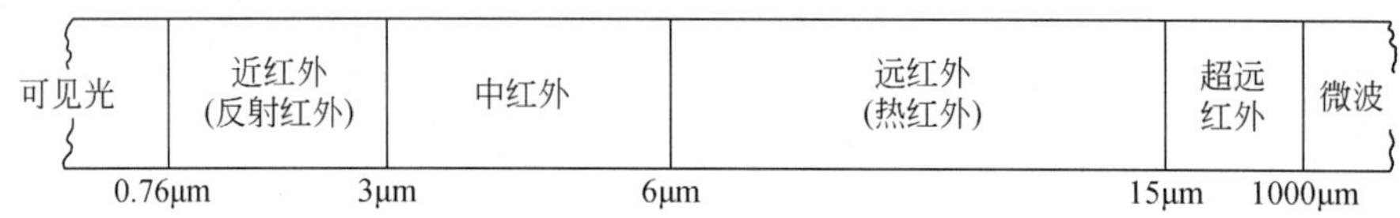

图 7.1　热红外光谱波段

本章将主要介绍的是 6～15μm 的热红外遥感探测的原理及其数据特征。热红外波段是地物发射红外的波段，也是热辐射红外的波段。热辐射在许多波段都会发生，但地面常温下的热辐射峰值波长范围就发生在 6～15μm，因此把远红外（6～15μm）波段作为热红外遥感探测的主要光谱段。

7.1　热红外遥感原理

7.1.1　热红外探测器

热红外探测器以对热敏感的传感器为基础，通过遥感平台以一定速度在地面上空飞行，探测地面实时辐射温度的差异。热红外探测器将辐射能转化为与辐射强度成正比的电信号，即在传感器探测视域内产生一个与地物要素发射热辐射强度有关的微弱电信号，放大该电信号，成为数字信号，形成数字图像，该图像的外观类似于航空像片。

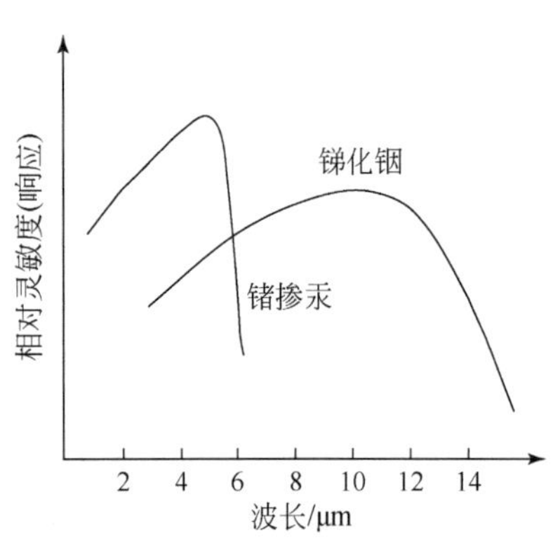

图 7.2　常见热探测器的响应峰值

不同类型的热红外探测器，其采用的探测元件的材料也各不相同。目前常用的热探测元件有碲镉汞（Hg-Cd-Te）、锑化铟（InSb）、锗掺汞（Ge：Hg）和硫化铅（PbS），它们的响应波长是有差异的，例如，碲镉汞响应波长为 8～14μm 和 3～5μm；锑化铟响应波长为 2.1～4.75μm；锗掺汞响应波长为 8～13.5μm；硫化铅响应波长为 2～6μm。探测元件在响应波长范围内还有敏感峰值，例如，锑化铟在中红外 5μm 附近有一个高敏感峰值，锗掺汞在远红外 10μm 附近有一个高度敏感峰值（图 7.2）。为保持最大敏感度，热探测器必须使用液氮或液体氦气冷却到很低的温度（-196℃或-243℃）。

探测器的灵敏度取决于系统的设计和操作。敏感度低意味着只有亮度差异大地物才能被记录下来，而许多地物细节是无法记录下来的。高敏感性意味着场景中亮度值有差异的都被记录下来。

信噪比（SNR）的概念表达了探测器的灵敏度。“信号”是指由景物亮度的实际变化造成的图像亮度差异。“噪声”所表示的变化与景物的亮度无关，这种差异是由景观、大气或仪器本身引起的。如果噪声大于信号，图像就不能提供有意义的图像信息；噪声低，即使目标与其背景间只有很小的对比度也能成像。

7.1.2　热红外扫描仪

在热红外遥感中应用最多的成像仪器是热红外扫描仪。它装在航空器下部，能沿飞行线路获得地物辐射特征差异的数字或模拟图像。热扫描仪是通过一个扫描镜，得到地物辐射能，并把它聚集到探测器上。扫描镜沿着飞行方向来回摆动观测地物，形成一系列平行的（或重叠的）扫描线，这些连续的扫描线就组成热红外图像。

红外能量是沿着飞行方向通过扫描镜来回扫描获得的，这种方式与 Landsat MSS 相似，但红外探测仪的探测元件为热敏探测元件，多采用碲镉汞型热探测器，能将光能转化为电信号。同时热探测器必须要有液氮冷却装置。首先能量由扫描镜收集后，通过凸透镜把能量集中到红外探测元件，红外探测器置于真空容器中，用液氮冷却（为了减少电子噪声和提高探测器的敏感度）。热敏探测器将热辐射能的高低成比例地转化为电信号强弱。由于探测器探测到的信号很弱，必须经过信号放大处理后，才能记录在磁带机上或视频输出。

7.1.3　地物热特性

地物热辐射遵循黑体辐射定律，所有地物只要温度在绝对零度之上就会产生热辐射。地物的热辐射主要来源于地物吸收太阳短波辐射后，自身具有一定的表面温度，形成热红外辐射。热辐射能量的大小与地物的热特性密切相关，因此热图像上看到的各种亮度差异，可用作识别地物要素的依据。

1）黑体

黑体作为辐射的完全吸收体和发射体，只是物理学上的理想体。虽然自然界并不存在黑体，但它是研究和模拟真实物体热辐射的基础。

当黑体的温度升高时，其发射辐射的峰值波长会变短，符合维恩位移定律。斯特藩-玻尔兹曼定律用数学公式描述了在一定波长范围内，黑体随温度的升高，总的发射辐射增加的规律。

发射率（ε_λ）（或比辐射率）是物体与同样温度的黑体辐射出射度的比率，即

$$\varepsilon_\lambda = \frac{\text{物体的辐射出射度}}{\text{同温度下黑体的辐射出射度}} \tag{7.1}$$

发射率对应于一定的波长λ，取值 0～1，1 相当于黑体的热辐射特性。表 7.1 列出了一些常见物质的发射率。从表 7.1 中可以看出，有些地物的发射率接近于 1（如土壤、水）。但要注意的是它们的发射率会随温度、波长等因素发生变化。

2）灰体

把发射率小于 1，同时发射率在所有波段都恒定的物体称为灰体。把发射率随波长变化

的物体称为选择性辐射体（图 7.3）。如果两个物体具有同样温度，但发射率不同，其中发射率较高的物体具有更强的热辐射能。而传感器探测到的是物体的热辐射能（表征温度），并不是分子运动温度（真实温度）。因此了解遥感图像上地物要素的发射率特性，对图像的正确解译非常重要。

表 7.1　一些常见物质的发射率

物质	温度/℃	发射率
亮铜	50～100	0.02
亮黄铜	200	0.03
亮银	100	0.03
钢合金	500	0.35
石墨	0～3600	0.7～0.8
润滑油（镍底部厚膜）	20	0.82
雪	-10	0.85
沙	20	0.90
木（刨光橡树）	20	0.90
混凝土	20	0.92
干土	20	0.92
砖（常见红色）	20	0.93
玻璃（刨光面）	20	0.94
湿土（渗透的）	20	0.95
蒸馏水	20	0.96
冰	-10	0.96
黑炭丝灯	20～400	0.96
油漆（粗黑颜料）	100	0.97

数据来源：Hudson（1969）和 Weast（1986）实测。

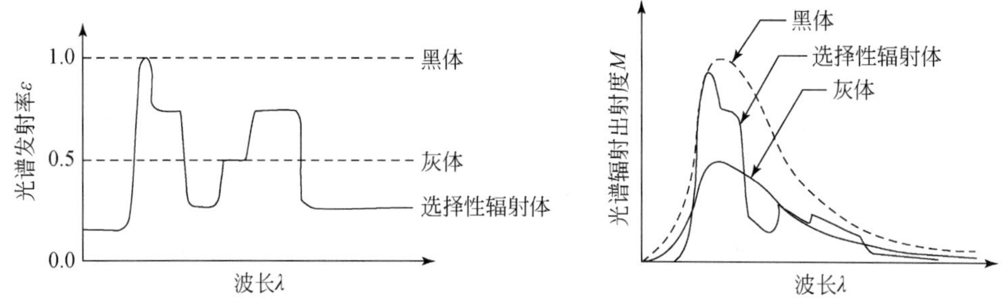

图 7.3　黑体、灰体和选择性辐射体（Lillesand and Kiefer，1994）

7.1.4　热特性的术语

热是组成物质的原子和分子在运动中产生的内部能量。温度测量的是物质的相对冷热，它是物质内部分子运动的剧烈程度或平均动能，即运动温度，也是众所周知的真实温度。温度是用温度计测量的，最常用的是华氏、摄氏（摄氏温度）和开氏（热力学）温度。热辐射温度（或表征温度）测量的是物体发射的能量。热扫描仪探测到的是辐射体发出的光子能。

热容量是指在压力一定的条件下，1g 物质温度每升高 1℃所需要吸收的热量。例如，测得水的热容量是 1cal/（g • ℃），这就意味着，1g 水温度升高 1℃需要 1cal 的热能。

比热（C）是 1g 的物质温度升高 1℃所需的总热量，因此比热等同于热容量。以水为例，这就意味着 1cal 是 1g 水温度升高 1℃所需的热量。在有限的温度范围内，物质的比热可以认为是常数。

热传导率（K）是对热量通过物体的速度的量度。热传导率的单位是 cal/（cm • s • ℃）。它用来测量两个物质之间热传递流畅的程度。

热惯量（P）是一个综合指标，它是物质对温度变化热反应的一种度量，被定义为

$$P=\sqrt{K\cdot C\cdot\rho} \tag{7.2}$$

式中，K 为热传导率［cal/（cm • s • ℃）］；C 是比热［cal/（g • ℃）］；ρ为密度（g/cm^3）。因此热惯量 P 的度量单位是［cal/（cm^2 • ℃ • s$^{1/2}$）］。热惯量测得的是物质的热惰性，更精确地说，是两种物质之间传递热量的速度快慢程度的量度。P 的倒数 P^{-1}，常用来作为对热惯量性质的度量，并用作热学参数。表 7.2 列出了一些常见物质的热惯量的值。

表 7.2　一些常见物质的热惯量值（Campbell and Shepard，2002）

	K/[cal/（cm •s •℃）]	ρ/（g/cm^3）	C/[cal/（g • ℃）]	P/[cal/（cm^2 • ℃ • s$^{1/2}$）]	P^{-1}/[（cm^2 •℃ •s$^{1/2}$）/cal]
玄武岩	0.0050	2.8	0.20	0.053	19
湿黏土	0.0030	1.7	0.35	0.042	24
白云岩	0.012	2.6	0.18	0.075	13
花岗岩	0.0065	2.6	0.16	0.052	19
灰岩	0.0048	2.5	0.17	0.045	22
沙土	0.0014	1.8	0.24	0.024	41
页岩	0.0030	2.3	0.17	0.034	29
板岩	0.0050	2.8	0.17	0.049	21
铝	0.538	2.69	0.215	0.544	1.81
铜	0.941	8.93	0.092	0.879	1.14
纯铁	0.18	7.86	0.107	0.389	2.57
铅	0.083	11.34	0.031	0.171	5.86
银	1.00	10.42	0.056	0.764	1.31
碳钢	0.150	7.86	0.110	0.360	2.78
玻璃	0.0021	2.6	0.16	0.029	34
木	0.0005	0.5	0.327	0.009	—

热惯量低的物质，其密度、热传导率和比热就低，说明它对周边温度变化的反应比较迟钝。例如，木头、玻璃对于温度上的变化反应比较慢。相反，热惯量高的物质将迅速升温和降温，这类物质有银、铜和铅等金属，它们具有高密度、高传导率和高比热的特性。

7.2 热红外遥感图像与解译

7.2.1 热红外扫描图像的特点

热红外扫描图像的特点主要包括以下几点。

(1)昼夜都可成像。热红外图像记录了地物的热辐射特性——一种人眼看不见的性质。它依赖于地物的昼夜辐射能量而成像，因而它不受日照条件的限制，可以在白天、夜间成像。

(2) 记录的是地物热辐射强度。热红外图像可以简单地被认为是地物辐射温度分布的记录图像，它用黑到白色调的变化来描述地面景物的热反差。图像色调深浅与温度分布是对应的，色调与色差是温度与温差的显示与反映。由于不同物体间温度或辐射特征的差异，可以根据图像上的色差所反映的温差来识别物体。一般说来，热红外扫描图像（正片）上的浅色调代表强辐射体，表明其表面温度高或辐射率高；深色调代表弱辐射体，表明其表面温度低。由于热扩散作用的影响，热红外图像中反映目标的信息往往偏大，且边界不十分清晰。热红外图像中水的信息与其他陆地景物有明显不同，因此热图像对环境中水分含量等信息反应敏感。

(3) 地面分辨率较低：影像地面分辨率主要取决于光学扫描的瞬时视场角和成像高度。瞬时视场角越小，飞机航高越低，地面分辨单元越小，分辨率就越高。对于红外扫描仪，瞬时视场角的大小是一定的，一般为 1～3mrad，航高为 1000m 时，地面分辨单元为 1～3m，这比普通航空像片的分辨率要低。除此之外，热红外扫描影像的分辨率也与扫描角有关，在同一航高下，随着扫描角的变化，同一条扫描线上，地面瞬时视场从中间向两边逐渐增大，地面分辨率也逐渐降低。

(4) 热红外扫描图像具有不规则性，这种不规则性可以是多种因素引起的。例如，天气条件的干扰，云将降低热反差，雨将产生平行纹理，风将产生污迹或条纹图示，冷气流将引起不同形状的冷异常等；电子噪声的影响，无线电干扰将产生电子噪声带和波状云纹的干扰图式；后处理的影响，包括胶片光学处理，显影将产生显影剂条纹，胶片质量、受潮等将引起不规则污迹。这一切均可以使图像出现一些“热”假象。在图像解译中，必须注意识别图像上的各种假异常，排除干扰（Leckie，1982）。

7.2.2 热图像的辐射定标

热扫描仪输出的一般是未经校正的图像，因此它显示的结果只是辐射的相对测量值而不是辐射的绝对测量值。扫描仪必须经过辐射定标，才能获得精确的辐射信息。也就是使热扫描仪的输出亮度值与入射的辐射亮度值之间建立定量关系。辐射定标是指将接收的遥感数据，通常是灰度值，转换成实际的物理量（如辐射亮度、反射率等）。辐射定标有多种方法，如内定标法、相关定标法、转换定标法。

内定标法是在扫描仪内部附有两个温度参考源，一个为“最冷”，一个为“最热”，它们的温度被精确控制。对于每一条扫描线，热扫描仪先记录“最冷”参考源的辐射温度，然后扫描地面，最后再记录“最热”参考源的辐射温度，以便推算所记录的热红外图像的温度。内定标法不能计算大气效应，因此测量辐射温度的误差比较大。

相关定标法是通过建立实际地表的测量值与相应扫描数据之间的经验关系，来消除大气的影响。大气造成的误差会影响热红外图像的精确解译，完全校正大气影响所需要的信息是不可能做到的，通常用近似值或在已选择的时间和地点获取的基础样本，然后外推到其他地区进行估算。

转换定标法是通过建立不同传感器热辐射值之间的转换关系进行辐射温度定标。例如，利用 AVHRR4 的红外通道数据定标 TM6 波段的辐射值的关系模型为

$$R_{\mathrm{TM}} = 0.99255 \times R_{\mathrm{AVHRR}} - 4.10172 \tag{7.3}$$

传感器只记录了地物表面的热辐射状况，但水体或潮湿土壤的蒸发作用会使与大气接触的潮湿表层温度下降。因此，传感器探测到的表层辐射温度可能与土壤或水体的实际温度存在较大差异。

在多数情况下，热红外图像解译的是定性信息而不是定量信息。定量解译是热红外遥感研究中的重要问题。专业的解译员需要对热红外图像的解译、成像系统、各种地物的热特性以及成像时间有深入的了解，以便从热红外图像中提取大量有用的辐射信息。尽管这些信息并不代表地面的精确温度，但仍具有重要的应用价值。

7.2.3　热图像的成像时间

热红外图像的成像时间非常重要。不同的研究目的和主题，最佳的成像时间也不同，因为地物的日温度是变化的。图 7.4 显示了一天 24h 内不同土地覆盖类型（沙地、草地、林地、湖泊）的相对辐射温度变化曲线。从曲线看，黎明前各条温度曲线坡度较小，近于均衡状态，温度相对恒定；黎明后，这种均衡状态被打破，沙、草、林、水均温度升高，在午后达到峰值，地物间的最大温差也往往出现在此时，以后地物温度降低。各条曲线均在黎明（日出）后和黄昏（日落）前变化最快，尤其是沙地（土壤/岩石的代表类别）曲线。而温度峰值及温度变化速率均能提供一些关于物质类型和条件的有用信息，例如，水的热容量大，晚上冷却慢，白天升温慢，其温度曲线表现为一方面温度变化范围相比土壤/岩石的曲线要小，另一方面它到达最大温度的时间较沙、草、林等物质要滞后 1～2h，因而白天水温比周围地面温度低，而晚上，水温较周围地面温度高。仅在黎明后和日落时，位于各曲线交叉点时，水和其他物质间辐射温度无差异。一般说来，黎明前（在午夜 2:00～3:00）的热红外图像（图像 1 处）多反映一天中的最低温度；而午间 14:00 左右的热红外图像（图像 2 处），多反映一天中的最高温度，因而多采用这两个时段热红外成像的温度数据，构成日温差最大值，可以估算物体的热惯量，进行热制图。

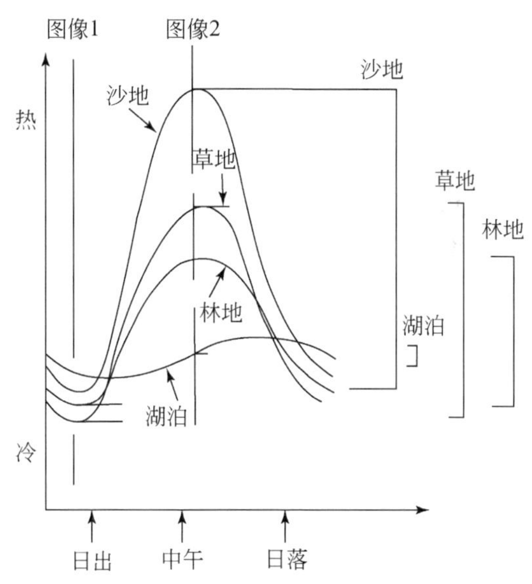

图 7.4　地物的日相对辐射温度变化曲线
（赵英时等，2013）

由于晚上成像可以克服白天成像的阴影等问题，许多地质学家更偏爱用黎明前的热红外图像。它可以提供长时间适宜而稳定的温度，且“阴影”和坡向效应最小，便于地层、构造的识别。虽然黎明前物体温度较稳定，但不同物体间的热反差较低，不利于解译图像地物类

别。但夜间作业中存在飞机导航、寻找地面参照物困难等问题，因而热红外成像时段的选择，还需要根据研究目的、区域特点、日温度变化及其他因素等全面考虑而定。

7.2.4　热图像的成像波段

热红外遥感主要选用 3～5μm 和 8～14μm 两个光谱段。在 3～5μm 波谱区，传感器可以同时记录反射及发射的热辐射；在 8～14μm 波谱区的传感器主要记录了地物自身的热辐射能量。但白天的热红外图像上，往往由于太阳直射光的方向性，不同方向的物体如树、建筑物、地形等接受不同的太阳辐射量而形成热“阴影”，尤其在图像中温度较低的区域内，这种热阴影更加明显。这种热阴影在图像解译中有时是有用的，它有助于目标识别和地形感的加强，但也使热红外图像分析更加复杂。

7.2.5　常见地面的热特性

一般地面白天受太阳辐射的照射，温度较高，呈暖色调。夜间地面散热，温度较低，色调呈冷色调。这种温度的日变化大小取决于地面地物的热惯性。

水体的热惯性大，对红外几乎全部吸收，自身辐射的发射率高，昼夜温度变化幅度较小。因此在白天成像的热红外图像上，水呈现为比周围地物温度低的冷色调（暗色调），夜间成像的热红外图像上，水又呈现为比周围地物温度高的暖色调（亮色调）。因此水体成为热红外图像解译的标志性地物。

海岸地带为水陆分界明显的区域，夜间或黎明前水体比陆地暖，为浅色调；午后水陆温度差异最小，图像色调差异不明显。一天中陆地的亮度变化幅度要小些，而水体的变化幅度很明显。

因为水分蒸发时存在的冷却效应，湿地昼夜均比干燥地面冷。

植被在夜间辐射温度比周围地物高，热红外图像上为暖色调（浅色调），而白天的热红外图像上为冷色调（暗色调），这是由于白天植被水分的蒸腾作用降低了叶面温度，植被升温不如周围地物快。不过针叶林有些例外，因为其树冠的针叶丛束的合成发射率高。

农作物覆盖区，热红外传感器探测到的是土壤上农作物的辐射温度，而不是土壤本身，因此夜间图像上为暖色调。如果覆盖的是干燥的作物，作物隔开了地面，使之保持了热量，从而造成农作物区夜间也呈暖色，与裸露土壤的冷色调形成对比。

城市地区的水泥下垫面，白天受太阳辐射加热比周围地物升温快，为暖色调，而夜间因散热较慢，仍保持比周围郊区温度高的暖色调。

许多干燥的土壤和岩石都是白天迅速吸收热量，晚上迅速释放热量，而湿度能对土壤和岩石的热容量产生很大的改变。因此，热红外成像技术能非常有效地监测土壤和岩石等地物湿度的变化。

7.2.6　热图像的解译

热图像是由热红外扫描仪扫描得到的，它通过黑白色调的变化来描述地面景物的热反差。图像色调深浅与温度分布是对应的（图 7.5）。通常比较明亮的（白色和亮灰色）代表温度比较高的地物；比较暗的（暗灰色和黑色）代表温度比较低的地物。

对热红外图像的解译必须首先确定：①图像是正片还是负片；②图像获取的时间是白天还是夜间，因为白天和夜间的地表热状况（热景观）是完全不同的。

其次，热红外图像记录的是地物的热辐射温度，反映地物辐射能力的大小（或发射率大小），并不能直接转化为地表的温度。相同色调的地物，可能具有完全不同的地表温度。相同表面温度的地物，可能具有不同的色调。根据热红外图像定量计算地面温度是当前热红外遥感定量研究的重点问题，已有不少学者通过地物发射率大小、传感器定标数据、大气校正等研究，进行了反演温度的计算工作，已取得了一定的成果，如 Landsat TM6 波段的温度反演（陈良富等，1998）。

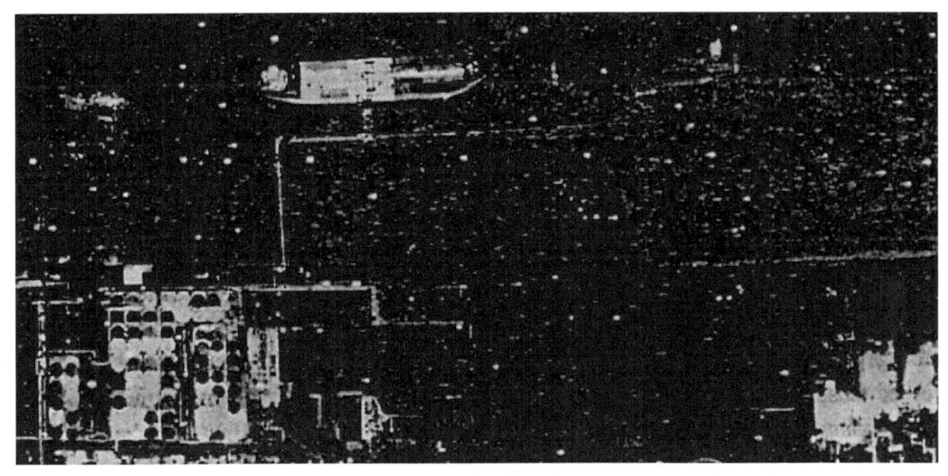

图 7.5　热图像

7.3　热容量制图系统

热容量制图系统是专门用来评估地物温度变化的卫星系统，简称为热容量制图卫星（heat-capacity mapping mission，HCMM）（服务时间：1978 年 4 月至 1980 年 9 月），其轨道观察值由地表不同点每日的温度变化周期而定，为不同地表面热惯性研究提供依据。该卫星运行轨道为太阳同步，高度为 620km，经过赤道上空时间是下午 2:00，经过北纬 40° 的时间是下午 1:30，以及凌晨 2:30。这些时间观察点为研究地球昼夜热变化规律提供了便利（图 7.6）。一般上午日出前的时间段成像，能提高地表地物热辐射对比度，但卫星轨道限制了成像时间。HCMM 携带的辐射计采用两个波段，一个波段在反射红外波谱区域，从 0.5～1.1μm，空间分辨率大约 500m，另一个波段是在热红外区域，从 10.5～12.5μm，空间分辨率大约 600m。图像的地面宽度大约为 716km。

美国国家航空航天局的哥达德空间飞行中心接收并处理 HCMM 数据，并对热图像进行几何纠正和热量校准。这些热图像能进行地面区域的热惯量制图，但在一定间隔时间内，通道之间的大气状况是有变化的，而且所测温度受到云的遮盖、风、地表蒸发和大气水汽的影响，因此测得的往往是地面的表观热惯量，而不是真实热惯量。表观热惯量又称为相对热惯量，通常情况下是所测热惯量受到云的遮盖、风、地表蒸发和大气水汽的影响后的热惯量。目前 HCMM 的档案文件由美国空间科学数据中心维护，为许多中纬度地区提供地面覆盖热惯量信息（包括北美洲、大洋洲、欧洲和北非）。

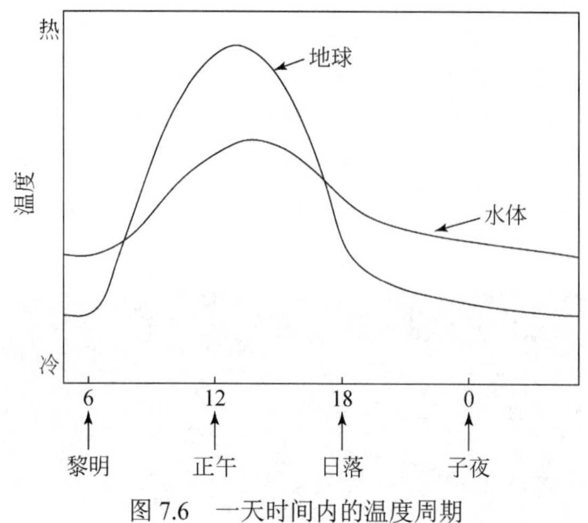

图 7.6　一天时间内的温度周期

7.4　Landsat TM 热红外数据

热红外遥感数据主要由 TM 和 MSS 提供。Landsat 的早期卫星设计了一个热红外通道（MSS8），波段范围为 10.4～12.6μm，用于探测地物的热辐射特性。早期由于热探测器的敏感度不高，MSS8 数据的空间分辨率比可见光和近红外波段低很多，MSS8 为 237m，而可见光和近红外波段为 79m。随着热传感器的老化及其他技术问题，MSS8 热成像系统停止工作。因此，MSS8 提供的热红外图像用于相关的分析研究就很有限。

Landsat TM6 为热红外波段，波长范围在 10.4～12.5μm。相对于其他的 TM 波段，其辐射测量敏感度和空间分辨率（大约 120m）都较低。但 ETM6 的空间分辨率已有很大提高，达到了 60m。Landsat-8 和 9 提供的 TISR 热红外数据有两个波段，波长范围为 10.6～11.2μm，11.5～12.5μm，空间分辨率为 100m。

热红外波段的遥感数据（Landsat TM），目前有三种算法可以进行地表温度反演，分别是：大气校正法、Jiménez-Munoz 等的单通道算法和覃志豪等（2005）的单窗算法。这三种算法都要在地表发射率已知的情况下进行。

（1）大气校正法的基本思路是：首先利用与卫星过空时间同步的实测大气探空数据（或者使用大气模型：如 MODTRAN，ATCOR 或 6S 等）来估计大气对地表热辐射的影响，其次把这部分大气影响从卫星高度上的传感器所观测到的热辐射总量中减去，从而得到地表热辐射强度，最后把这一热辐射强度转化为相应的地表温度。该算法在实际应用中比较困难，因为除了计算过程复杂之外，它要求提供比较精确的实时大气剖面数据以进行大气模拟，而对于大多数研究区而言，这些数据通常是比较难以获得的，从而也就限制了该算法的广泛使用。

（2）单通道算法（single-channel method）是由 Jiménez-Munoz 和 Sobrino 在 2003 年提出的，它可以仅依靠一个热波段来反演陆地表面温度。这种方法选用卫星遥感的热红外单通道数据，借助于卫星遥感提供的大气垂直廓线数据（温度、湿度、压力等），结合大气辐射方程计算大气辐射和大气透过率等参数，以修正大气对比辐射率的影响，从而得到地表温度。单通道法需要已知地表发射率、大气廓线，并需要有一个精确的辐射模型。

对于 Landsat TM6，其计算公式为

$$T_S = \gamma \cdot \left(\frac{\varphi_1 L_{sensor} + \varphi_2}{\varepsilon} + \varphi_3 \right) + \delta \tag{7.4}$$

式中，T_S 为陆地表面温度；L_{sensor} 为卫星高度上遥感传感器测得的辐射强度[W/(m^2 •sr •μm)]；ε为地表发射率；γ、φ_1、φ_2 和φ_3 为中间变量；δ为误差参数。

（3）单窗算法（Mono-window Algorithm）是覃志豪等根据地表热辐射传导方程，推导出一个简单易行并且精度较高的演算方法，把大气和地表的影响直接包括在演算公式中。该算法需要用地表发射率、大气透射率和大气平均温度 3 个参数进行地表温度的演算。验证表明，该方法计算的地表温度偏高。当参数估计没有误差时，该方法的地表温度演算精度小于 0.4℃，在参数估计有适度误差时，演算精度仍可达到小于 1.1℃。因为该方法适用于仅有一个热波段的遥感数据，故称为单窗算法。利用 Landsat TM6 波段数据反演地表温度的计算公式为

$$T_S = \frac{\{a(1-C-D)+[b(1-C-D)+C+D]T_6 - DT_a\}}{C} \tag{7.5}$$

式中，T_S 为地表温度（K）；a 和 b 为常量，分别为−67.355351 和 0.458606；C 和 D 为中间变量，$C=\varepsilon\tau$，$D=(1-\tau)[1+(1-\varepsilon)\tau]$，其中，$\varepsilon$为地表辐射率，$\tau$为大气透射率；$T_6$ 为卫星高度上传感器所探测到的像元亮度温度（K）；T_a 是大气平均作用温度（K）。

7.5　热红外遥感数据应用

热图像已被成功地应用于许多领域。

（1）区域地质、水文地质、地热调查。岩石粒度、密度、粗糙度、空隙度、含水性、颜色等直接影响其发射率和热力学性质，且地质体的热惯量决定了其表面温度，因此可以根据其表面状态与热学性质来区分岩性、构造，寻找放射性矿、煤、油气、热泉等。

（2）土壤水分研究。由于地表温度与地表水分含量相关，热红外图像对地表水分含量等信息反应敏感，可用于土壤分类、土壤水分反演、作物旱情监测、地表水热过程研究等。

（3）环境污染监测。烟尘，使地面蒙上“薄纱”，影响探测器记录，而形成冷异常；油污染，因油膜辐射率低于水而呈冷异常；热污染，包括工业热流、热管道及建筑物的热泄漏、污水热异常、城市热岛效应监测等。

（4）灾害调查。森林火灾监测，热红外图像可清晰显示出林区、山脉、河流、公路以及着火点、火线的位置、形状，火情的范围等；地下煤层自燃，即地下煤层受阳光照射后，氧化发热，聚热增温，最后达到自燃。这种自然现象在我国北部煤田较为普遍。自燃区往往温度高于正常区 12～250℃，地表也出现热异常区，煤层上面岩石在高温中烘烤而呈现紫红色系列的烧变岩，一般可以采用热红外图像及彩红外像片结合的遥感方法进行调查。此外，可对火山活化、地震临震前的热异常等灾害进行监测。

（5）海洋调查。包括海流、渔情、海冰、滩涂等。

热红外图像是一类重要遥感数据，它所表达的信息从其他类型的遥感图像中不容易获得。不同土壤、岩石等表面物质，其热特征差异可反映在热红外图像上，而这些信息在其他类型的遥感图像中是没有的。由于水的热特性很特别，热红外图像上对地面环境的湿气非常敏感，湿气通常又作为区分土壤和岩石类型的依据。

热红外数据在使用过程中，与其他遥感图像一样，存在辐射和几何畸变。利用热红外图像进行详细的温度定量解译是不容易的，除非掌握了地物发射率的详细信息、图像的获取时间、大气影响等。由于热红外图像与真实的景观有很大的区别，解译热图像时常常需要使用

航片找出熟悉的地标。与其他遥感数据，如地球资源卫星数据、航空数据等相比，现有的热红外图像数量是较少的，要购买到合适的热红外图像数据相对是比较难的。

在进行热图像解译时要注意，先判断后解译：先判断图像是正片还是负片，是白天还是夜间成像。一般对正片而言，温度高的地物，颜色比较浅，温度低的地物，颜色较深；负片反之。同时，判断热图像的成像时间需要依靠水体作为热特征的标志地物，这是由于水本身昼夜温差小，当热红外图像上“它”比周围地物看上去“暖”时，该热红外图像必为夜间成像，反之为白天成像。

思 考 题

1. 简述热红外图像成像时间和季节的重要性。
2. 利用热红外图像研究海岸带环境需要考虑的重要因素有哪些？
3. 利用热红外图像研究地球表面的地理热景观和人为热景观初步成果对地球热平衡研究很有价值，说明热红外图像在其中应用的重要方法和步骤。
4. 热红外图像虽然并不能测定地表的真实温度，但对许多科学研究有重要意义，为什么？请辨析真实温度、辐射温度、亮度温度的概念。
5. 说明利用热红外图像确定地面真实温度的重要性。
6. 为研究城市居住区热耗散而进行的热红外航空成像时需要考虑的重要因素有哪些？
7. 简述热红外图像在农业估产研究中的应用，说明其基本原理是什么。
8. 热红外图像在城市景观研究中的应用有哪些？并举例。
9. 地表白天受太阳辐射，温度较高，在热红外图像上呈亮色调，那么水体和植被在白天呈亮色调吗？为什么？

第 8 章　高光谱遥感

前面介绍的遥感数据均是利用传感器数个较宽的光谱通道而获得的，例如，SPOT 的 HRV，Landsat 的 MSS 和 TM 分别提供了 4 个、4 个和 7 个光谱通道。而本章介绍的高光谱遥感则是基于许多很窄的光谱通道而进行的遥感，例如，AVIRIS 能获得 224 个通道的光谱反射率数据，每个通道波段宽仅约10nm。从影像光谱分辨率的角度来说，高光谱遥感就是指高“光谱分辨率”的遥感。虽然高光谱遥感在空间成像原理和方式上与常规的多光谱光学遥感相似，但其在光谱成像方式、数据处理与应用、野外调查仪器与所需辅助数据集等方面存在一定差异，从而成为了遥感研究与应用的一个重要分支。

8.1　概　　述

遥感技术的发展经历了全色（黑白）摄影、彩色摄影、多光谱扫描成像 3 个阶段后，随着 20 世纪 80 年代初期成像光谱技术的出现，光学遥感进入了以高精细光谱分辨率为代表的高光谱遥感（hyperspectral remote sensing）阶段。一般认为，光谱分辨率在 $10^{-1}\lambda$数量级范围内的遥感称为多光谱遥感（multi-spectral remote sensing），光谱分辨率在 $10^{-2}\lambda$数量级范围内的遥感称为高光谱遥感，光谱分辨率在 $10^{-3}\lambda$数量级范围内的遥感称为超光谱遥感（ultra-spectral remote sensing）。成像技术和光谱技术交叉融合所形成的成像光谱技术，在获得观测目标空间信息的同时，还为每个像元提供数十个至数百个窄波段的光谱信息，实现了遥感影像光谱分辨率的突破性提高。一般高光谱遥感在可见光波段光谱分辨率为 5nm 左右，近红外波段光谱分辨率为 10nm 左右。

成像技术和光谱技术是两门不同的科学技术，前者针对目标的是空间维信息，而后者针对的是光谱维信息。传统的多光谱遥感可以获得观测目标的面上信息，即空间信息，但仅能获得少数几个离散波段的光谱信息，例如，Landsat TM 有 7 个波段、SPOT HRV 有 4 个波段，这些宽波段光谱信息往往无法满足生物地球化学循环、植被生物量估算、精准农业、矿产资源探测、环境监测等对观测目标具有更高光谱要求的研究和应用的需要。此外，以超精细光谱分辨率为特点的地面光谱辐射计虽能获得目标详尽的光谱信息，但只能进行点上的光谱测量，无法成像。成像光谱技术将传统的二维成像遥感技术与光谱技术有机地结合在一起，有效地解决了传统科学领域“成像无光谱”和“光谱不成像”的矛盾。

与传统多光谱遥感相比，高光谱遥感最显著的特点就在于其波段数目多、波段宽度窄、波段分布连续、光谱分辨率高。例如，美国航空可见光/红外光成像光谱仪（airborne visible/infrared imaging spectrometer，AVIRIS）在 380～2500nm 范围内拥有 224 个波段，波段宽度达到 9.7～12.0nm；加拿大小型机载成像光谱仪（compact airborne spectrographic imager，CASI）在 430～870nm 范围内有 288 个波段，波段宽度仅为 1.8nm；我国自行研制的推扫式高光谱成像仪（pushbroom hyperspectral imager，PHI）在 400～850nm 范围内有 244 个波段，光谱采样间隔仅为 1.86nm，光谱性能指标达到国际先进水平。

“图谱合一”是高光谱遥感的另一鲜明特点。若将高光谱影像的光谱维表示成与二维图像空间相垂直的 Z 轴，即以波长为单位排列，则整个影像可以看作一个“影像立方体”（图

8.1）。对于影像上的每一个像元，其纵剖面就是一条连续的光谱曲线，实现了空间信息（图）和光谱信息（谱）的有机结合。

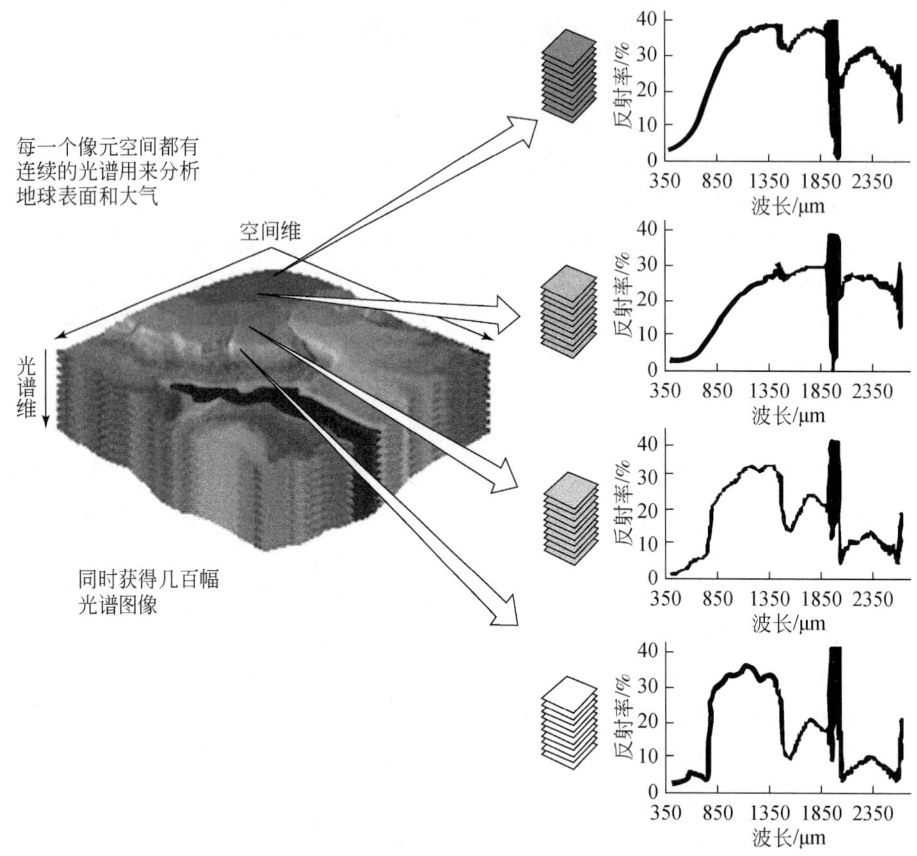

图 8.1　成像光谱仪获得的“影像立方体”示意图

从图 8.1 中可以看出，每一个像元都能产生一条连续的光谱曲线，不同类型的湿地和植被群落（贫瘠湿地/肥沃湿地、羊胡子草群落/越橘群落）在一些特定的波段处反射率存在细微差别，而这些差异在宽波段遥感图像中是无法区分的，这体现了高光谱遥感在地物识别方面特有的优势。

8.2　高光谱遥感原理

8.2.1　高光谱遥感的基本概念

高光谱遥感是将光谱技术和成像技术相结合的多维信息获取技术。

随着光谱技术和遥感技术的发展，20 世纪 80 年代建立了成像光谱学（imaging spectroscopy）。成像光谱学是一门在电磁波谱的紫外、可见光、近红外和中红外区域，获得许多非常窄且光谱连续的图像数据的科学。这种窄且连续的光谱图像主要通过成像光谱仪来获取，该仪器能为每个像元提供数十或数百个很窄波段（通常波段宽＜10nm）的光谱信息，从而产生一条完整且连续的光谱曲线。

8.2.2　高光谱遥感的特点

高光谱遥感基于许多很窄的光谱通道进行对地观测。如图 8.2 所示，SPOT-HRV，Landsat TM 和 IKONOS 这些遥感系统分别提供了 4 个、7 个和 5 个光谱通道。而 AVIRIS 高光谱传感器，能提供 224 个光谱通道，其中每个波段宽仅有约 10nm。

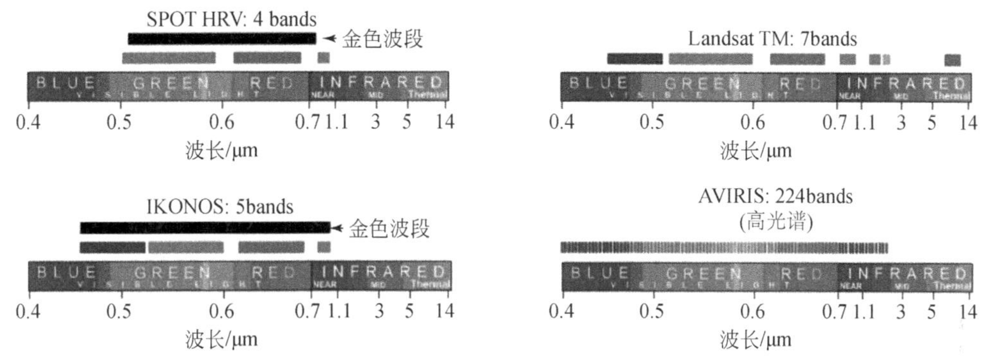

图 8.2　高光谱遥感探测波段与多光谱遥感对比

从图 8.2 中可以看出，除了两者的波段宽度存在明显差异外，在波段的分布上多光谱遥感没有像高光谱遥感那样连续覆盖电磁波谱中的可见光至红外范围，而是呈不连续的离散分布。

成像光谱仪的问世，使本来在宽波段遥感中无法区分或识别的物质，在高光谱遥感中能被探测出来。研究表明，许多地物的光谱吸收特征在其吸收峰深度一半处的宽度仅为 20～40nm。由于成像光谱系统获得的连续波段宽一般在 10nm 以内，足以区分出那些具有诊断性光谱特征的地物，这一点在地质矿物分类及成图上具有广泛的应用前景。宽波段遥感由于波段宽度一般大于 50nm，尤其在短波红外和中红外区域甚至达到数百纳米，远宽于许多地物的光谱吸收特征，且在光谱上不连续，无法探测这些具有诊断性光谱特征的物质。

成像光谱技术作为高光谱遥感的基础，集成了成像技术和光谱技术领域诸多重要成果。自 20 世纪 80 年代第一台成像光谱仪问世以来，这种能够获得二维空间上高光谱分辨率遥感影像数据的新型传感器得到了广泛的应用，其技术也在不断地改进。由于高光谱遥感所采用的成像光谱仪是集探测器技术、精密光学机械、微弱信号探测、计算机技术、信息处理技术等于一体的综合性技术，其中每个技术的发展都会推进成像光谱技术的提高，推广高光谱遥感的普及和应用（杜培军等，2016）。

8.3　高光谱遥感的传感器

成像光谱仪按其搭载的平台，可分为机载成像光谱仪和星载成像光谱仪。自第一台成像光谱仪 AIS-1 问世以来，随着 AVIRIS、CASI 等各种成像光谱仪的相继研制成功和投入使用，极大地推动了高光谱遥感技术和应用的发展。2000 年底，NASA 地球观测 1 号（EO-1）卫星携带高光谱遥感传感器 HYPERION 发射升空，其所拥有的 30m 空间分辨率和高光谱分辨率（在 400～2500nm 范围内共有 220 个波段）相得益彰，成为新一代航天成像光谱仪的代表。

8.3.1　成像光谱仪的工作原理

图 8.3 所示的是掸扫式成像光谱仪的工作原理。目标地物的电磁辐射通过透镜的光栅系统分光成大量具有特定狭窄波长范围的光束，矩阵排列的 CCD 元件感应这些光束后成像。CCD 面阵中每列 CCD 元件的个数与分光后的波段数一致。由于成像光谱仪的波段宽度非常小（只有若干纳米），波段几乎是连续的，其图像上每个像元均呈现连续的光谱曲线（图 8.3）。对于单波段遥感而言，扫描完后直接得到一幅灰度遥感图像；对于多波段遥感，得到与波段

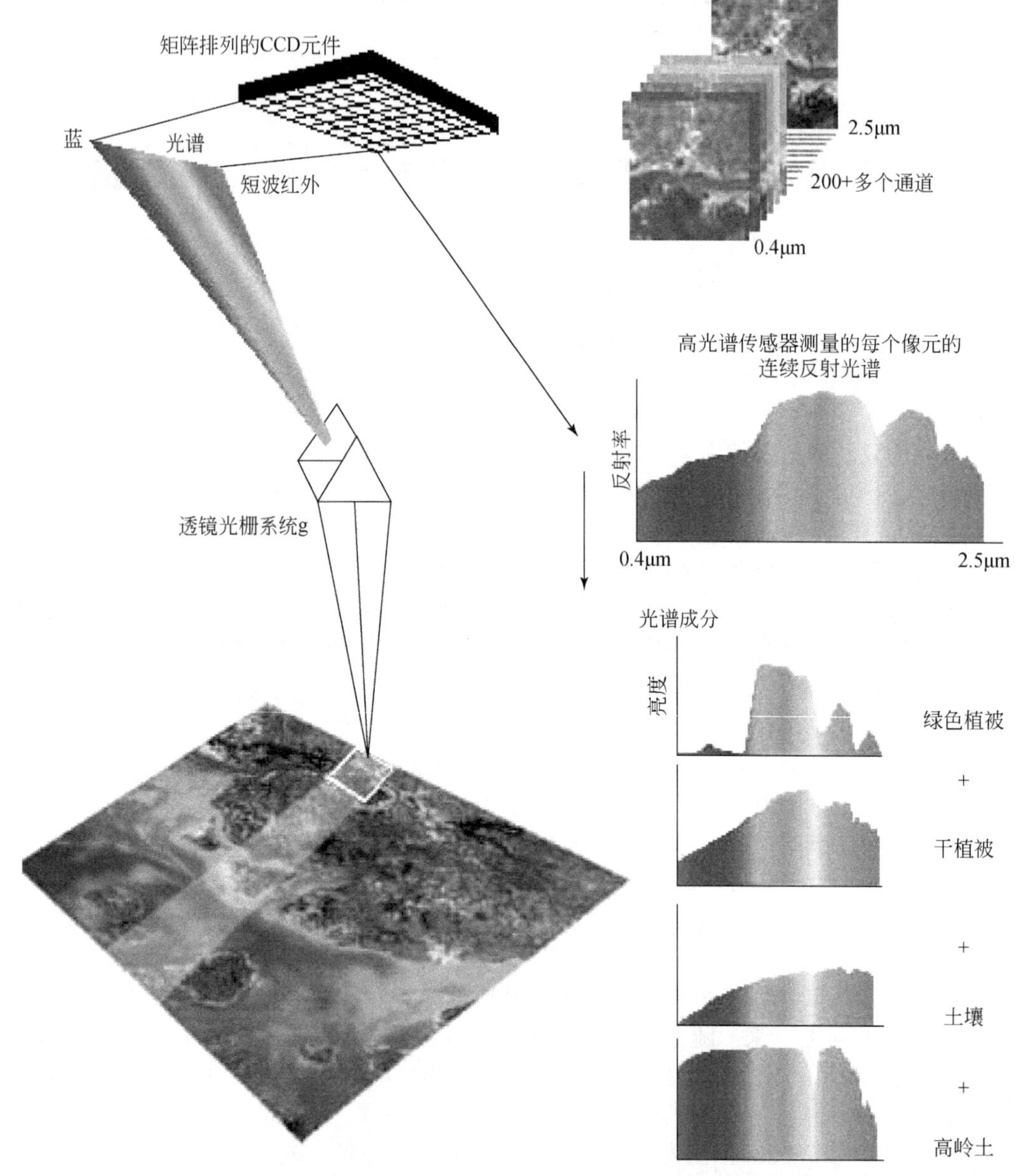

图 8.3　掸扫式成像光谱仪的工作原理（浦瑞良和宫鹏，2000）

数目相同的若干幅不同波段的灰度遥感图像；而对于拥有数百个波段的高光谱遥感而言，数百幅不同波段的遥感图像层叠起来就形成了如图 8.1 所示的影像立方体。

8.3.2　几种成像光谱仪简介

20 世纪 70 年代末是成像光谱概念形成初期，美国航天飞机搭载的多光谱红外辐射计 SMIRR 首次从空间轨道上直接鉴别了黏土矿物和碳酸盐矿物。1983 年，世界上第一台成像光谱仪 AIS-1 在美国研制成功，并在矿物填图、植被生化特征等方面取得了成功，显示出了高光谱遥感的魅力。20 世纪 80 年代末到 21 世纪初，许多国家都先后研制机载成像光谱仪，如美国的 AIS-1、GERIS、MIVIS、DAIS-7915、HYDICE、Probe、TEEMS、SEBASS，加拿大的 FLI/PML、CASI、SASI、TABI，德国的 ROSIS，澳大利亚的 Geosan Markll、HyMap，以及法国的 IMS。同时，星载成像光谱仪器也蓬勃发展，如美国的 MODIS、EO-1、Might-Sat，美日合作的 ASTER，欧空局的 CHRIS、ENVISAT，澳大利亚的 ARIES，日本的 ADEOS-2，以及中国的 GF-5、珠海一号等。经过 20 世纪 80 年代与 90 年代的发展，一系列高光谱成像系统在国际上被研制成功并在航天航空平台上获得了广泛应用。到 20 世纪 90 年代后，在高光谱遥感应用上一系列重要的技术问题，如高光谱成像信息的定标、定量问题，以及成像光谱图像信息可视化及多维表达问题，图像与光谱的变换和光谱信息的提取、大量数据信息的处理、光谱的匹配和光谱的识别、分类等问题基本解决之后，高光谱遥感由实验研究阶段逐步转向实际应用阶段，并且技术发展方面由以航空系统为主开始转向航空和航天高光谱分辨率遥感系统相结合的阶段。至今为止国际上已有许多种航空成像光谱仪处于运行状态，在实验研究及信息的商业化方面发挥着重要作用。

1. 航空可见光/红外成像光谱仪

美国喷气推进实验室（JPL）研制的航空可见光/红外成像光谱仪（AVIRIS）是第一代航空高光谱遥感传感器 AIS 的更新替代品，是高光谱遥感领域中最著名的成像光谱仪之一，在植被监测、地质勘探、矿产调查等诸多领域发挥了重要的作用。AVIRIS 探测的光谱范围是 0.4～2.45μm，形成 224 个约 10nm 宽的光谱通道。因为 AVIRIS 探测的光谱范围比较宽，所以探测器被配置在 4 个分开的面板上，分别探测 4 个波段范围，即 0.4～0.7μm，0.7～1.3μm，1.3～1.9μm，1.8～2.5μm，每个面板均独立进行校准（图 8.4）。

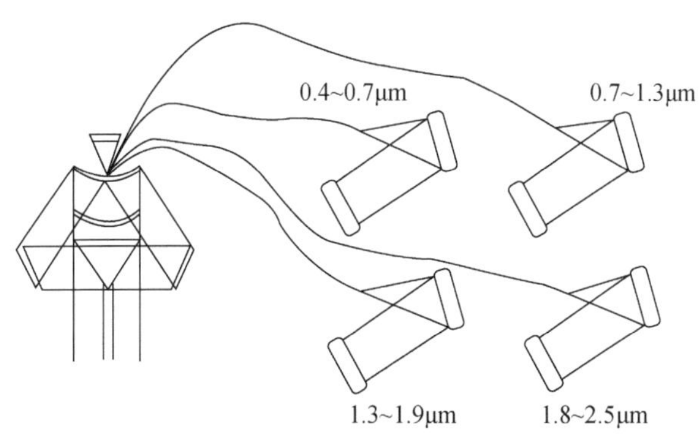

图 8.4　AVIRIS 传感器内部结构示意图

在一般的高空平台上，AVIRIS 的扫描幅宽为 11km，像元分辨率约为 20m，而在低空平台上，像元分辨率可达 4m。

2. 小型机载成像光谱仪

小型机载成像光谱仪（CASI）是一款加拿大研制的机载商用成像光谱仪，1990 年开始投入运行。CASI 轻型多光谱推扫式成像系统适用于航空遥感和实验室实验。

CASI 可用两种工作方式成像：多光谱方式和高光谱方式。当以多光谱方式工作时，可产生多达 19 个非重叠的波段和最多每行 512 个像元，而且其波段中心位置和波段宽度都可通过编程方式来控制。当 CASI 以高光谱工作时，可拥有高达 288 个波段覆盖可见光至近红外区域。表 8.1 列举了 CASI 仪器主要技术参数，其最新版本提供了一种结合多光谱和高光谱两种工作方式长处的“增强型光谱工作方式”，具有很强的应用前景。

表 8.1　CASI 仪器主要技术参数（浦瑞良和宫鹏，2000）

视场（横向）	35.4°	光谱范围	385～900nm
空间抽样	512 像元	光谱分辨率	2.2nm（650nm 处）
光谱抽样	288 波段	光谱采样间隔	1.8nm
信噪比（峰值）	420∶1	孔径	f/2.8～f/16.0
辐射精度	470～800nm，±2%	温度范围	5～40℃
	385～900nm，±5%	重量	55kg

3. 我国成像光谱仪系统简介

我国一直跟踪国际高光谱成像技术的发展前沿，并于 20 世纪 80 年代中、后期开始发展自己的高光谱成像系统。“七五”期间，中国科学院就主持了高空机载遥感实用系统的国家科技攻关计划，并由中国科学院上海技术物理研究所开发了多台相关的专题扫描仪，为我国研发具有自主知识产权的高性能高光谱成像光谱仪打下了坚实的基础。“八五”期间，新型模块化航空成像光谱仪（MAIS）的研制成功，标志着我国航空成像光谱仪技术取得了重大突破。此后，我国自行研制的推扫式高光谱成像仪（PHI）和实用型模块化成像光谱仪系统（OMIS）在世界航空成像光谱仪领域占据了重要地位，代表了亚洲成像光谱仪的最新技术水平，多次参与国际合作项目，赴国外执行飞行任务。2018 年 5 月 9 日发射的高分五号卫星，搭载了中国科学院上海技术物理研究所研制的可见短波红外高光谱相机（AHSI），该相机是国际上首台宽幅宽谱高定量化水平的星载高光谱相机。在轨测试结论中指出，高分五号的 AHSI 载荷在河流、水库、湖泊等不同体量内陆水体的水华与水质监测、矿山矿物信息的精细提取与丰度定量等地质调查、植被生态与矿山环境精细分类监测等方面具备突出的在轨应用能力，在国内外遥感技术中处于领先地位。2019 年 9 月，由珠海欧比特宇航科技股份有限公司自主建设和运营的“珠海一号”高光谱遥感卫星成功发射升空。“珠海一号”空间分辨率为 10m，光谱分辨率 2.5nm，具有 256 个波段，幅宽达 150km，是中国国内幅宽最大的高光谱卫星，也是国内唯一完成发射并组网的商用高光谱卫星。其高光谱数据具备对植被、水体、海洋等地物进行精准定量分析的能力，已经在自然资源监测、环保监测、海洋监测、农作物面积统计，以及估产、应急管理、城市规划等重要领域得到了应用。

8.4　高光谱遥感影像分析

与传统遥感技术相比，具有图谱合一特色的高光谱遥感可以获得目标地物大量光谱维数据，因此其影像的处理和分析往往集中于对光谱维信息的提取和定量分析。传统遥感影像分析方法大多针对多光谱遥感影像，如果直接应用于高光谱影像分析上，不仅会造成大量有用光谱维数据的浪费，甚至可能得到错误的分析结果。本节介绍针对高光谱遥感影像分析的一些概念、方法和技术，包括影像立方体、光谱数据库与光谱匹配，以及混合光谱分解技术。

8.4.1　影像立方体

影像立方体指将高光谱数据表示成三维图形，其中两个维度是由普通影像的行和列组成，第三维（z 轴）是由不同的光谱波段按波长长短依次叠加堆积而成。在图 8.5 中，立方体顶部的影像是由波长最短的波段所获得的影像，底部的影像是由波长最长的波段所获得的影像。介于两者之间的各个波段的影像位于立方体的中部。这样，单个像元沿立方体 z 轴的不同亮度值形成了一条连续的光谱曲线，用以描述每个像元所代表的地面光谱特征。

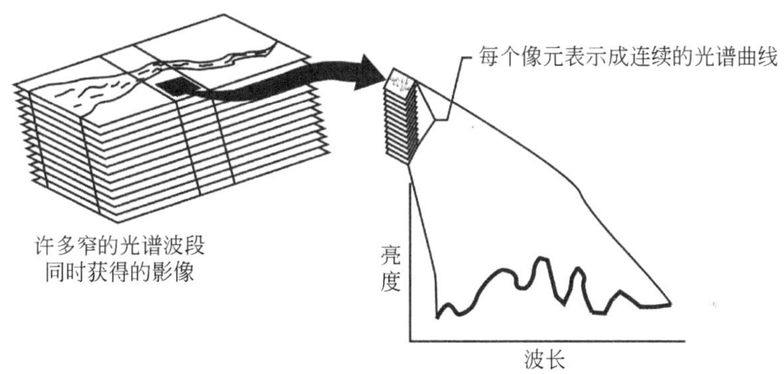

图 8.5　影像立方体

8.4.2　光谱数据库

高光谱遥感的发展离不开实验室和野外获得的大量实测光谱数据，这些数据以光谱数据库的形式组织起来，一般由政府机构和一些相关组织进行维护。光谱数据库集成了在不同地形和气候区等自然条件下，用地面光谱仪等专业仪器实测的各种地物光谱数据。库中还包括一些在实验室可人为控制条件下测得的矿物、植物叶片等光谱数据。

光谱数据库的光谱数据在遥感研究领域通常是公开的，美国喷气推进实验室（JPL）和美国地质调查局（USGS）等的部分光谱数据库已集成到一些高光谱遥感数据处理软件中，供用户使用。

此外光谱数据库中的每条光谱记录对应有测量的仪器、气象条件、周边环境等详细信息，这些辅助信息对于影像的分析和解译很有帮助。

8.4.3　光谱匹配

光谱匹配是将地物光谱与实验室测量的参考光谱进行匹配，或将地物光谱与参考光谱数据库进行比较，求得它们之间的相似性或差异性，以达到识别地物的目的。两种光谱曲线的相似性常用交叉相关曲线图来确定，有时也采用编码匹配技术来进行识别。

图 8.6 以流程图的形式简要说明了高光谱数据从获取到进行彩色合成显示和地物识别应用的一般程序。图 8.6 中①表示高光谱数据分析之前的预处理，去除已知的系统误差并进行校准，得到各波段大气层顶的反射率数据。②表示利用不同的大气纠正算法去除大气的影响，得到各波段的地表真实反射率。③表示经预处理后的原始高光谱数据形成 8.4.1 所介绍的影像立方体。④表示选取 3 个波段进行合成显示。⑤自动识别是指分析人员先用鼠标在影像上标记部分感兴趣像元或像元区域，然后计算机自动比较影像上其他像元的光谱特征与这些感兴趣像元之间是否具有相似性，并进行标注。⑥表示将计算机自动识别的区域与影像处理软件自带的光谱库进行光谱匹配，以确定该区域所属的地物类型。

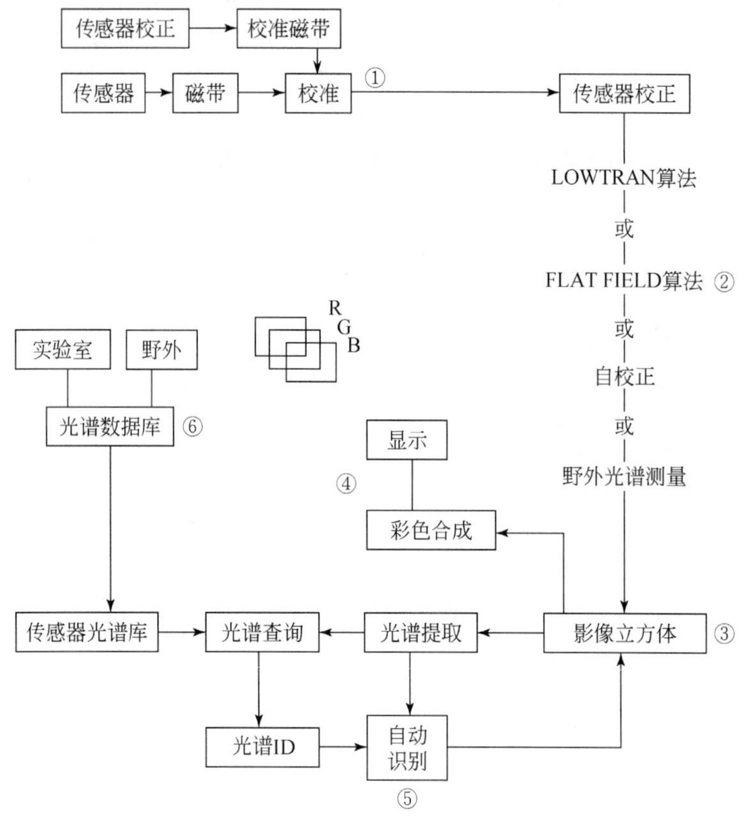

图 8.6　高光谱数据处理与分析的一般流程（Barr，1994）

下面介绍一个光谱匹配的具体应用实例。

图 8.7（a）是光谱数据库中两种地物的参考光谱，图 8.7（b）是 AIS 获得的 11 条实测地物光谱。与图 8.7（a）的参考光谱相对比后可以发现，前 3 条实测光谱曲线与 1 号参考光谱更为相似，可能为同种地物。而另外 8 条光谱曲线则与 2 号参考光谱更为相似，可能为同种地物。通过与光谱数据库中已知地物的参考光谱进行对比，可以进行地物类型的识别。对于波谱形态复杂的矿物而言，发展了一种基于二值编码的光谱匹配方法，根据不同波段的反射率大小，用 0 和 1 为整条地物光谱曲线进行二值编码（图 8.8），这种编码方法能较好地反映光谱曲线中峰和谷的特点，同时易于进行计算机自动匹配。

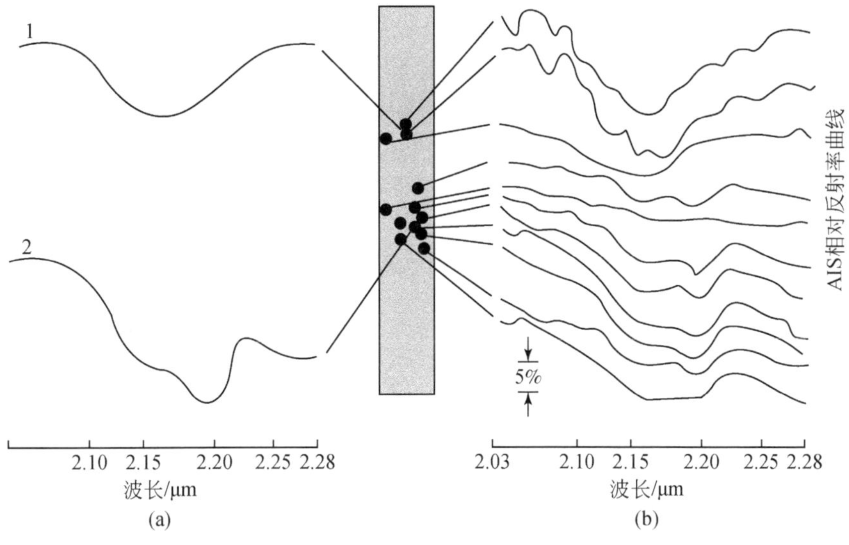

图 8.7　光谱库数据与实测高光谱数据比较

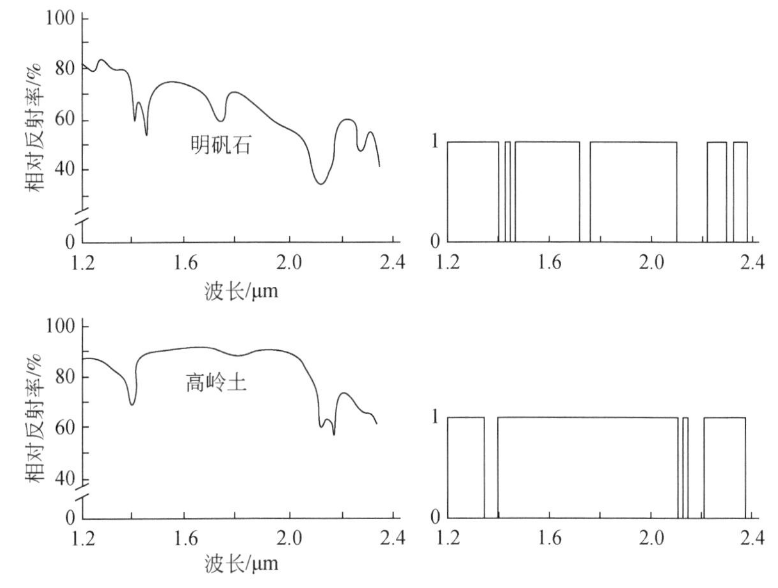

图 8.8　两种矿物光谱曲线二值编码（张良培和张立福，2005）

8.4.4　混合光谱分解技术

传感器所获取的地面反射或发射光谱信号是以像元为单位记录的。一个像元内仅包含一种类型，这种像元称为纯像元。一般而言，在一个纯像元［图 8.9（a)］内引入第二种地物成分就会影响该像元的光谱特征，如吸收峰的深度、宽度、面积、中心波长位置等。空间分辨率的提高有助于减少混合像元的出现概率，但由于地表的复杂性，光谱不“纯”的像元依然大量存在，多数情况下一个像元内往往包含多种地表类型，这种像元就是混合像元。混合像元记录的是多种地表类型的综合光谱信息。高光谱分辨率数据也不能克服遥感应用中长期存在的混合光谱问题。传感器记录的光谱值往往是多种地物的合成光谱，无法直接与光谱库中的纯地物光谱进行很好的匹配。在各种混合模式中，“线性混合”是最简单的一种，指传感器无法分辨的多种小地物光谱的线性合成，只要这些不同小地块的光谱能互不干扰地到达传感器，就可用线性方法通过像元亮度值估算不同地块的比例。线性混合一般发生在组成地面的各地块分布比较紧密的区域［图 8.9（b）］。“非线性混合”是另一种比较复杂的混合模式，指地表不同地物的光谱在到达传感器前，即在大气传输过程中，就已经合成的情况，一般地表各地块的分布比较分散时［图 8.9（c）］，容易发生非线性混合。此外，遥感器本身的混合效应也属于非线性混合。

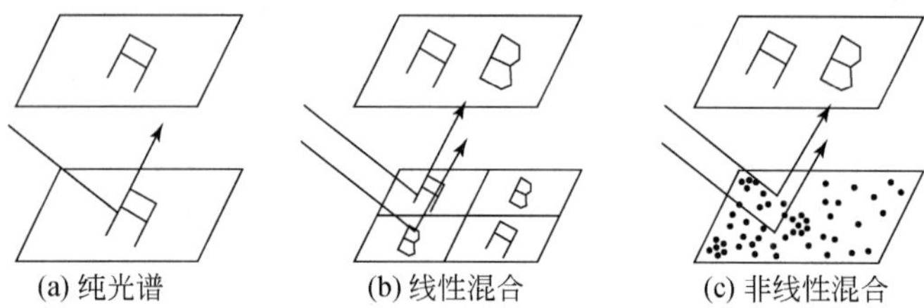

图 8.9　线性与非线性光谱混合（Campbell and Shepard，2002）

（a）如果在传感器分辨能力内某个像元代表的是地表均一区域，则像元表示的是纯光谱信息；（b）如果某个像元代表了地块内两种或两种以上的地表类型，且地块面积较大，此时在传感器处会发生线性混合，传感器无法分辨混合地表的模式，但能估计各地块所占光谱的百分比；（c）如果混合地块比较细碎，此时光谱混合在到达传感器前就已经发生了，而且混合成分无法用线性方法进行分离

混合光谱分析也称为光谱分离，是指从多种地物混合的复合光谱中提取纯光谱的过程。混合光谱分析首先假定像元光谱是由多种地物各自的光谱特征线性混合而成，同时假设能够识别构成混合光谱的这些地物组成，即这些地物本身的光谱特征已知。混合光谱分解是光谱匹配过程中一个重要的步骤，对高光谱影像中提取的像元混合光谱进行分解，然后用分解后的较纯光谱与实验室相应地物的理论光谱相比较，以便准确地识别像元中所包含的多种地物。而线性混合分解的目的是寻找图像覆盖区域的纯净地物（端元）光谱，并用于分解混合像元。混合像元分解的意义在于求出构成混合信号的不同地物组成，提高对混合像元的解译能力。传统的多光谱遥感影像数据受其光谱分辨率限制，只能将像元与大的特征类别进行匹配，而高光谱遥感影像的匹配则可以充分利用详细的光谱信息来更精细地识别地物，如不同含水量的土壤及岩石中特定的矿物成分等。

在进行光谱匹配前需要运用一定的技术使分析人员能将纯像元和混合像元分开，并进一步对混合像元中各地物成分所占比例进行估算。凸面几何学是解决此类问题的有效方法之一。为了便于说明其基本思路，图 8.10 只显示了二维的情况（即只选择两个波段），而该技术对高维问题（即包括大量波段的高光谱数据分析）更为有效。图 8.10（a）中的阴影部分是由遥感影像所有像元在波段 1 和波段 2 上的反射率所构成的散点图，A、B、C 三个点表示图中阴影部分边界上数据点群中的三个光谱值。从图 8.10 中可以看出，整个阴影部分可用三角形 ABC 来近似表示其大致形态，这是凸面几何学进行混合光谱分析的关键，即用最简单的凸几何形状（单形体）来反映数据点群的分布模式。除了三角形外，也可以用其他适合的形状来近似表示数据点群的分布情况。

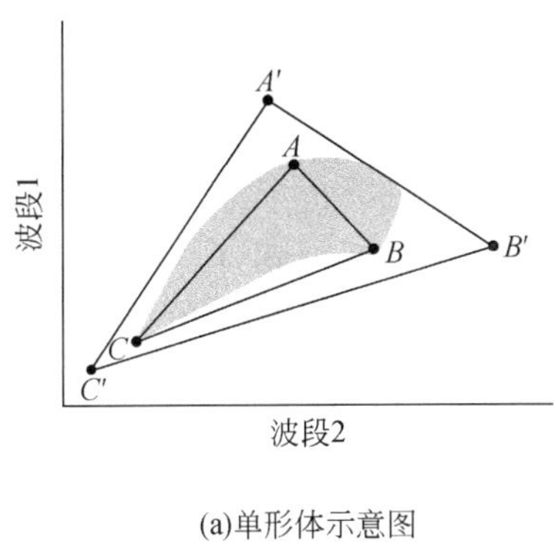

(a)单形体示意图

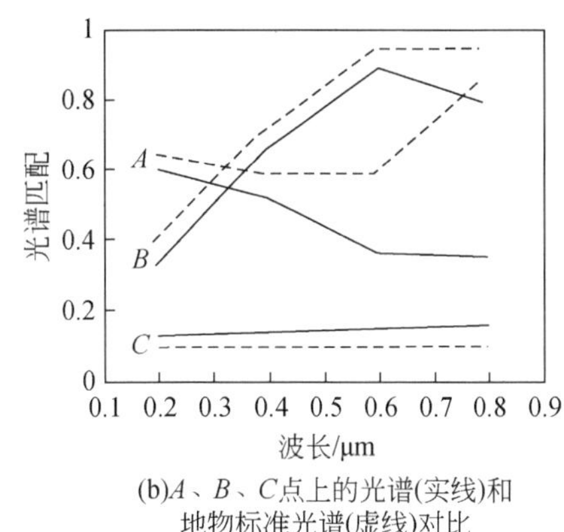

(b)A、B、C点上的光谱(实线)和地物标准光谱(虚线)对比

图 8.10　混合光谱分析（Tompkins et al.，1993）

图 8.10（a）中 A、B、C 三个点可以看作三个基本组分单元，称为“端元”（endmember），它定义为在数据点群内部组成各种像元混合的纯像元。在线性光谱混合模型中，一旦单形体确定下来，其内部像元就可以认为是其若干个端元的线性组合。A、B、C 三个观测点可以视为对理想光谱观测点 A′、B′、C′ 的逼近，但 A′、B′、C′ 可能是影像上无法观测到的点（真正的纯像元），只有在实验室可控条件下或利用野外光谱仪实测才能获取。

图 8.10（b）中三条实线分别代表 A、B、C 上的光谱曲线，而三条虚线则代表光谱数据库中与其相匹配的三种地物的参考光谱曲线。可见 B、C 两种组分与光谱数据库中的地物标准光谱匹配得相对较好，而 A 组分则相对差一些。虽然提取出的端元并不一定总能在光谱库中找到唯一的匹配，但这种处理方法可以缩小搜寻的范围，提高匹配的精度。

在确定了 A、B、C 三个端元所属的地物类型后，便可根据线性混合模型对图 8.10（a）中阴影部分所代表的混合像元逐一进行分类，即计算每个像元中 A、B、C 所代表的三种地物类型所占比例。

除了凸面几何学分析法外，最小二乘法、滤波向量法、投影寻踪法等算法也可用于混合光谱分解，这些算法都利用了影像像元具有大量光谱维信息的特点，充分发挥了图谱合一的高光谱遥感影像在目标识别方面的优势。

8.5　高光谱遥感的应用

地物的波谱特性主要取决于其本身的物理结构和内部化学组成，是遥感识别和分类的重要依据。与传统多光谱遥感相比，高光谱遥感所特有的高光谱分辨率不仅可以获得目标地物连续的光谱曲线，提高遥感定性分类的精度，还能根据地物特定波长处的反射和发射强度，估算出植物生物物理和生物化学参数、植被生物量、光合有效辐射、地表温度等定量信息。高光谱遥感的出现，加快了遥感从定性研究走向定量研究的步伐，在地质矿产、农林牧业和生态环境等领域都有广泛应用。本节主要介绍高光谱遥感技术在植被调查和地质调查方面的应用。

8.5.1　高光谱遥感在植被调查中的应用

植被覆盖了地球陆地表面 70%以上的面积，是陆地生态系统重要的组成部分，对地-气间的能量和物质交换起着至关重要的作用。绿色植物由于其叶片内部特有的物理结构和生化物质，具有特有的波谱特征。图 8.11 是绿色植物典型的反射波谱曲线。总的来说，在可见光区域（400～700nm），主要受叶绿素等色素的强吸收作用影响，反射率较低，且在绿波段处形成一个小的反射峰，这就是为什么肉眼看到植物呈绿色。在近红外区域（700～1300nm），由于植物体内部生化物质在该光谱区域没有明显吸收，且叶片内部特有的细胞结构造成多次散射效应，该区域反射率大大增加，可达 40%～60%。而在短波红外区域（1300～2500nm），主要受叶片内部液态水的强吸收影响，在 1400nm 和 1900nm 附近形成两个明显的吸收峰。

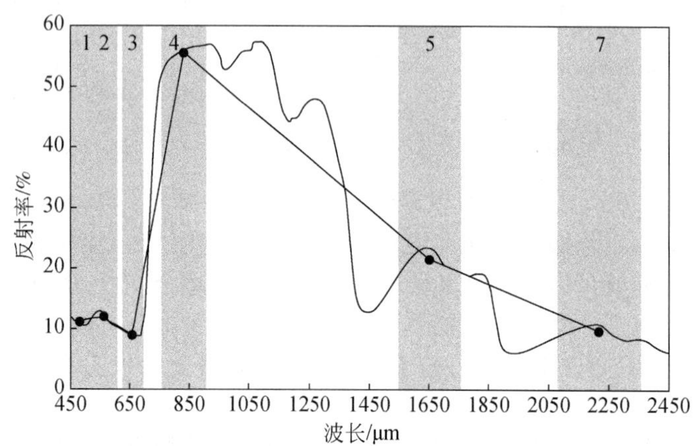

图 8.11　绿色植物典型反射波谱曲线

TM 与 IRIS 的植物波谱曲线比较

可见，植物的波谱曲线与其结构特征和内部生化物质密切相关。多光谱遥感在整个可见光至短波红外区域通常只有不到 10 个观测波段（如图 8.11 所示，TM 在该光谱区只有 6 个波段），且波宽较宽（图 8.11 中阴影），每个波段的反射率数据其实只是反映了该波段范围内的总体反射情况，无法获得特定波长处植物的光谱反射率及其随波长变化的细节。由于不同植物的波谱曲线具有明显的相似性，仅用单时相多光谱遥感影像往往难以识别更细的植物类型。而高光谱遥感凭借精细的光谱分辨率，可以获得目标植物上百个连续窄波段的反射率信息，全面掌握其波谱特征，可大大提高识别精度（施润和，2006）。

以植物叶片生化参数的定量反演为例，由于叶片不同波长处的反射特性与其内部生化物质的电子跃迁和化学键振动等过程关系密切，利用高光谱遥感获得的大量植物光谱维信息可进行植物生化物质含量的估算。该研究最早开始于二十世纪六七十年代，美国农业部的研究人员详细测定和分析了多种经干燥和研磨处理的植物叶片光谱，获得了可见光至短波红外区域 42 处与叶片生化物质相对应的吸收特征（Curran，1989）。用反射光谱估算干植物体内的蛋白质、木质素和淀粉的精度及可重复性已经能与传统的实验室分析方法相媲美。除了叶绿素、蛋白质、木质素、纤维素、淀粉等生化物质和氮、磷、钾等化学元素外，一些研究还利用植物高光谱数据估算碳氮比、糖氮比等组合因子，以及铅、铬等重金属微量元素的含量。

绿色植物的“红边”效应常用于植物健康状况监测和叶绿素含量估算。“红边”是指植物反射光谱从红波段的低反射迅速过渡到近红外高反射的那段光谱区域，通过其拐点所处的波长位置和斜率等参数来定量描述，是植物反射光谱曲线最典型的特征。当植物遭受病虫害时，其体内的叶绿素含量减少，红边位置会向波长较短的方向移动；当植物因缺水等叶片枯黄时，红边位置则会向波长较长的近红外方向移动；而当植物覆盖度增大时，红边的斜率也会随之增加。因此，利用高光谱遥感精细的光谱分辨率监测植物红边的变化可以及时反映植物健康状况。除红边外，还有一些波段对于蛋白质、氮、含水量等生化物质敏感，可用于监测植物是否遭受营养胁迫或水胁迫，以便采取有效措施。利用高光谱遥感影像获取整个农田生化物质含量和生物量的空间分布状况是目前高光谱遥感在精准农业领域研究和应用的前沿与示范之一。

8.5.2 高光谱遥感在地质调查中的应用

地质是高光谱遥感应用最成功的领域之一。在地质学领域，矿物中金属离子 Fe^{3+}、Fe^{2+}、Mn^{2+} 等的电子跃迁在可见光、近红外光谱区形成典型的光谱特征，矿物中官能团 OH^-、CO_3^{2-} 及 SiO 等化学键的振动在短波红外区形成一系列的吸收特征，这些诊断性的吸收特征构成了利用成像光谱识别矿物的理论基础（万庆余等，2006）。

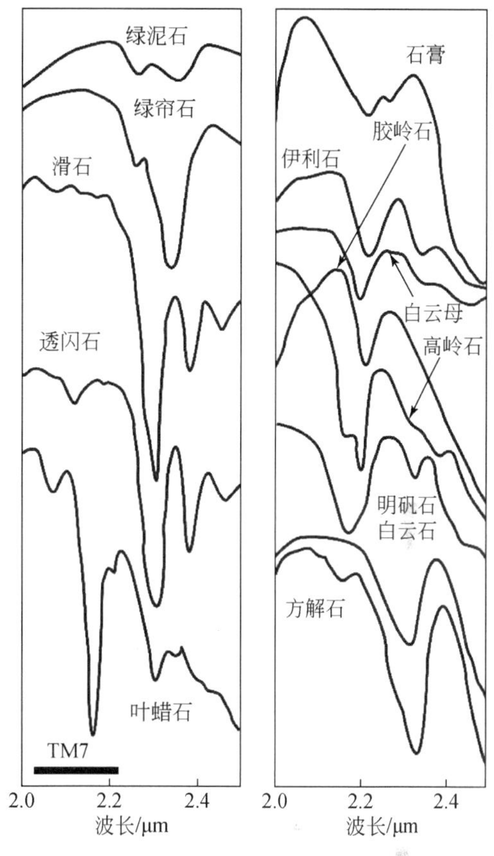

图 8.12　实验室测量光谱（Lillesand and Kiefer，1994）

光谱沿纵向错开以避免重叠；TM7 已标在图上

图 8.12 是一些矿物在 2.0～2.5μm 范围内的实验室测量光谱。从图 8.12 中可以看出，矿物光谱具有诊断性的吸收和反射特征，以区分不同矿物，而这些特征只有在高光谱分辨率的情况下才能充分体现出来（宽波段传感器 TM 在该区域只有一个波段 TM7）。

高光谱遥感在地质上的应用，主要是利用矿物的光谱吸收特征参数，包括吸收波段波长位置、深度、宽度、斜率、对称度、面积等吸收特征形态参数（图 8.13），从而对矿物进行定性分类和定量信息的提取，并可利用遥感的空间特性进行区域填图。

由成像光谱仪获得的高光谱遥感影像数据是地质调查中重要的空间数据源，以其实用性、时效性和丰富的光谱细节特征而广泛应用于地质调查和资源勘查。1983 年，美国 JPL 利用获得的 128 波段 10nm 光谱分辨率的 AIS 影像，在内华达州成功地进行了高岭石、明矾石等单矿物的光谱匹配识别，标志着遥感地质学从定性的岩性划分跨入了矿物成分直接识别的崭新阶段。20 世纪末期，美国、澳大利亚、加拿大、法国和芬兰等国将先进的成像光谱测量系统与地面光谱测量、航空磁测、航空放射性测量等工作相结合，进一步推动成像光谱矿物填图技术的发展。美国地质调查局（USGS）在矿物填图方面的研究更为深入，其填图技术不仅局限于单种矿物，还包括了混合矿物。

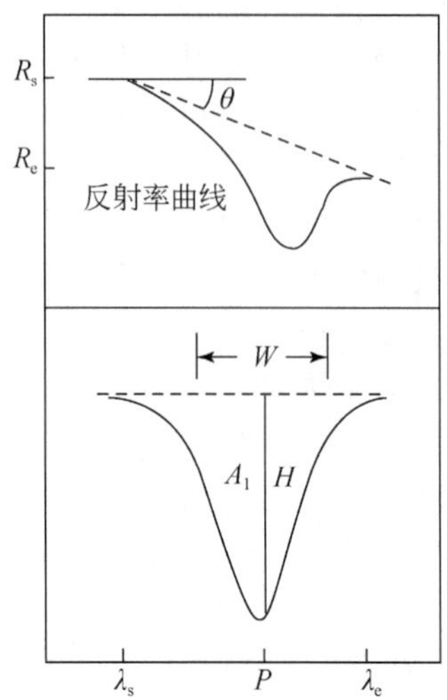

图 8.13　光谱吸收特征的形态参数示意图（郑兰芬和王晋年，1992）

国内也将高光谱遥感数据成功应用于地质调查和矿物填图方面。中国科学院遥感与数字地球研究所（现已并入中国科学院空天信息创新研究院）在新疆塔里木盆地进行的成像光谱矿物填图工作成功地区分了寒武奥陶纪灰岩与二叠纪灰岩；中国自然资源航空物探遥感中心以高光谱遥感影像群、影像组为研究基础，建立了变质岩影像岩石填图单位，总结出变质岩区遥感地质填图的流程方法；核工业北京地质研究院航测遥感中心在云南腾冲及内蒙古海拉尔等地，采用地面光谱测量、卫星影像处理与光谱匹配技术，提取铀矿化蚀变带的光谱信息，取得较好的成果。

高光谱遥感除了在植被和地质方面的应用外，还在大气、土壤、水体、冰雪、城市规划等领域具有重要的应用前景，其特有的图谱合一特性使其成为现代遥感中最具潜力的新型遥感类型之一。

思　考　题

1. 简述高光谱遥感与多光谱遥感的区别（各举一传感器为例）。
2. 为什么说高光谱遥感具有“图谱合一”的特点？
3. 介绍一种机载成像光谱仪的性能指标及其应用实例。
4. 简述光谱数据库的构成及其在高光谱遥感数据分析中的作用。
5. 简述利用光谱数据二值编码进行光谱匹配的优点和不足。
6. 举例说明如何在线性混合假设下进行混合光谱分解。
7. 举例说明星载高光谱遥感传感器 HYPERION 在植被调查中的优势。
8. 通过高光谱遥感进一步理解光谱分辨率、时间分辨率和空间分辨率的概念。

第 9 章　遥感数字图像处理基础

9.1　遥感数字数据存储格式

遥感传感器接收输出是一组数字值。每个数字值则是由位构成的一系列二进制值。其中每一位都记录了一个以 2 为幂的指数，指数的值由该位在整个位序列中的位置确定。例如，由 7 位组成一个值的传感器系统，这表示由 7 个二进制位来记录每个波段传感器所探测的亮度值，这 7 个位依次记录了一组连续的以 2 为幂的值。例如，7 位数字“1111111”意味着其亮度值为 $2^6+2^5+2^4+2^3+2^2+2^1+2^0=64+32+16+8+4+2+1=127$。而“1001011”所记录的亮度值为 $2^6+0^5+0^4+2^3+0^2+2^1+2^0=64+0+0+8+0+2+1=75$（图 9.1）。

Row	2181	2182	2183	2184	2185	2186	2187	2188	2189	2190	2191	2192
0	59	58	59	60	59	58	59	57	57	58	59	59
1	60	58	59	60	60	59	58	57	58	58	59	58
2	61	59	60	61	61	60	58	59	60	59	59	59
3	62	61	61	61	62	61	59	59	59	60	61	61
4	61	61	61	60	62	62	60	59	59	60	61	60
5	60	61	60	59	59	61	60	59	60	60	59	60
6	61	61	60	60	59	59	60	60	60	60	60	60
7	61	61	60	59	60	59	61	60	60	60	61	61
8	61	61	61	59	60	61	61	61	59	59	60	60
9	61	60	59	59	60	59	59	60	59	58	58	61
10	60	60	60	60	59	59	59	58	59	60	60	60
11	59	62	59	59	58	58	59	59	60	61	60	61
12	60	61	60	59	60	58	59	60	60	60	60	60
13	60	60	60	60	60	58	58	59	59	59	60	61
14	61	61	60	59	61	59	57	59	60	60	60	59
15	61	61	59	59	61	61	59	60	59	60	60	60
16	61	61	61	59	60	62	62	60	61	61	60	61
17	61	60	60	60	59	60	61	61	62	63	62	61
18	61	59	61	59	61	60	62	61	63	60	61	60
19	60	60	61	63	60	61	60	62	59	61	57	61
20	60	59	60	60	60	62	61	62	61	61	58	60

图 9.1　遥感数字图像数据

因此，遥感图像每个像素的离散值，以适合数字计算分析的格式进行存储，并存储在磁带、磁盘或光盘等电子存储设备上。这些从磁带、磁盘或光盘上获取的数据被称为“数字图像”或“亮度值”。

一幅数字图像内所记录的亮度值的范围大小是由它存储数据所用的位的数量决定的。如果是 7 位记录图像的像素，则所能表示的范围大小为 0～127（128 级灰阶）；如果是 6 位记录图像的像素，其能表示的亮度范围只有 0～63（64 级灰阶）；如果是 8 位，亮度的范围将增加到 0～255（256 级灰阶）。因此，位数的多少决定了数字图像的灰阶等级。位的数量取决于遥感系统的设计，特别是传感器的灵敏度及其所记录和传输数据的能力（每增加一个位都将增加数据传输的量）。如果假定传输和存储数据资源的能力是固定的，那么位数的增加意味着每幅图像的像元数将会减少并且每个像元的数据量将会增加。所以，在设计遥感系统时需要在图像的覆盖范围与图像灰阶数量、光谱分辨率和空间分辨率之间进行平衡。

当遥感图像的像元数值存储在磁带、光盘等电子存储介质上时，多波段遥感图像一般有 3 种存储格式，即 BSQ、BIL、BIP。

1）BSQ 格式

BSQ（band sequence）是按波段顺序记录遥感影像数据的格式，每个波段的图像数据文件单独形成一个影像文件。每个影像中的数据文件按照其扫描成像时的次序记录顺序存放，存放完第一波段，再存放第二波段，一直到所有波段数据存放完为止。

2）BIL 格式

BIL（band interleaved by line）格式是一种各扫描线按照波段顺序交叉排列的遥感数据格式，BIL 格式存储的图像数据文件由一景中的 N 个（TM 图像 N=7）波段影像数据组成。每一个记录为一个波段的一条扫描线，扫描线的排列顺序是按波段顺序交叉排列的，如 TM 数据共有七个波段，其影像数据文件的排列次序是：首先是第 1 波段 TM1 的第一条扫描线（记录 1），然后是第 2 波段 TM2 的第一条扫描线（记录 2）、第 3 波段 TM3 的第一条扫描线（记录 3）、…，存放完第一条扫描线后，存放第二条扫描线，即第 1 波段 TM1 的第二条扫描线（记录 8）、第 2 波段 TM2 的第二条扫描线（记录 9）、第 3 波段 TM3 的第二条扫描线（记录 10）、…。接下去是第三扫描线、第四扫描线、第五扫描线……，直到存放完所有波段的扫描线为止。

3）BIP 格式

BIP（band interleaved by pixel）格式是每个像元按照波段次序交叉排序记录图像数据的，即在一行中按每个像元的波段顺序排列，各波段数据间交叉记录。例如，TM 数据共有七个波段，其影像数据文件的排列次序是：首先是 TM1 的第一条扫描线的第 1 个像元，然后是 TM2 的第一条扫描线的第 1 个像元、TM3 的第一条扫描线的第 1 个像元、TM4 的第一条扫描线的第 1 个像元、…，然后接着存放第一条扫描线的第 2 个像元，即 TM1 的第一条扫描线的第 2 个像元、TM2 的第一条扫描线的第 2 个像元、TM3 的第一条扫描线的第 2 个像元、TM4 的第一条扫描线的第 2 个像元、…，接下去是第一条扫描线的第 3、第 4、第 5 像元……，直到存放完所有波段的第一条扫描线的所有像元，再接着按此方式存放其他扫描线，直到所有波段的扫描线存放完为止。

另外，常见的遥感数字图像存储格式有 HDF、TIFF 及中国遥感卫星地面站数据格式等，以及一些商业软件格式，如 IMG、ENVI 等。

1）HDF 格式

HDF 格式是一种不必转换格式就可以在不同平台间传递的新型数据格式，由美国国家超级计算应用中心（National Center for Supercomputing Applications，NCSA）研制，已被应用于 MODIS、ASTER、MISR 等数据中。

HDF 有 6 种主要数据类型：栅格图像数据、调色板（图像色谱）、多维数组、HDF 注释（信息说明数据）、数据表（Vdata）、相关数据组合（Vgroup）。HDF 采用分层式数据管理结构，并通过所提供的“总体目录结构”可以直接从嵌套的文件中获得各种信息。因此，打开一个 HDF 文件，在读取图像数据的同时可以方便地查取到其地理定位、轨道参数、图像属性、图像噪声等各种信息参数。

具体地讲，一个 HDF 文件包括一个头文件和一个或多个数据对象。一个数据对象由一个数据描述符和一个数据元素组成。前者包含数据元素的类型、位置、尺度等信息；后者是实际的数据资料。HDF 这种数据组织方式可以实现 HDF 数据的自我描述。HDF 用户可以通过应用界面来处理这些不同的数据集。例如，一套 8bit 的图像数据集一般有三个数据对象：一个描述数据集成员、一个是图像数据本身、一个描述图像的尺寸大小。

2）TIFF 格式

TIFF 是 tagged image file format 的缩写。TIFF 与其他文件格式最大的不同在于除了图像数据，它还可以记录很多图像的其他信息。它记录图像数据的方式也比较灵活，理论上来说，任何其他的图像格式都能为 TIFF 所用，嵌入到 TIFF 里面。如 JPEG，Lossless JPEG，JPEG2000 和任意数据宽度的原始无压缩数据都可以方便地嵌入 TIFF 中去。TIFF 文件的后缀是.tif 或者.tiff。

3）中国遥感卫星地面站数据格式

中国遥感卫星地面站可以接收和处理多种遥感卫星数据，包括美国的 Landsat TM 数据、法国的 SPOT 数据、欧空局的 ERS 数据和日本的 JERS 数据等。其数字产品可以根据用户要求，按不同数据格式、不同记录方式、不同记录介质提供给用户。中国遥感卫星地面站数字产品格式分为 EOSAT FAST FORMAT 和 LGSOWG 格式两大类。记录存储方式为 BSQ 或 BIL；记录介质可为磁带（8mmCCT）或 CD-ROM。对于 TM 数字产品一般为 EOSAT FAST FORMAT 格式。该格式辅助数据与图像数据分离，具有简便、易读的特点。辅助数据以 ASCII 码字符记录，图像数据只含图像信息，用户使用起来非常方便。对于 SPOT 数字产品，一般为 LGSOWG SPIM 或 EOSAT FAST FORMAT 格式。EOSAT FAST FORMAT 具有简便、易读的特点，但由于该格式是为 TM 定制的，对于 SPOT 产品，其附带的头文件缺乏侧视角等 SPOT 特有的辅助信息。LOGSOWG SPIM 格式符合法国 SPOT Image 公司为 SPOT 数字产品制定的有关规范。用该格式记录的数字产品包含的辅助数据很全面，但结构比较复杂，且部分说明字段为二进制码，不易直接阅读。许多商用遥感图像处理系统已有专用程序用于输入该格式的数字产品，订购该格式产品时，应考虑自己所使用的图像处理系统是否支持 LGSOWG SPIM 输入。

微波类遥感数据（ERS、JERS）数字产品格式分为 CEOS 和 VMP 两大类，均为单波段。记录介质可选磁带（8mmCCT）或 CD-ROM。

4）IMG 格式

IMG 是 ERDAS IMAGINE 软件采用的文件格式，采用层次型文件格式（hierarchical file format，HFA）结构组织数据。HFA 是一种树状结构，各种数据（图像数据、统计数据、投影信息、地理数据等）占据“树”中的各个节点。IMG 格式数据的特点包括：图像多种信息一并储存在同一个文件中；各种数据分界点储存，其在文件中的位置不固定；图像数据分块存储，从而降低了图像读入对系统资源的消耗，加快了图像显示效率。

9.2　遥感数字图像基础

9.2.1　图像输入与输出

由于遥感数字图像的记录和存储具有不同的格式，数据类型又分为 8bit、16bit、32bit 等多种类型，通过图像输入与输出，实现遥感数字图像数据的格式转换，以满足软件或实际应用的需求就显得尤为重要。通常情况下，图像文件分为基本遥感图像格式（BIL、BSQ、BIP 等）、通用标准图像格式（JPEG、BMP、TIF 等）和商业软件格式（PIX、IMG、ENVI 等）。而从遥感卫星地面站购置的图像数据往往是经过转换的单波段数据文件，用户不能直接使用，这就需要利用专业遥感数字图像处理软件的图像输入输出功能，将数据转为需要的格式。以目前最常用的 ERDAS IMAGINE 为例，它允许用户输入多种格式的数据供图像处理使用，同时允许用户将图像处理软件的文件格式转换成多种数据格式。如 ERDAS 8.7 版本，可以输入的数据格式已达 90 多种，可以输出的数据格式也已达到 30 余种，其中包括了各类常用的栅格数据和矢量数据格式（党安荣等，2003）。

9.2.2　数字图像的统计特征

对数字图像进行基本的单元和多元统计分析，通常会对显示和分析遥感数据提供许多必要的有用信息，这是图像处理的基础性工作。这些统计分析通常包括计算图像各波段的最大值、最小值、亮度值的范围、平均值、方差、中间值、峰值，以及波段之间的方差、协方差矩阵、相关系数和各波段的直方图（图 9.2）。下面介绍几种常用的统计特征。

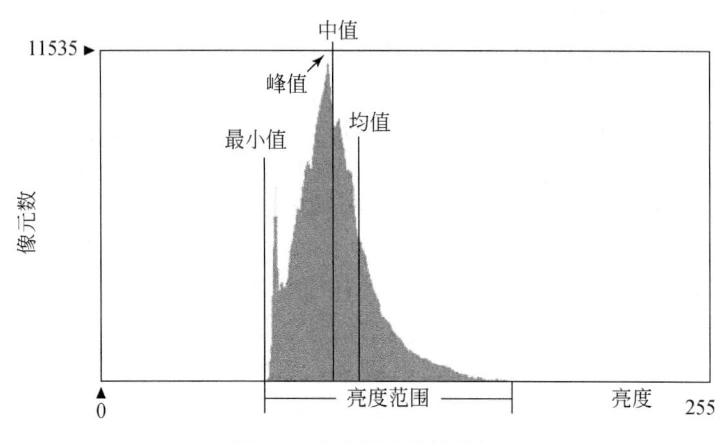

图 9.2　直方图及统计特征

1. 直方图

直方图描述了图像中每个亮度值（digital number，DN）的像元数量的统计分布。它是指每个亮度值的像元数除以图像中总的像元数的比例，即频率直方图。每个波段的直方图能提供关于原始图像质量的信息，如其对比度的强弱，是否多峰值等。

2. 峰值

峰值是频率出现的最高亮度值，即直方图曲线上的最高点，经常会存在多个峰值。

3. 中值

中值位于频率分布的中间，其左边一半的面积等于右边一半的面积。

4. 均值

均值是整个图像的算术平均值，是最普遍应用的描述各波段的中心趋势的值。样本均值是对整体均值的无偏差估计。对于系统性的分布，其均值比其他无偏差估计（如峰值、中值）更接近整体平均值；但对非系统分布，均值是一个较差的检查中心趋势的值。当峰值偏离均值很远时，其频率分布被称为非对称的；当峰值在均值右边时，称为负非对称；当峰值在均值左边时，称为正非对称。

5. 亮度值范围

亮度值范围是每个波段中亮度最大值和最小值之差，可以描述图像中亮度值的离散程度。当最大值或最小值是特殊或超常的目标时，从亮度值范围看其离散程度可能会引起误差。但在多数情况下，这种异常值不会出现，因此亮度值范围变成了一个重要的统计值，经常被用在一些图像增强功能中，如最大-最小对比度拉伸。

6. 方差

方差是所有像元亮度值和均值之差的平方的均值，其平方根值为标准差（又称为均方根差）。标准差越小，图像中像元亮度值就越集中于某个中心值。反之，标准差越大，其亮度值就越分散。对于标准正态分布，68.72%的像元亮度值位于平均值±1 的标准差之间，95%位于平均值±2 的标准差之间。标准差是普遍应用于数字图像处理的一个统计值，如线性对比度增强、相似分类法及精度评估等。

7. 协方差

多数图像中各波段之间是相关的，因此需要用一些统计值来定量地表示其相关的程度。协方差就是这样的统计量，它是图像中两波段的像元亮度值和其各波段均值之差的乘积的平均值。

8. 相关系数

由于协方差的大小常会受所用的测量单位影响，为了既检查各波段间相关性的大小，又不受测量单位影响，常将两波段之间的协方差除以各波段的标准差，得到其相关系数。相关系数一般介于+1 和-1 之间，如果两波段的相关系数大于 0，则说明两波段间，一个波段的亮度值增加会引起另一个波段上亮度的增加，相关系数越接近 1，这种依赖性越明显。反之，如果相关系数小于 0，则一个波段上亮度值增加会引起另一个波段上亮度的减小。

9.3　遥感图像处理软件

遥感数字图像的处理与分析通常是在遥感图像处理软件包上进行的。目前比较常用的遥感图像处理软件包有：美国 ERDAS 公司推出的 ERDAS IMAGINE、美国 ITTVIS 公司研制的 ENVI、加拿大 ERM 公司研制的 ER Mapper 等。这些软件通常可以提供三级打包方法，即基础级、高级和专业级。基础级遥感图像处理软件包提供最低成本的影像制图和可视化工具，如几何纠正、影像分析、可视化和自动专题地图输出等功能。高级遥感图像处理软件包除了具有基础级软件包的全部功能外，还增加了更高级且精确的遥感制图、影像处理和地理信息分析等功能。专业级遥感图像处理软件包是在高级软件包的基础上，增加用于遥感与地理分析专业的综合工具，如混合分类技术、雷达分析、可视化空间建模工具等。此外还有另外一类遥感图像处理软件，它们更侧重于目标的精确定位和三维量测，如美国 Intergraph 公司的 Image Station 数字摄影测量系统、瑞士 Helave 公司的 DPW（Digital Photogrammetric Workstation）数字摄影测量系统等。这些系统的软件功能主要包括：数字空中三角测量（即利用少量控制点加密出数量较多的控制点的作业过程），数字地面模型的自动生成和编辑、正射影像图制作、地物要素采集（在立体观察条件下）、三维景观图生成、栅格数据与矢量数据的综合成图等。为了帮助读者掌握遥感信息处理系统的基本情况，现将遥感图像处理系统的软件功能归纳如下。

1. 图像文件管理

包括多种格式的遥感图像或多种传感器的遥感图像数据的输入、输出、存储及图像文件管理等功能。

2. 图像操作工具

（1）图像显示和漫游。

（2）读点操作，可用鼠标对显示图像进行坐标及亮度值读取，并可实时显示，当图像地理编码后，可显示图像上任意位置的地理坐标。

（3）感兴趣区（region of interest，ROI）的定义，提供方便灵活的 ROI 编辑功能，可交互式或指定域值进行 ROI 生成，并利用 ROI 进行各种处理及分析。

（4）掩膜，用户可以方便地定义掩膜，并利用掩膜来达到特殊处理效果。

（5）统计，可以完成相关统计、直方图统计、方差及中值统计、二阶亮度统计、回归预测、面积统计、长度统计及体积计算等。

（6）波段运算，支持复杂的波段运算功能，不仅可进行波段的算术、逻辑、布尔运算，而且可进行复杂的三角、积分、微分、矩阵分析等运算，这些功能使遥感软件的分析能力大大增强。

（7）影像任意裁剪、整饰和注记。

3. 基本图像处理功能

（1）基本图像处理功能，如图像重采样（包括空间及波谱重采样）、图像旋转、剪贴及镜像处理、多种图像格式之间的转换、图像通道的创建、管理、演算合成等操作。

（2）图像滤波，如空间和频率滤波（包括多种高通、低通滤波等）、形态学滤波（形态扩张、骨骼化、开区处理、闭区处理等）。

（3）影像增强，如分段线性拉伸、对数变换、指数变换、均值方差变换、直方图均衡化、直方图规定化和正态化、基于小波的影像增强、高斯模糊影像的清晰化处理。

（4）单幅图像的正交变换，如快速傅里叶正反变换、Hadamard 正反变换、正弦（或余弦）变换、快速正交小波变换等。

（5）纹理分析，如纹理能量提取、基于边缘信息的纹理特征提取、一阶及二阶亮度统计纹理分析等。

（6）线状目标检测，如线性算子检测、半线性算子检测、非线性算子检测。

（7）边缘检测和线状目标检测的后处理，如细化、检测噪声的删除、按域值（或连通性）进行线段连接、线跟踪并以方向链码或以拐点坐标的形式存储检测的结果。

（8）图像数据压缩，如 JPEG 压缩、预测编码压缩、行程编码压缩、基于小波的图像数据压缩等。

4. 遥感图像处理功能

（1）多种地图投影（通用横轴墨卡托投影、墨卡托投影、等纬度经度投影、兰勃特等角圆锥投影、地极立体投影等）之间的转换。

（2）波谱库管理和编辑（如查看、建立、重采样标准波谱库），波谱分割（水平、垂直和任意方向的波谱分割），各种复杂波谱曲线运算，穿越提取（即提取任一穿越线上各点的多光谱数据并进行分析），利用波谱分析工具进行波谱特征的分析和确定目标的性质等。

（3）多光谱矢量空间变换，如波段之间的代数运算（如波段比值等）、主成分分析和基于小波包算法的快速近似主成分分析、真彩色和任意三个波段的假彩色合成、RGB 和 HIS 之间的变换、HIS 增强及饱和度拉伸、NDVI 植被指数及缨帽变换等。

（4）多光谱图像分类，如非监督分类（如 ISOData 聚类、K-mean 聚类等）、监督分类（如最小距离分类器、Mahalanobis 距离分类器、最大似然分类器、波谱角分类器、子空间分类器、基于混合像元的分类器等）、分类后处理（类别合并、类别统计、面积统计、分类叠合、等值区分析、功能区分析），并能自动提取每类的范围并以图件的形式输出等。

（5）SAR 图像分析，如 SAR 成像处理、雷达图像的多普勒分析、侧视雷达图像的斜距校正、雷达图像的自适应滤波、雷达图像的纹理滤波、幅度图分析及相位图分析、极化信息分析及提取等。

（6）遥感专题图制作，如黑白正射影像图、彩色正射影像图、基于影像的线划图制作（在影像上交互式采集地物要素并以地形图符号表示）、真实感静态（或动态）三维景观图、其他类型的遥感专题图（土地利用分类图、植被分布图、洪水淹没状况图、水土保持状况图等）。

5. 矢量、栅格混合处理以及与地理信息系统的接口

（1）栅格和矢量之间的转换（可以把分类图和其他栅格数据转成矢量数据）。

（2）矢量数据编辑和成图。

（3）矢量层控制（如编辑矢量层名、矢量投影转换和编辑等）。

（4）矢量属性查询、编辑。

（5）为 GIS 等系统提供多种标准格式的已校正过的航空和卫星遥感影像。

（6）为 GIS 等系统提供多种标准格式的遥感分析数据，如可为 MicroStation 提供从正射遥感影像上采集到的标准格式的设计图格式（Design，DGN）矢量数据。

（7）可读取 MicroStation、ArcInfo、ArcView，MapInfo 等系统的多种格式的数据，进行坐标转换后可与遥感影像进行叠置分析。

思 考 题

1. 遥感数字数据存储格式有哪些？
2. 为什么要对遥感数字图像进行输入与输出操作？
3. 解释常见的数字图像统计特征的含义。
4. 列举你所知道的遥感图像处理软件。
5. 谈谈遥感图像处理软件都有哪些功能？
6. 地面站提供的遥感数据做了哪些基本的预处理？

第 10 章　遥感数据预处理

遥感数据的预处理是指进行各种分析前的处理操作。主要的预处理操作包括：①辐射预处理，用来调整大气对像元值的影响；②几何预处理，用来将遥感数据与地图或其他影像进行配准。遥感数据在完成了这些预处理校正后，就能用来进行各种分析处理，如增强处理和分类处理。影像预处理是遥感影像处理的初级阶段，理论上能提高影像的质量，是后续图像分析的基础。但经过预处理后影像数据发生了改变，又会产生一些不必要的人为信息，影响后续的分析处理结果。因此确定是否需要预处理，以及采用哪些预处理方法，是图像进行预处理前的重要步骤。

目前有一些常用的预处理方法，但是并没有预处理的标准步骤。不同的研究项目会用不同的预处理方法，它的选择与影像数据本身的质量有关。对某数据进行的预处理方法，并不一定适用于其他影像。因此分析人员一般要根据影像数据和具体项目需求来确定具体的预处理方法，采用合适的预处理操作才能达到信息分析的最佳效果，提高分类精度。

预处理操作有很多内容，可以归纳成以下 4 类：①特征提取；②辐射预处理；③几何校正；④数据融合。

10.1　特征提取

10.1.1　特征提取的概念

特征提取（或特征选择）也可以称为信息提取，是指从多光谱数据中提取出能表示图像基本要素的主要成分，压缩多波段海量遥感数据。对于影像预处理来说，特征提取并不是提取影像上的地理特征，而是影像数据的统计特征。理论上，特征提取后去掉了影像数据上的噪声和误差，因此特征提取可以提高数据精度。此外，特征提取也减少了用于分析的光谱通道数或波段数，降低了计算量。特征提取完成后，分析人员就能对较少但更有效的波段进行处理操作。这样很少几个波段的数据集，就可以表达与原多个波段的数据集几乎相同的信息量。因此特征选择可以提高分析速度，降低分析成本。

遥感多光谱数据是由多个波段组成的，如 Landsat TM 有 7 个波段，ETM 有 8 个波段，MODIS 有 36 个波段。对于如此大的数据量，即使处理中等大小的影像也要耗费大量的时间，因此特征选取就具有很大的实际意义。特征选取的目标是在降低数据量的同时，保持数据的有效性和精确性。

为了说明特征提取的概念，选择一景 TM 数据，其方差和协方差矩阵（表 10.1）表明了各波段间的两两关系。有些波段表现出很高的相关性，如波段 1 和 2、波段 2 和 3 之间的相关系数都在 0.9 以上。波段之间的高相关性意味着这两个波段的对应像元值高度相关，即当波段 2 的某些像元值增加或减少时，波段 3 的对应像元值也会发生同样的变化，这也就是说一个波段复制了另一个波段的信息。特征提取就是要识别和去除这样的重复，从而用最少的波段数据反映最大的信息量。

如表 10.1 所示，波段 3、波段 5、波段 6 就几乎包含了 7 个波段的信息量，因为波段 3

同波段 1 和波段 2 高度相关，波段 5 与波段 4 和波段 7 高度相关，而波段 6 携带的信息与其他波段没有多大联系，被舍弃的波段（波段 1，波段 2，波段 4 和波段 7）与保留下来的某个波段是很相似的。

表 10.1　TM 图像 7 个波段的相似性矩阵

协方差矩阵							
波段	1	2	3	4	5	6	7
1	48.8	29.2	43.2	50.0	76.5	0.9	44.9
2	29.2	20.3	29.0	48.6	65.4	1.5	32.8
3	43.2	29.0	46.4	59.9	101.2	0.6	53.5
4	49.9	48.6	59.9	327.8	325.6	12.4	104.32
5	76.5	65.4	101.2	325.6	480.5	10.2	188.5
6	0.9	1.5	0.6	12.5	10.2	14.0	1.1
7	45.0	32.8	53.5	104.3	188.5	1.1	90.8
相关性矩阵							
波段	1	2	3	4	5	6	7
1	1.00						
2	0.92	1.00					
3	0.90	0.94	1.00				
4	0.39	0.59	0.48	1.00			
5	0.49	0.66	0.67	0.82	1.00		
6	0.03	0.08	0.02	0.18	0.12	1.00	
7	0.67	0.76	0.82	0.60	0.90	0.02	1.00

这种简单的特征提取方法就去掉了多余的波段，从而减少了波段的数量。这种选择方法可以作为一种特征提取的方法，但典型的特征选择方法则是一种基于波段间统计关系的复杂过程。

普遍采用的特征选择方法是主成分分析（principal component analysis，PCA）（Davis，1986）。主成分分析是一种统计方法，通过正交变换将一组可能存在相关性的变量转换为一组线性不相关的变量，转换后的这组变量称为主成分。其可以对复杂或多变量的数据做预处理，以减少次要变量，便于进一步使用精简后的主要变量进行数学建模和统计学模型的训练，所以主成分分析又被称为主变量分析。本质上讲，主成分分析确定了原始波段最优的线性组合，反映影像上像元值的变化。线性组合的形式为

$$A=C_1X_1+C_2X_2+C_3X_3+C_4X_4 \tag{10-1}$$

式中，X_1，X_2，X_3，X_4 为 4 个光谱波段中的像元值；C_1，C_2，C_3，C_4 为各波段像元值的系数；A 为转换之后的像元值。假定，$C_1=0.35$，$C_2=-0.08$，$C_3=0.36$，$C_4=0.86$，像元值 $X_1=28$，$X_2=29$，$X_3=21$，$X_4=54$，得到变换后的结果是 61.48。计算这些系数的最优值是要确保其表示整个数据集中最大的变化。因此，这组系数将原始波段线性组合成单一波段，该波段能表达最大信息量。使用该过程计算得来的新数据波段像元值，是 4 个原始波段中最优的信息表达。

该方法的有效性取决于最优系数的计算。这里只是对该方法进行简略的介绍，因为对它的完整解释要涉及一些高级的统计知识。需要重点理解的是主成分分析能够确定一组系数，从而将最大的信息量集中于单个波段内。

用同样的方法可以形成第二组系数，从而产生第二组像元数据集，它所包含的信息相对于第一组数据集要少，但仍然能表达影像上像元的变化。用该方法共会形成 7 组系数，每组用原始影像的一个波段表示，如 band1，band2，…，因此就会产生 7 组新像元值的数据集或 7 个波段。按照顺序，每一组像元值所表达的信息要少于前一组值。由 7 个原始波段线性组合而来的 7 个主成分（表 10.2）中，主成分 I 和 II 表达了原始影像约 95%的信息量，而主成分III～VII总共只包含了原始影像约 5%的信息。舍弃那些只包含约 5%信息量的成分，大大减少了波段数量，去除了冗余信息，减小了图像数据集的体积。主成分 I 和 II 保留了原始 7 个波段数据 95%的信息量，这使得数据分析处理更加简捷有效。

表 10.2　主成分分析结果

	主成分						
	I	II	III	IV	V	VI	VII
	特征向量						
信息量/%	80.94	13.97	3.78	0.53	0.41	0.29	0.08
特征值	868.48	149.91	40.51	5.71	4.35	3.13	0.85
	0.20	−0.56	−0.39	−0.14	0.65	0.01	−0.24
	0.14	−0.31	−0.20	−0.05	−0.11	0.12	0.90
	0.26	−0.45	−0.18	0.01	−0.71	0.27	−0.35
	0.41	0.55	−0.71	0.11	−0.06	−0.12	−0.02
	0.76	0.18	0.48	−0.24	0.15	0.29	0.01
	0.06	−0.04	0.07	0.89	0.19	0.40	0.02
	0.35	−0.23	0.22	0.33	−0.09	−0.81	0.03
	0.29	0.42	−0.08	−0.09	0.85	0.02	−0.02
	7 组波段数据						
1	0.562	0.519	0.629	0.037	−0.040	−0.160	−0.245
2	0.729	0.369	0.529	0.027	−0.307	−0.576	−0.177
3	0.707	0.528	0.419	−0.022	−0.659	−0.179	−0.046
4	0.903	−0.401	0.150	−0.017	0.020	0.003	−0.003
5	0.980	0.098	−0.166	0.01	−0.035	−0.008	−0.001
6	0.144	−0.150	0.039	0.969	0.063	0.038	−0.010
7	0.873	0.448	−0.062	−0.033	0.180	0.004	−0.002

主成分分析这种方法并非特征提取的唯一方法，但各种特征提取方法的目标是一致的，即在降低波段数量、减少噪声和误差的同时尽可能地保留最大的信息量。

10.1.2　子集

遥感影像所覆盖的地面一般很大，而研究区域可能只是其中的一部分。一景遥感影像的数据量往往很大，为使影像的计算机存储量最小，节约分析所需的时间，每个研究项目开始前的首要任务之一就是准备研究区数据子集。子集是整个遥感影像中包含研究区域的部分。

虽然子集的选择并不难，但也并不是想象中那样简单。通常一个子集要和其他的数据进行配准，所以在两个数据集中必须能找到可明显辨别的地物目标，以确保覆盖范围的空间吻合。为减少影像配准时的计算量，一般在配准之前就要准备好子集。但是如果选择的子集所代表的范围太小，就有可能选不到足够多的地面控制点。这时，往往先选择一个较大区域的预备子集，从而能够选到足够多的地面控制点进行影像配准。此外足够大的预备子集，对于影像分类中能有足够的训练样本数，以及精度评估中足够的样本点也是必要的。

10.2　辐射预处理

遥感图像的预处理又有学者称为影像恢复（Marsh et al.，1983），是设法去除大气干扰、系统噪声、传感器的姿态等对影像造成的影响的一种技术方法。去除了这些影响后，就可以说图像恢复到了正常（设想的）状态。但永远也不可能把图像恢复到完全正确的状态。不论用哪种预处理操作进行图像恢复，在校正数据的同时都可能会带来新误差，所以识别误差的存在与大小，往往比去除这些误差更重要。通常影像恢复包括辐射误差校正和几何误差校正。

10.2.1　辐射预处理的概念

辐射预处理是通过调整影像的亮度值来校正传感器工作不正常和大气衰减作用等所造成的误差，又称为辐射校正。完整的辐射校正包括传感器校正、大气校正，以及太阳高度角和地形校正。传感器响应造成的辐射误差一般由地面接收站根据传感器参数进行校正处理。针对大气衰减作用而进行的大气校正比较复杂和困难，因为需要图像成像当时的大气状况信息，而这些信息是随着时间和地点的不同而不同的，获得这些实时大气信息比较困难。

10.2.2　大气引起的辐射预处理

任何传感器在观测地球表面时都是记录了两种亮度的混合值：一种是从地球表面反射来的亮度，这是遥感的信息亮度。另一种是因大气散射而产生的亮度（图 10.1）。传感器记录的观测亮度值（如亮度值为 56），其中一部分是地球表面反射的亮度（如亮度值为 45），还

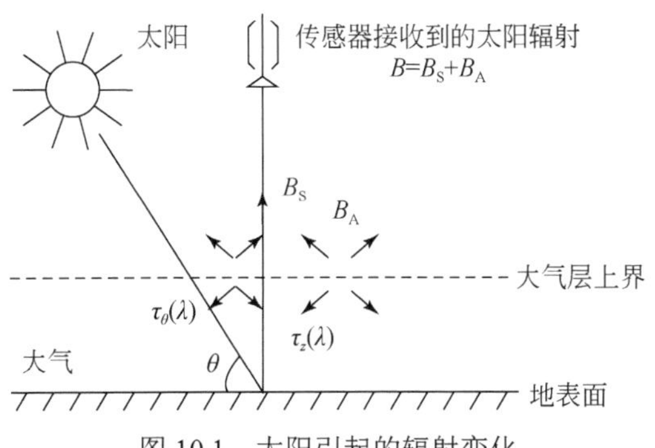

图 10.1　太阳引起的辐射变化

有一部分是大气散射的亮度（如亮度值为 11）。这两种亮度实际上很难区别开来，因此辐射校正的目的之一是辨别和分离这两种亮度，去除大气散射的亮度部分，从而使后续的分析处理能正确反映地面亮度值（在本例中亮度值为 45）。理想的情况是，对遥感影像中的每一个像元用同一种方法进行辐射校正。而实际上，整个波段只能用同一种方法进行校正，或整个区域采用单因子进行校正（梁顺林等，2013）。一般由大气引起的辐射误差的预处理方法主要有 3 种类型。

1）物理模型法

该方法是基于辐射通过大气层时的物理原理进行建模。应用这种模型可以将观测到的反射值调整为透明大气条件下的反射值，从而提高了影像的质量和分析的精度。这些物理模型模拟大气粒子或分子散射的物理过程，具有严密、准确和适用性广的优势。但是它们也存在缺陷：模型非常复杂，往往要用到复杂的计算机程序，同时这些模型需要有关大气湿度和粒子浓度等详细的大气信息，这往往限制了模型的使用，因为这些大气详细数据很难获取，实地测量得到的大气信息也仅是一幅影像中的几个点。此外，大气条件随海拔高度发生变化，因此仅在几个规定高度的地点采集数据。虽然目前有气象卫星可能为该方法的应用提供一些气象数据，但由于大气物理原理模型的应用，大气气象数据的不易获得，该方法仍然是不可行的。

在众多模型中，美国空军研制的 LOWTRAN 7（Kneizys et al.，1988）和 MODTRAN（Bernstein et al.，1989）模型是广泛采用的物理模型。这两个模型计算了大气气体（H_2O、NO_2、O_2、O_3、CH_4、CO_2、N_2O、CO、NH_3 和 SO_2）的大气吸收和辐射的估算值。这两个模型还考虑大气条件的变化，包括季节性和地理性变化、云层条件及雨和雾等，以及大气路径上的所有可能影响。除此以外，常用的还包括 FLAASH（fast line-of-sight atmospheric analysis of spectral hypercubes）模型，这个模型是由波谱科学研究所在美国空军研究实验室支持下开发的大气校正模块。FLAASH 适用于高光谱遥感数据和多光谱遥感数据的大气校正。当遥感数据中包含合适的波段时，用 FLAASH 还可以反演水汽、气溶胶等参数。

2）直方图最小值法（HMM）

该方法是基于多个波段影像记录的目标地物反射亮度的统计直方图进行的，又称为直方图最小值法。根据大气散射的基本原理，大气散射与电磁波的波长、大气粒径和大气微粒的密度有关。因此，各波段像元值之间的关系就能帮助评价大气的影响（图 10.2）。

假定自然或人为的地面目标物在影像数据获取时，用航空或地面仪器能同时进行观测，那么航空或地面观测数据就是影像成像时目标地物的真实亮度值。然而现实中不太可能有这样的观测，可以依据影像上的某些特征地物，如水体、阴影，其亮度值一般是已知的，依据其已知的亮度值，来估计大气的影响。最简单的方法是找出影像中的暗目标物，如水体、地形阴影。红外波段水体或阴影的亮度值都应该接近或等于 0 值，因为清澈的水体强烈吸收近红外波段，而阴影是因为只有很少红外能量传到传感器。分析影像的亮度直方图时会发现最小的像元值（如清澈水体的暗区域）并不是 0，而是一些比 0 稍大的值。一般这个最小值在不同的波段是变化的，例如，Landsat TM 的 band1，该值可能是 12，而对于 band2 该值是 7，band3 为 2，band4 也为 2。假定这些直方图上的最小值是每个波段大气散射所产生的值，大气校正就是使直方图的最小值移至 0 值位置，这相当于各波段每个像元值都减去该最小值，那么每个波段的亮度最小值就都被设定为 0，这时影像上的深黑色目标就表示没有大气散射影响的真实亮度值。这种预处理方法称为直方图最小值法，它是调整数字图像由大气所产生误差的最简单直接的方法之一。

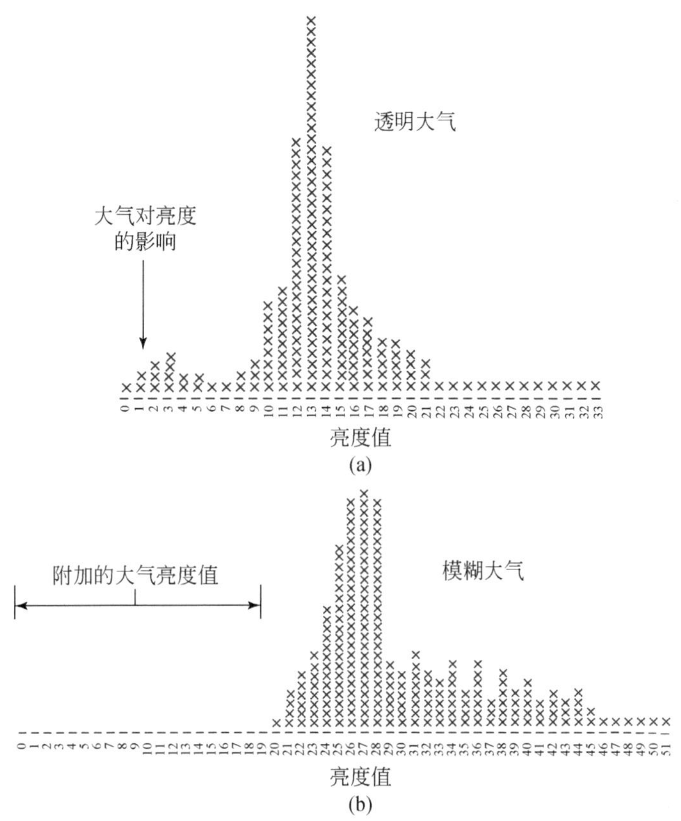

图 10.2　大气校正的直方图最小化方法

影像上最低的亮度值假定是大气散射的亮度值，各波段的每个像元都要减去这个值

直方图最小值法在实际应用时一般以红外波段为参考，确定其他波段的改正值。以 MSS 数据为例，该方法是通过对比各波段的亮度值直方图来实现。图 10.3 为 MSS4 和 MSS7 的直方图，显然 MSS7 图像中最黑的目标亮度值为 0，而 MSS4 波段的最小值为α_i，α_i即 MSS4 波段图像的校正值，大气校正就是移动 MSS4 直方图的最小值至零值位置［图 10.3（b）］。其他波段的校正值可以由此类推求得。用这种方法确定校正量α_i是很简便的，但条件是像场内一定要有亮度值为 0 的暗目标地物（如清澈水体）。

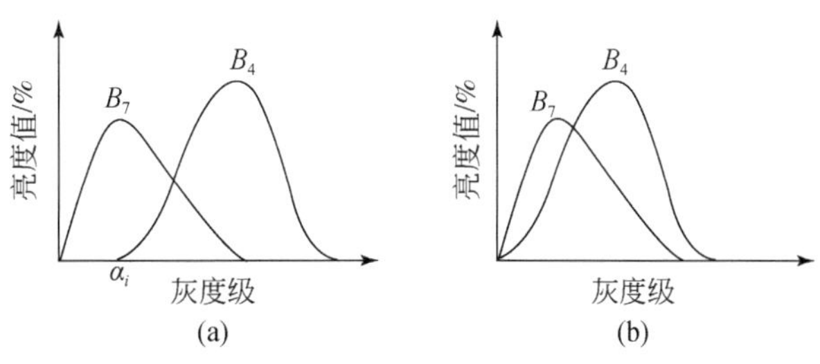

图 10.3　直方图对比拉伸

直方图最小值法具有简单直接和普适性等优点，因为它利用的是影像本身的信息。但这种方法只能是一种近似，因为大气效应并不处处相等。也就是说大气作用不仅仅是改变了直方图的位置，还改变了直方图的形状。大气作用能够使原本暗的像元变亮，或使亮的像元变暗，所以对所有像元仅仅运用一种校正方法，只能是对大气影响进行的粗略调整。在干旱地区水体极少，或水体的面积很小，就不适合使用该方法了。

3）*回归分析法*

回归分析法是在影像目标地物亮度信息统计的基础上，揭示各波段间相互关系的一种比较方法。这种方法是将每一个波段的像元值与红外波段（如 MSS7、TM4、TM5、TM7 等）的像元值进行回归分析，回归线在 Y 轴上的截距就是待校正波段的校正值。因为大气散射主要发生在短波段图像上，对近红外波段几乎没有影响。所以可以把近红外图像当作无散射影响的标准图像，通过它与其他波段的回归分析计算出校正值。

以 MSS4、MSS5、MSS6、MSS7 数据为例说明这一方法。MSS7 为近红外波段，大气散射对 MSS7 波段的影响很小，这时大气校正的方法可以 MSS7 为参考进行。具体方法是在 MSS7 图像上选择一些最黑的影像目标，即亮度值为 0 或接近 0，再在其他波段上找到相应的最小值，该值一定大于 0。然后用 MSS7 图像的亮度值与其他任意波段的亮度值组成二维坐标系，两个波段中对应像元的亮度值在坐标系内用一个点表示（图 10.4）。在两幅图像上（如 MSS4 和 MSS7）分别选择量测一定数量的同一像元点的两两亮度值，并点在二维坐标系内。由于波段之间的相关性，在点图中一定存在一条回归直线，该回归线与 MSS7 亮度值轴的截距 α，就是 MSS4 波段的校正值。校正方法是将 MSS4 波段中每个像元的亮度值减去截距 α，则 MSS4 图像的大气散射影响可以得到改正。用同样的方法可以进行 MSS5、MSS6 波段的改正。

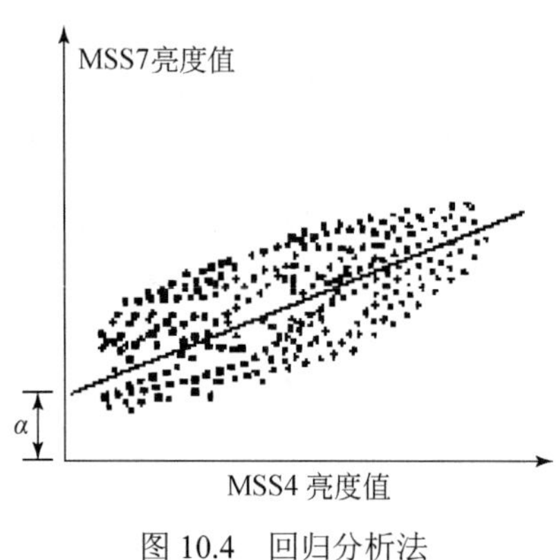

图 10.4　回归分析法

10.2.3　辐射预处理方法的选择

直方图最小值法可应用于整幅遥感影像或比较大的区域，而回归分析方法可用于局部小区域（如 100～500 个像素）。回归分析方法的一种扩展方法是方差——协方差矩阵分析，它是所有波段两两彼此计算方差和协方差（Switzer et al., 1981），又称为协方差矩阵法（CMM）。

在进行大气校正处理之前，首要问题是确定影像数据是否需要进行大气校正？采用哪种方法进行校正是最佳的？分析人员如何判断影像是否需要进行辐射校正？要做出正确的决策是很困难的，因为大气影响的效果用目视分析在影像上不容易观察到。分析人员首先应该分析影像的统计信息，通过影像的平均值、方差和直方图，分析影像质量和暗像元亮度地物是否存在，尤其当影像上有大面积水体时要检查一下其像元亮度是不是暗的（图 10.5）。

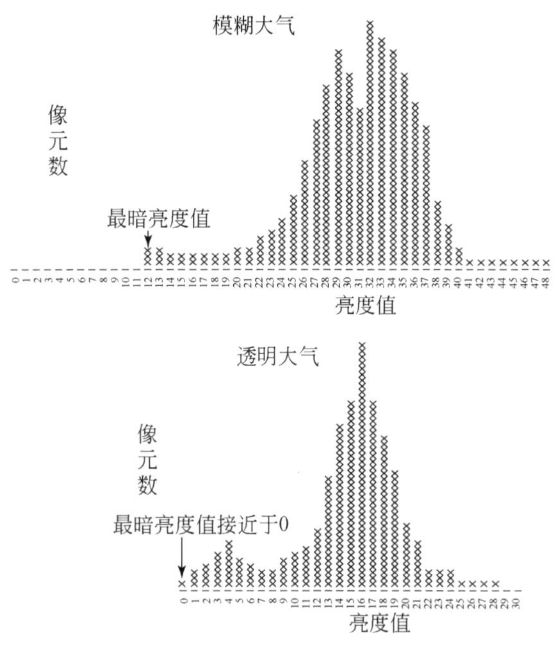

图 10.5　直方图分析大气影像

直接目视分析影像有时也可以发现影像是否需要校正。例如，分辨率降低或反差降低都表明大气条件比较差。有时影像的成像时间本身就能表明大气质量如何。例如，我国东南部，春夏季通常大气中的湿度大、雾多，能见度低；而在秋冬季通常大气条件相对较好，分析人员根据成像日期就可以确定是否需要进行辐射校正。但还是应该通过研究影像的直方图统计信息，再确定是否需要进行辐射校正。

10.3　几 何 校 正

10.3.1　几何校正的概念

卫星遥感图像的几何变形主要有两方面的原因。

1）卫星姿态引起的变形

卫星在运行过程中，姿态、地球曲率、地形起伏、地球旋转、大气折射，以及传感器自身性能，都可能引起几何位置偏差。卫星姿态是指传感器成像时的位置（X_s，Y_s，Z_s）和姿态角（α，ω，κ），当卫星姿态偏移标准位置时，就会使图像产生变形。对于框幅式成像的传感器各姿态元素（X_s、Y_s、Z_s、α、ω、κ）引起的图像变形情况如图 10.6 所示。

对于动态扫描类型的传感器，其构像方程是在一个扫描瞬间建立的，同一像幅上不同成像瞬间所成图像的姿态元素是不同的，因而相应的变形误差只代表该扫描瞬间像幅上相应点、线所在位置的变形。整个图像的变形将是各像点瞬间变形的综合结果。例如，在一幅多光谱扫描图像内，假设各条扫描行所对应的姿态元素，从第一扫描行起是按线性规律变化的，则地面上一个方格网图形成像后，将出现如图 10.7 所示的变形规律。

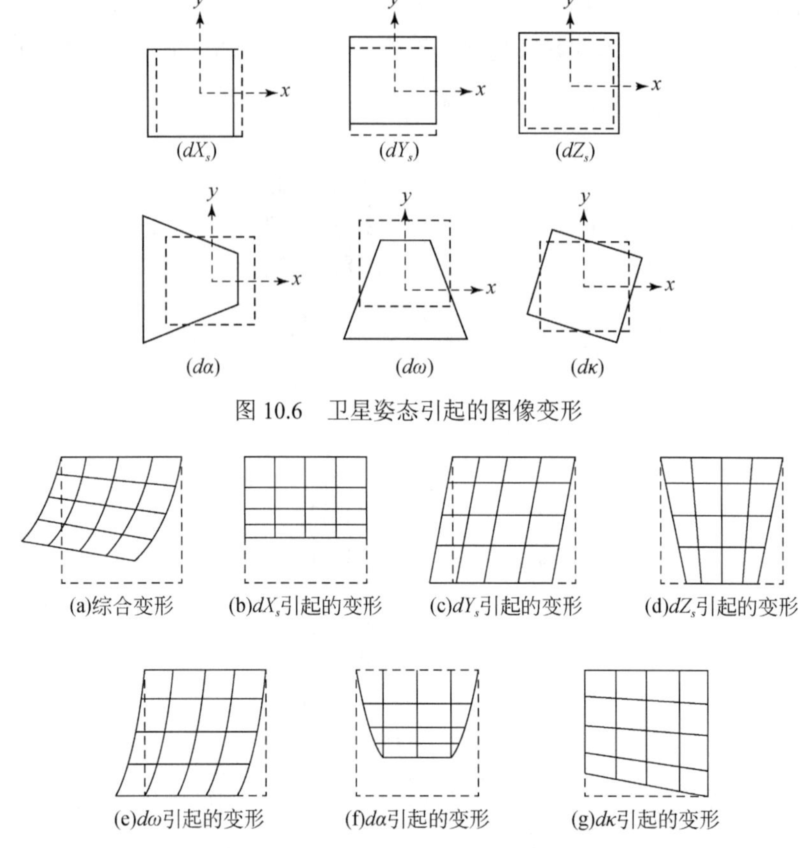

图 10.6　卫星姿态引起的图像变形

图 10.7　动态扫描图像的变形

2）坐标转换引起的变形

图像上像元的坐标与地图坐标系统中相应坐标之间存在差异，在利用遥感图像信息时，要把图像提取出的信息表达在某一地图坐标系中（如地形图坐标系统），才可以进行该信息的量测、相互比较及信息叠合分析等。卫星图像上各地物的几何位置、形状、尺寸、方位等特征与地图坐标系统中不一致时，就产生了图像几何变形。

卫星图像的几何校正有两种，即几何粗校正和几何精校正。地面接收站在提供给用户资料前，已根据卫星轨道公式、卫星的位置、运行姿态等参数，以及传感器性能指标、大气状态、太阳高度角等信息，按常规处理方案对该幅图像几何畸变进行了几何粗校正。

经过几何粗校正后，影像上还有残剩误差，包括残剩的系统误差和偶然误差，一般用地面控制点作进一步的几何精处理。几何精校正是利用控制点进行的几何校正，是用一种数学模型来近似描述遥感图像的几何畸变过程，并利用畸变的遥感图像与标准地图之间的一些对应点（即控制点数据对）求得这个几何畸变模型参数，然后利用此模型进行几何畸变的校正，这种校正不考虑引起畸变的原因。

几何精校正的处理方法主要是利用地面控制点和多项式内插模型进行校正，这样的几何精校正需要用户提供地面控制点的坐标，经过控制点坐标处理后，用户得到的是精校正过的影像数据。精校正过程一般包括两个步骤：第一步是构建一个模拟几何畸变的数学模型，以建立原始畸变图像空间与标准图像空间的某种对应关系，实现不同图像空间中的像元位置的变换；第二步是利用这种对应关系把原始畸变图像空间中的全部像素变换到标准图像空间中的对应位置上，完成标准图像空间中的每一像元亮度值的计算。

10.3.2　几何精校正及方法

用户利用遥感图像处理软件和地面控制点坐标，也可以进行几何精校正的处理。具体方法如下。

卫星遥感图像的几何校正实际上就是图像重采样的过程。这里要讨论的方法就是在地图学和其他学科中经常用到的内插方法。在图 10.8 中，空心圆表示已知坐标的输入影像，又称为参考网格；实心点表示几何校正后的输出影像，代表了校正后影像上像元的中心。各种不同的重采样方法，都是根据输入待校正图像的已知坐标网格，估算出输出坐标网格值的过程。

输出像元的位置是通过地面控制点（ground control point，GCP）提供的位置信息获得的。输入影像上的地面控制点可以在地面或地图上得到其精确的位置。如果两幅影像要进行配准，地面控制点在两幅影像上都必须很清晰。这些控制点精确的位置信息建立了输出影像和输入影像的几何关系，因此，第一步就是利用地面控制点为输出影像的像元位置建立坐标转换模型。第二步就是基于未校正的影像提供的亮度信息，估算输出影像上的像元值。根据计算的难易程度分为 3 种方法。

1）最邻近法

第一种最简单的方法就是最邻近法，即将输出的像元值简单地指定为与其最邻近的输入像元值。这种重采样的方法如图 10.9 所示，每一个新坐标值（实心黑点表示）由与输入图像坐标（空心圆表示）最近的点来确定。最邻近法的优点是计算简便，处理速度快，而且可以避免采样时像元值的改变。但这种方法可能会产生很明显的位置错误，尤其对于线性地物特征而言，最大可产生半个像元的位置偏差，因此造成输出图像上地物的不连贯。

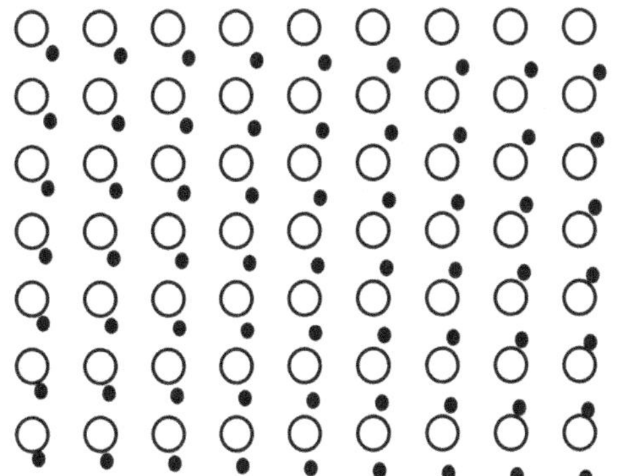

图 10.8　重采样过程图

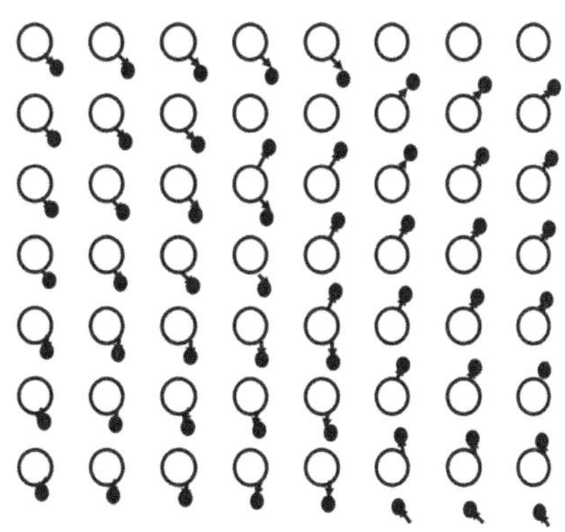

10.9　最邻近重采样法

2）双线性内插法

第二种比较复杂的重采样的方法是双线性内插法（图 10.10）。双线性内插法取四个最邻近的输入像元，计算它们的加权平均值来得出输出像元值。加权的权重是指邻近的像元对于输出像元值，比稍远的像元影响程度大。由于每个输出像元值都是在几个输入像元值的基础上得来的，输出影像不会有像最近邻法那样的不连贯效果，整个影像看上去比较自然。然而，由于双线性内插产生了新的像元值，输入像元值的亮度信息将丢失一部分，输出影像与输入影像相比有明显的变化，输出影像的亮度范围与输入影像的亮度范围出现了不一致。这样的亮度变化可能对以后的影像识别和分类处理都有一定影响。此外，这种重采样对整个影像进行了平均化，从而产生了一种类似边缘平滑的模糊效应而降低了分辨率。

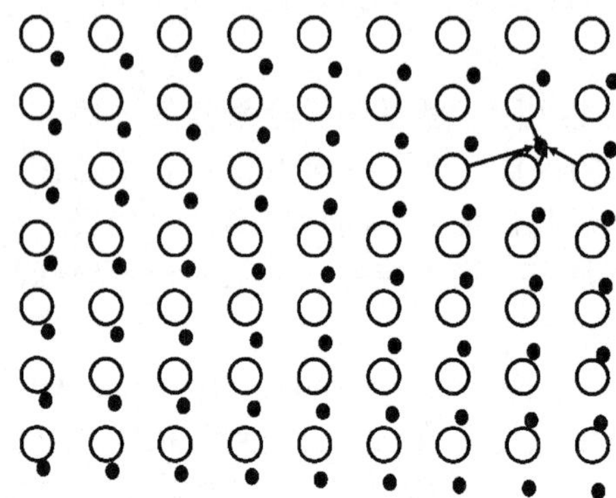

图 10.10　双线性内插法

通过输入图像上最邻近的 4 个像元的加权平均值，计算输出图像的坐标值

3）三次卷积法

第三种最复杂应用最广的重采样方法就是三次卷积法（图 10.11）。三次卷积法利用相邻区域每个方向上相邻的两个像元值（一般为 16 个）来计算权重平均值。它的特点是通过三次卷积法产生的影像比其他两种方法效果都好，但对输入像元值的改动又是最大的，而且计算量大，需要的地面控制点多。用这种方法进行过重采样的影像，由于像元值的改动很大，如果要进行其他分析处理，如图像数字分类，结果会受到很大影响。

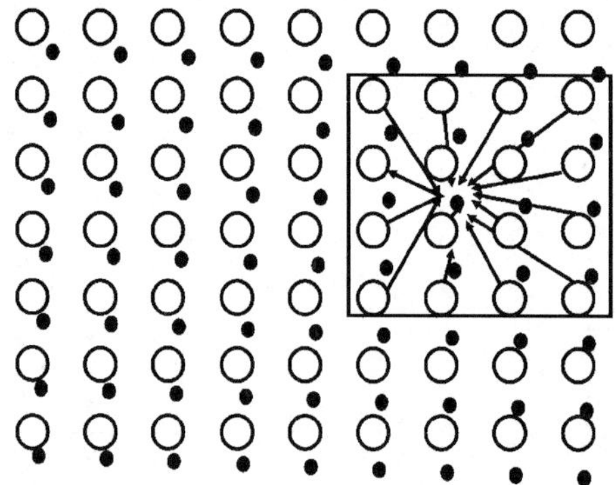

图 10.11　三次卷积法

通过输入图像的邻近 16 个像元的像元值，计算输出矩阵的每一个像元坐标值

10.3.3　影像配准

影像配准是将同一地区的两幅影像重叠在一起，使其影像位置完全配准的处理过程。

重叠两幅数字影像普遍使用的一种简单方法是，计算两幅影像叠置的位置相关性，对逐个像元系统地进行各种可能配准位置的相关性计算，相关性最高的位置就是最佳的配准位置。这种影像配准的方法是许多图像处理软件自动配准处理的重要方法，包括数字三维立体影像的配准（钱乐祥等，2004）。

影像配准时，并不只是在寻找两幅影像的最佳匹配位置。无论是哪种配准，除了重新安排像元的位置，还要计算配准后重新分布的像元的亮度值，因为配准后影像亮度发生了改变。例如，将同一地区的 Landsat 影像与地图进行配准，或是同一地区两幅不同时期的影像配准，或是同一地区 Landsat 影像与 Seasat 影像配准，都必须重新计算配准后像元亮度值。

最严格的影像配准方法是运用传感器的几何特征和姿态变化，得到每一个像元精确的坐标。要应用这种配准方法，必须知道卫星的高度、运行轨迹、地球表面的形状、传感器相对于卫星的运动及扫描仪的运动等。尽管卫星和传感器姿态因素，如 Landsat 卫星精确的姿态参数可以获得，但这种方法只能校正影像上的某些几何误差。

10.3.4　地面控制点的选取

1）地面控制点的选取方法

在影像配准和几何校正过程中，地面控制点的选取非常重要（图 10.12）。地面控制点要选那些既在地图上有精确位置，又在数字影像上可明显识别的地物。地面控制点不仅要很容易识别，而且其大小要相当于几个像元的地物特征，如道路交叉口、地块或建筑边界、河流的交汇处等。控制点的选取看起来很容易，但实际上，如果选的不合适，会影响整个图像的精确配准和分析过程。

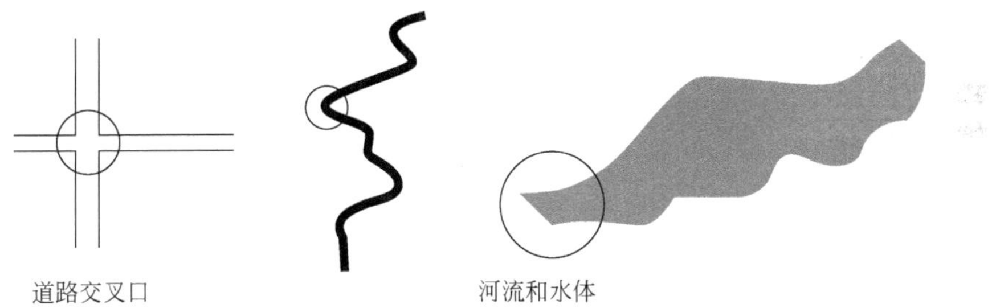

图 10.12　地面控制点的选取

2）控制点选取遇到的常见困难

（1）地面控制点的精确定位。通常要找到并确定少数几个控制点相对比较容易，但在有些影像上要增加地面控制点的数量会比较困难，因为可能只有一部分质量好的地面控制点可供使用，它们能精确地在影像上或地图上确定位置。而很多的控制点因质量不好，不能精确地确定其位置。

（2）地面控制点的分布。原则上，地面控制点应该均匀分散在整个影像上，特别是影像边缘部分。如果许多控制点集中于影像的很小区域，那么得到几何校正或配准的信息就很有限。因此一方面要使控制点的覆盖范围足够分散，另一方面又要处理在有些范围中很难准确定位控制点的问题。因此，希望同时获得好的控制点和足够的分散度不太可能，很难找到一个平衡的方法。当分析人员在初期准备子集的时候，就应该考虑到选择控制点时将要遇到的困难。如果子集太小，不能包含重要的地面标志物，子集表示的区域将找不到足够数量的、高质量的地面控制点。

研究表明，地面控制点数量的增加会降低影像配准的误差（Ralph et al.，1983）。一般来说，控制点数量多总比少好，但实际上控制点的精度会随着控制点数量的增加而降低，低质量控制点会增加误差。因此分析人员通常会先选择质量好的控制点。如果定位精度能达到 1/3 个像元，一般建议选择 16 个控制点比较合理。如果控制点分布不够分散或地面地物特征不利于控制点的精确定位，16 个地面控制点是不够的。

很多图像处理软件配准完成后，一般都报告每个控制点的误差和配准精度。控制点定位误差衡量方法是均方根误差（root mean square error，RMS），它反映的是地面控制点的真实位置和计算出来的位置（经过配准后的位置）之间的标准差，这些差异就是余差。通常，均方根是以像元为单位，在东西和南北方向分别计算误差。控制点的误差报告（表 10.3）仅仅反映了地面控制点的位置误差，而没有反映出其他像元的位置误差。如果分析人员想对配准的总体精度进行评估，那么在配准过程中可以保留一些地面控制点，用来评价配准是否成功。

表 10.3　控制点的误差报告

点号	图像 *X* 像素	*X* 像素残差	图像 *Y* 像素	*Y* 像素残差
1	1269.75	−0.2471E+00	1247.59	0.1359E+02
2	867.91	−0.6093E+01	1303.90	0.8904E+01
3	467.79	−0.1121E+02	1360.51	0.5514E+01
4	150.52	0.6752E+02	1413.42	−0.8580E+01
5	82.20	−0.3796E+01	163.19	0.6189E+01
6	260.89	0.2890E+01	134.23	0.5134E+01
7	680.59	0.3595E+01	70.16	0.9162E+01
8	99.18	0.1518E+02	33.74	0.1074E+02
9	119.71	0.6705E+01	689.27	0.1127E+02
10	1031.18	0.4180E+01	553.89	0.1189E+02
11	622.44	−0.6564E+01	1029.43	0.8427E+01
12	367.04	−0.5964E+01	737.76	0.6761E+01
13	162.56	−0.7443E+01	725.63	0.8627E+01
14	284.05	−01495E+02	1503.73	0.1573E+02
15	119.67	−0.8329E+01	461.59	0.4594E+01
16	529.78	−0.2243E+00	419.11	0.5112E+01
17	210.42	−0.1558E+02	1040.89	−0.1107E+01
18	781.85	−0.2915E+02	714.94	−0.1521E+03
19	1051.54	−0.4590E+00	1148.97	0.1697E+02
20	1105.95	0.9946E+01	117.04	0.1304E+02

X 轴方向上的均方根误差=18.26133

Y 轴方向上的均方根误差=35.33221

总体均方根误差=39.77237

点号	误差	总的误差贡献
1	13.5913	0.3417
2	10.7890	0.2713

续表

点号	误差	总的误差贡献
3	12.4971	0.3142
4	68.0670	1.7114
5	7.2608	0.1826
6	5.9790	0.1503
7	9.8416	0.2474
8	18.5911	0.4674
9	13.1155	0.3298
10	12.6024	0.3169
11	10.6815	0.2686
12	9.0161	0.2267
13	11.3944	0.2865
14	21.6990	0.5456
15	9.5121	0.2392
16	5.1174	0.1287
17	15.6177	0.3927
18	154.8258	3.8928
19	16.9715	0.4267
20	16.3982	0.4123

10.4　卫星影像的地图投影

超过了数平方公里范围的区域制图就必须使用地图投影。地图投影是一种转换系统，它能使地球球形表面的位置信息系统地再现于平面地图上。球面和平面这两种表面具有本质上的不同，要将球面上的面积、形状、方向等信息投影到平面上时，总会牺牲精度。但所产生的误差可以限制在某些方面（如等角、等积），或者在地图的一定范围内这种误差很小。

当用 Landsat 或是其他地球观测卫星对一个区域进行制图表达时，用传统的地图投影方法是不适合的。在获取影像时，卫星和地球表面都是在运动的，普通地图就不便于表达运动的地物信息。Landsat 数据的用户将影像的信息内容再现到传统地图上时就遇到问题，因为太阳同步卫星轨道的地面轨迹在传统的地图投影上表现为曲线，这使得影像内容的地图再现大大复杂化了。因此处理这个问题的方法是设计新的投影，能将太阳同步卫星的地面轨迹在地图上表现为直线（Snyder，1981）。

Landsat 数据是用像元行列矩阵表示的，这些像元的位置与正确的地面位置并不完全对应。要正确表达像元的位置必须设计特殊的投影来获取 Landsat 影像复杂的几何特征。

解决 Landsat 数据的投影问题是空间斜轴墨卡托投影（space oblique Mercator projection，SOM）。美国地质调查局（USGS）领导了 SOM 的研究，其目的就是定义一种地图投影为地球观测卫星扫描带内的地面轨迹提供固定的比例尺。尽管 SOM 是专为 Landsat 设计的，但是只要修改它的轨道特征信息，同样适用于其他地面观察卫星。对于 Landsat 来说该投影所能

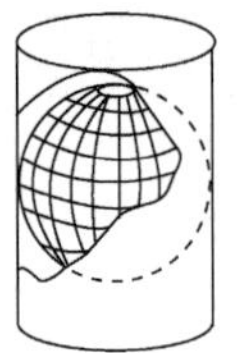
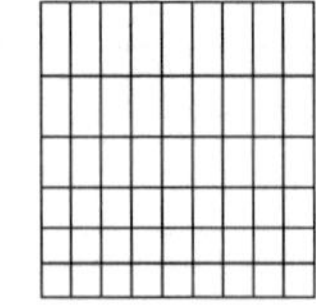

(a) 正轴墨卡托投影

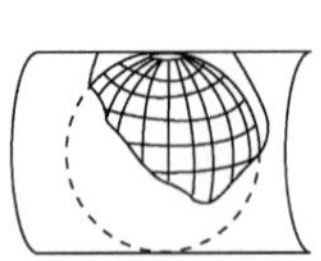
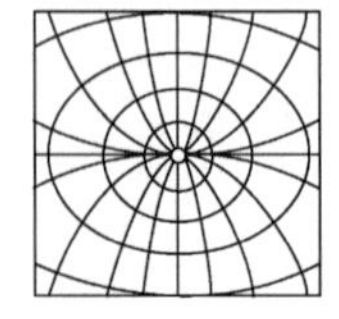

(b) 横轴墨卡托投影

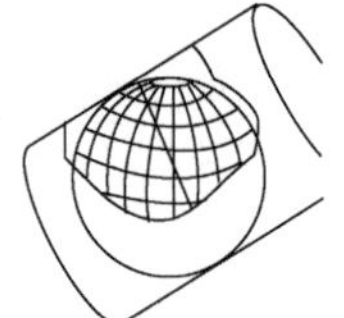
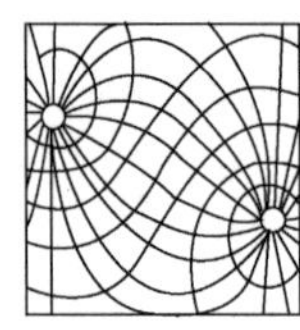

(c) 斜轴墨卡托投影

图 10.13　墨卡托投影

制图的范围是南北纬 81° 之间。SOM 是在墨卡托地图投影的基础上演化而来的。正轴墨卡托投影将经纬网转换到平面上，使经线成为一组等间距的垂直线段，与经线垂直相交的一组平行线段形成纬线。该投影可以看作一个透明的球体与外包的圆柱在赤道处相切，然后将光源放在球体的中心，把球体表面的经纬网投影到圆柱上，展开后形成在地图平面上的经纬线。

如果正轴墨卡托投影以赤道为中心线，那么赤道附近的地方（在赤道处圆柱体同地球相切）表示的距离、形状、面积和方向是正确的，所有的特征均能精确地表示在图上，即便有误差也是极小的［图 10.13（a）］。当离赤道的距离增加时，误差会越来越大。特别是面积，在高纬度地区有很大的误差。在该投影地图上形状都能很精确地表示，即等角性质，因此墨卡托投影有一个很重要很有价值的特性：沿着恒定的罗盘所指方向的那条线在墨卡托投影上是一条直线。

墨卡托投影经修改后形成两个重要的投影：横轴墨卡托投影和斜轴墨卡托投影。横轴墨卡托投影可看作圆柱体与某条经线圆相切，而不是与赤道相切以后的投影［图 10.13（b）］。当圆柱体展开后，只有中央经线附近最精确的带能够使用，而地图的其他部分由于不精确必须舍去。如果对不同的经线不断重复该过程，且每一次只保留较精确的中央带，那么就可以构成地球表面大范围的精确地图。这个过程成为通用横轴墨卡托投影（UTM）地理参考系统的产生的基础，是我国地形图投影（高斯-克吕格投影）的基本方法。

斜轴墨卡托投影是圆柱与地球的切线从某条经线转移到了与所有经线成某个角度的大圆线上。在斜轴墨卡托投影地图上，经纬网表现为一系列的曲线。而在空间斜轴墨卡托投影（SOM）［图 10.13（c）］上，切线并不是地球表面的大圆线，而是卫星的地面轨迹线。对于 Landsat 和其他太阳同步轨道的卫星而言，这条地面轨迹切线接近于正弦曲线。

与其他墨卡托投影一样，空间斜轴墨卡托投影（SOM）图在表达距离和面积也有误差，但是误差在地面轨道线附近很小，也就是在卫星成像扫描带范围内误差是很小的。

10.5　数据融合

数据融合（Data Fusion）是指不同分辨率的影像融合为一幅影像，例如，将高分辨率的全色影像与低分辨率的多光谱影像组合在一起的技术。遥感数据融合是将在空间、时间、波谱上冗余或互补的多源遥感数据按照一定的规则（或算法）进行运算处理，获得比任何单一数据更精确、更丰富的信息，生成具有新的空间、波谱、时间特征的合成图像数据。图像通过融合既可以提高多光谱图像空间分辨率，又保留其多光谱特性。融合后的产品通常都很有价值，因为它们将几个独立的信息源整合到一幅影像上。

数据融合可以应用于不同类型的遥感数据，例如，多光谱数据与雷达影像数据融合，或多光谱影像与数字高程数据融合，但典型的数据融合还是将同一地区低空间分辨率的多光谱影像与高分辨率的影像数据进行的融合。例如，将 SPOT 多光谱数据（20m 的空间分辨率）与同一地区相应的 SPOT 全色波段的数据（10m 的空间分辨率）融合，或者 TM 的多光谱数据与航空摄影数据融合（童庆禧等，2006），或者 ETM 多波段数据与 ETM 全色波段融合。

融合技术是假设同一天或在很短的时间间隔内获得的不同影像数据之间是兼容的，同时影像可以相互配准。融合前必须对影像进行校正，使它们具有相同的几何特征，同时还必须确保在空间上是配准的。数据融合的基本任务就是用高分辨率影像的空间细节代替某一多光谱波段的低分辨率空间细节，然后应用某种技术恢复由于融合丢失的多光谱影像中的光谱信息。遥感数据融合包括：像素级、特征级和决策级融合（Chavez et al.，1991；Wald et al.，1997；Carter，1998）。像素级数据融合是基于像素的图像融合，是指对测量的物理参数的合并，即直接在采集的原始数据层上进行融合。特征级融合是一种基于特征的图像融合，是指运用不同的算法，首先对各种数据源进行目标识别的特征提取如边缘提取、分类等；然后对这些特征信息进行综合分析和融合处理。决策级融合是基于决策的图像融合，是指在图像理解和图像识别的基础上的融合。也就是经“特征提取”和“特征识别”过程后的融合（张良培和沈焕锋，2016）。

10.5.1　光谱域处理方法

光谱域处理方法是把多光谱波段转换到光谱数据空间，找到与全色波段相关程度最高的新波段，把新波段的光谱分配到高分辨率的全色波段影像上。这种方法主要适合相同传感器的低分辨率多波段数据与高分辨率全色波段的融合。主要有两种处理技术。

（1）彩色变换（IHS）技术（Carper et al.，1990）是一种光谱域处理技术。明度-色调-饱和度（IHS）指的是多光谱数据的三个维度，也就是日常所说的“颜色”的性质三要素。明度就是亮度；色调是与光谱波长有关的，对不同波长的可见光光谱，人眼会产生不同颜色，因此色调又与颜色类别有关；饱和度指的是颜色的纯度。对于彩色变换融合技术，首先将低分辨率影像的三个波段红绿蓝（RGB）空间变换到明度-色调-饱和度（IHS）空间，将高分辨率影像进行拉伸，使得它与低分辨率影像的明度均值和方差相接近。用拉伸后的高分辨率影像替代原来影像的明度，然后再把影像转回到 RGB 空间。该技术的关键在于高分辨率影像明度分量的替换，这样处理后使得影像不仅具有了低分辨率影像的明度特征，而且具有高分辨率影像的空间细节。

（2）主成分变换（PCT）技术是对原始的低分辨率影像先进行主成分分析，将高分辨率影像进行拉伸，使得它与第一主成分的均值和方差相接近。用拉伸后的高分辨率影像替代低分辨率影像的第一主成分。然后用替代后的高分辨率影像作为第一主成分，再把该影像变回到原来的形式。主成分变换（PCT）方法的关键在于多光谱影像的第一主成分中通常包含了原始多波段影像 90%以上的亮度信息。

10.5.2　空间域处理方法

空间域处理方法是提取高分辨率影像的高频变化信息，再将提取出的高频信息引入低分辨率的多光谱影像中的方法，如高通滤波技术（HPF）。用高通滤波将高分辨率影像中的高频信息提取出来，这些高频信息正是包含地面空间细节程度的信息。该高频信息被引入低分辨率影像具有补偿空间分辨率的作用，既保留了低分辨率影像的亮度值，又融合了高分辨率影像的空间细节。Ranchin 和 Wald（2000）提出的 ARSIS 技术就是运用了小波变换方法实现了在低分辨率影像中模拟高分辨率影像的空间细节。

10.5.3　代数运算方法

代数运算方法是对影像中的每个像元进行处理，计算多光谱影像中的三个波段的光谱信息比例，用高分辨率影像代替三个波段中的某个波段，这样的替换使得高分辨率影像就被赋予了正确的光谱亮度值。Brovey 变换就是计算高分辨率影像亮度的波段替换比例。这个方法的目标就是保留原始多光谱影像的光谱完整性，要做到这一点只要全色影像的光谱范围等于多光谱影像三个波段综合的光谱范围即可。但很多多光谱影像并非如此，因此这个处理方法并不总是能保留原始多光谱影像的光谱值。

乘法模型（MLT）通过将一个多光谱像元与相应的高分辨率影像的像元进行相乘来实现亮度调节。为了将亮度调整到接近原始影像的亮度范围，通常计算多波段综合亮度的平方根。计算得出的结果是一种组合亮度，需要进行权重计算才能恢复各波段的亮度近似值。虽然这些权重是任意选的，但许多人发现这个处理方法能产生让人满意的结果。

通过影像融合而成的合成影像是为目视解译服务的。由于对不同组合的融合数据的评价标准和方法有很大不同，很难对这些方法作出明确的评价。Chavez 等（1991）发现，对于 TM 和高空摄影影像的融合，高通滤波技术优于彩色变换和主成分变换技术。而 Carter 认为彩色变换（IHS）和高通滤波技术（HPF）方法能产生很好的融合效果。Wald 等（1997）提出了一个对融合后的影像质量进行评估的框架，并强调在融合过程中也要考虑影像记录的地物特征。由于融合后的影像是对数据的任意操作组合而来，它们只适合目视解译，而不适合进一步的数字分类或分析。

遥感所用的很多预处理操作方法是从模式识别、图像处理等相关领域引入的，在这些学科中，它们的重点放在探测或识别影像上记录的目标物上。因此，像元相对于它们的意义与其在遥感中的意义有很大的不同。通常这些领域的图像分析人员要做的仅仅是不同目标物相对于背景的反差识别、边缘检测，或是轮廓线的重构；像元的数值可以进行任意操作，改变影像的几何特征或是增强影像，而不必考虑原图像的信息像元值是否被修改（郭德方，1987）。

然而，对于遥感领域的工作人员而言，常常要考虑像元值的微小变化，同时要考虑预处理操作是否会改变像元的值。像元值的变化会改变光谱信号、类别间的反差，或光谱波段的方差或协方差等。因此预处理操作有时也会产生不需要的结果，影响了预处理后数据的分类精度。从预处理的基本原理看，预处理实际上改变了像元的原始值，而且还改变了每一个波段的亮度平均值、方差及协方差，影像的其他特征如波段之间的相关性也可能会受到影响。目前，还很少有人系统地研究过预处理操作对后续分析结果的实际影响。Kovalick 曾在 1983 年的北卡罗来纳州森林湿地的研究中，分析了 Landsat MSS 影像重采样和去除条带对影像分类精度的影响。他发现重采样相对于原始数据往往会降低某一分类的平均值，增加其方差。

思　考　题

1. 什么是特征提取？

2. 预处理的内容有哪些？

3. 辐射校正有哪些方法？辐射误差产生的主要原因是什么？简述其在图像上的表现特征。

4. 几何校正有哪些方法？几何畸变产生的主要原因是什么？

5. 图像配准的概念。

6. 如何选择地面控制点？应注意些什么？

7. 图像融合的概念和方法，数据融合可以应用于哪些图像上？

8. 如何判断某一给定的图像预处理方法是否有效？

9. 如何判断是否要进行影像预处理？提出你的建议。

10. 观察拟研究地区的影像和地图，如何选择地面控制点？并评价其合理性。

第 11 章　遥感图像的增强处理

图像增强是数字图像处理最基本的方法之一，在数字图像处理中应用很广泛，是具有重要实用价值的技术。图像增强的目的在于：①采用一系列技术改善图像的视觉效果，提高图像的清晰度；②将图像转换成一种更适合于人或机器进行解译和分析处理的形式。图像增强并不强调图像保真度，而是通过有选择地突出某些感兴趣的信息便于人或机器分析，同时抑制一些无用的信息，以提高图像的使用价值，即图像增强处理只是增强了对某些信息的辨别能力。

图像增强是一个相对的概念，增强效果的好坏，除与算法本身的优劣有一定的关系外，还与图像的数据特征有直接关系。同时，由于评价图像质量的优劣往往由观测者主观确定，没有通用的定量标准，增强技术的使用必须从实际问题出发，选取合适的增强方法。

遥感图像以提取信息为主要目标，增强处理是为了提高图像信息提取的能力。遥感图像是分波段，而地面事物在不同波段的特性是有差异的，这种差异是区别不同事物的依据。因此具有多波段特性的遥感图像在图像处理方面就有其独特性，如主成分分析、植被指数、图像的比值处理等。遥感图像提取的信息以地图的形式表达，所以遥感图像在进行任何处理前必须配准，使遥感图像的每个像元都具有空间地理参照坐标系统的坐标值（x、y 或φ、λ）。

目前常用的遥感图像增强处理方法主要有：彩色合成、直方图变换、密度分割和灰度颠倒、邻域法增强处理、图像间运算、多波段压缩处理等。

11.1　彩 色 合 成

人眼对黑白影像的分辨能力有限，大致只有 10 个亮度级，而对彩色影像的分辨能力则要高得多。如果以平均分辨率的$\Delta\lambda$=3nm 计算，人眼可分辨出上百种颜色差别。这还仅仅是考虑了色别一个要素，如果再加上颜色的其他两个要素——饱和度和亮度，人眼能够辨别彩色差异的级数要远远大于黑白差异的级数。为了充分利用色彩在遥感图像判读和信息提取中的优势，常常利用彩色合成的方法对多光谱图像进行处理，以得到彩色图像。

对于人眼来说，单一波长的光对应着单一的色彩。例如，眼睛对 0.62～0.76μm 的光感觉为红色；对 0.50～0.56μm 的光感觉为绿色。然而，眼睛在判别色彩时也有局限性。若把波长 0.7μm 的红光与 0.54μm 的绿光按一定比例混合叠加，眼睛的感觉将如同 0.57μm 的黄光从而感觉为黄色，分不出哪一种是“单色”的黄光（0.57μm），哪一种是红光与绿光混合而成的黄光。这就说明，对于眼睛色觉来说，光对于色虽然有着一一对应关系，而色对光并不存在单一的对应关系。因此，一些色彩可以由不同波长的光按一定比例叠加混合而成，即可以用少数几种色光合成出众多的色彩来。彩色合成就是依照眼睛的这一色觉现象，通常利用三种基本色光（称为基色）按一定比例混合叠加从而合成各种色彩，称为三基色合成。三基色，就是在三种基色光中的任何一种色光（或颜色）都不能由另外两种色光（或颜色）混合而成。

三基色彩色合成通常采用红、绿、蓝三色。用三基色合成产生其他色彩有两种基本方法，即加色法和减色法。

彩色图像又可以分为真彩色图像和假彩色图像。真彩色图像上影像的颜色与地物颜色基本一致，而假彩色图像上影像的颜色与实际地物颜色不一致。利用数字技术合成真彩色图像时，是把红色波段的影像作为合成图像中的红色分量、把绿色波段的影像作为合成图像中的绿色分量、把蓝色波段的影像作为合成图像中的蓝色分量进行合成的结果。遥感中最常见的假彩色图像是彩色红外合成图像，它是在彩色合成时，把近红外波段的影像作为合成图像中的红色分量、把红色波段的影像作为合成图像中的绿色分量、把绿色波段的影像作为合成图像中的蓝色分量进行合成的结果。下面来分析一下植被在真彩色图像和假彩色红外图像上的表现形式。

由图 11.1 可知：植被在近红外波段有较高的反射率，其次是在绿色波段。按上述方法进行真彩色合成时，绿色分量（对应于植被在绿色波段的反射）在整个像素的 3 个分量中占的比重最大，所以该像素表现为绿色；而按上述方法进行假彩色红外图像合成时，红色分量（对应于植被在近红外波段的反射）在整个像素的 3 个分量中占的比重最大，所以该像素表现为红色。假彩色红外图像可以有效地突出植被要素，有利于植被信息的判读和提取。

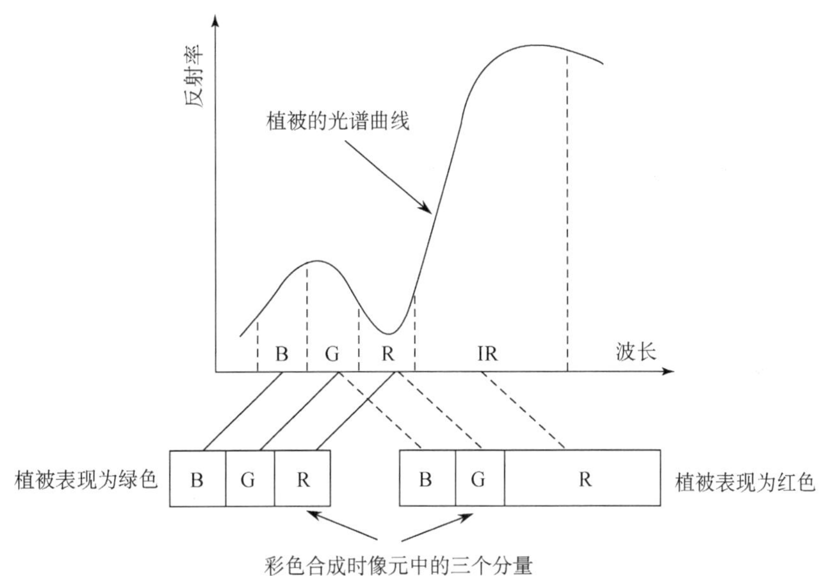

图 11.1　彩色合成原理（朱述龙和张占睦，2000）

11.2　直方图变换

数字图像的亮度值是离散的，它是由一系列依序排列的像元组成的一个数字矩阵。数字图像的亮度编码是从 0～255，即 256 级灰阶。对于一幅图像，可以统计出每一个亮度等级像元数 m_i，如果整幅图像的像元总数为 M，则某一亮度值的频率 p_i 为

$$p_i = \frac{m_i}{M} \tag{11.1}$$

以横坐标表示亮度级，纵坐标表示每一亮度级的像元数或频率，绘制出如图 11.2 所示的统计图，称为图像亮度直方图，每幅数字图像都有不同的直方图形态。观察直方图的形态，可以粗略分析图像的质量。

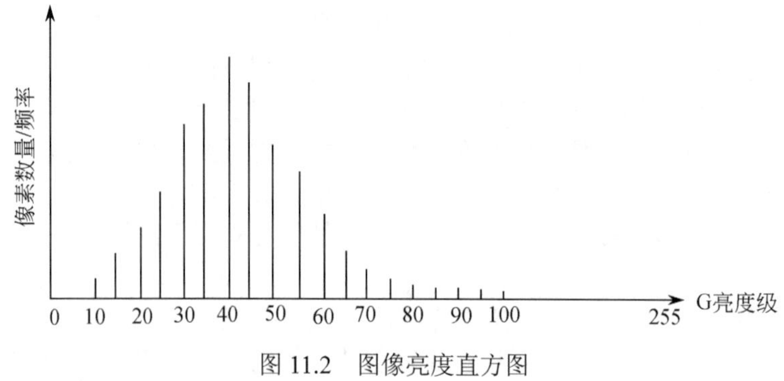

图 11.2　图像亮度直方图

按照统计规律，像元亮度值的分布是随机的，直方图应该呈正态分布，如图 11.3（a）所示。当直方图的峰值偏向坐标轴的左侧时，如图 11.3（b）所示，说明图像偏暗。当直方图的峰值偏向坐标轴的右侧时，如图 11.3（c）所示，说明图像偏亮。当直方图的峰值提升过陡，峰值范围过窄时，如图 11.3（d）所示，说明图像亮度过于集中。这些情况通过改变直方图的性质，就可以改善图像的质量。常用的方法有对比度的线性变换和非线性变换。

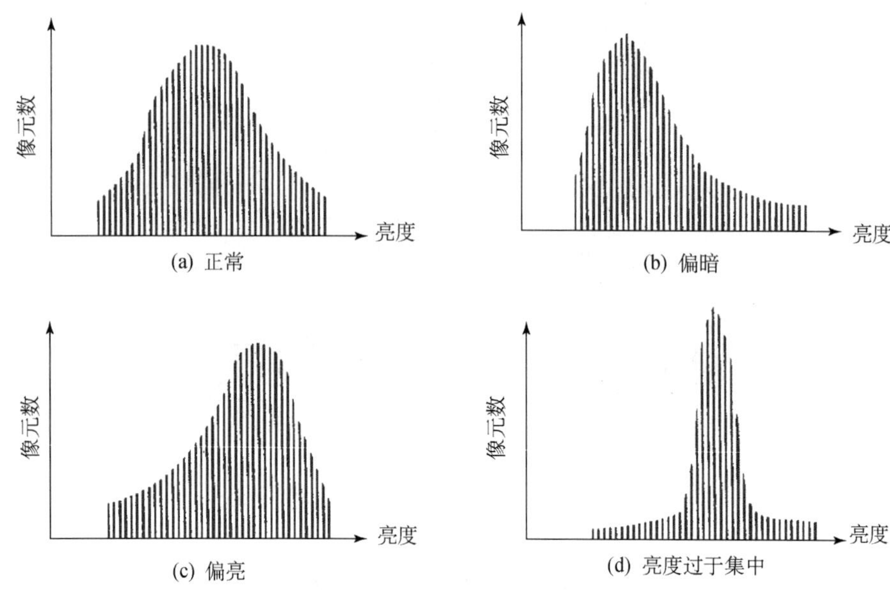

图 11.3　直方图形态与图像质量

11.2.1　线性变换

变换前图像的亮度范围与变换后图像亮度范围是直线关系，称为线性变换。简单的线性变换是按比例扩大原始亮度等级的范围，通常为充满显示设备的动态范围，使输出图像直方图的两端达到饱和。例如，有一图像直方图最小亮度值为 10，最大亮度值为 52，经简单线性变换后，输出的最小值为 0，最大值为 255，原图像上其他亮度值按等比例换算。

线性变换通过一个线性函数进行变换，其数学式为

$$d'_{ij} = Ad_{ij} + B \tag{11.2}$$

式中，d'_{ij} 为经线性变换后输出像元的亮度值；d_{ij} 为原图像像元亮度值；A 和 B 为两个常数。

有时为了更好地调整图像对比度，需要在一些亮度段进行拉伸，在另外一些亮度段进行压缩，这种变换称为分段线性变换。这样能更有效地拉大感兴趣目标与其他地物之间的反差。分段线性变换如图 11.4 所示。图 11.4（a）为双线性变换，图 11.4（b）为三线性变换，图 11.4（c）为压缩高、低亮度成分，增强中间亮度反差的三线性变换方法。

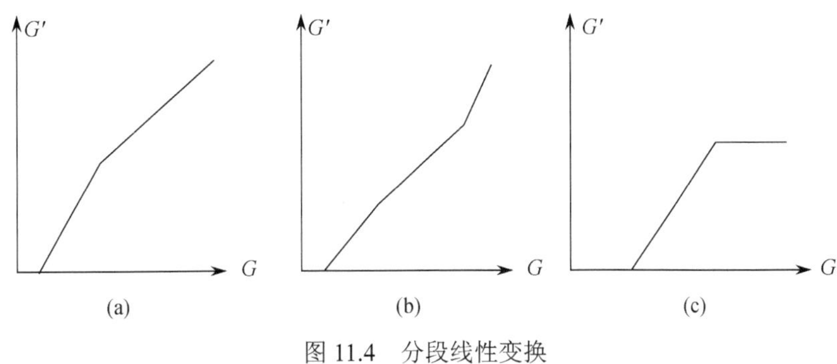

图 11.4　分段线性变换

11.2.2　非线性变换

变换前图像的亮度范围与变换后图像亮度范围是非直线关系，这种变换称为非线性变换，如指数变换、对数变换等（图 11.5）。不论哪种直方图变换方式，都是通过改变图像像元的亮度值来改变图像像元的对比度，从而改善图像质量的增强处理方法，使得目标地物更加容易识别和解译。

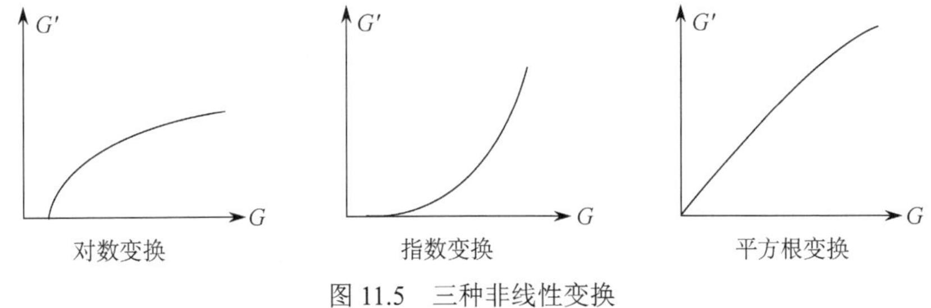

图 11.5　三种非线性变换

11.2.3　其他直方图变换

在实际应用中常采用另外两种直方图变换方法：直方图均衡化和特定化。

直方图均衡化是将原图像的直方图通过变换函数变为各亮度级均匀分布的直方图，然后按均匀直方图修改原图像的像元亮度值，从而获得一幅亮度分布均匀的新图像。直方图均衡化处理后的图像每个亮度级的像元频率，理论上应该相等，其直方图形态为理想的直线。而实际上均衡化后的直方图呈现参差不齐的形态（图 11.6）。这是由于图像是离散的，各亮度级的像元个数有限。在一些亮度级内可能没有像元，而在另外一些亮度级却有大量像元。

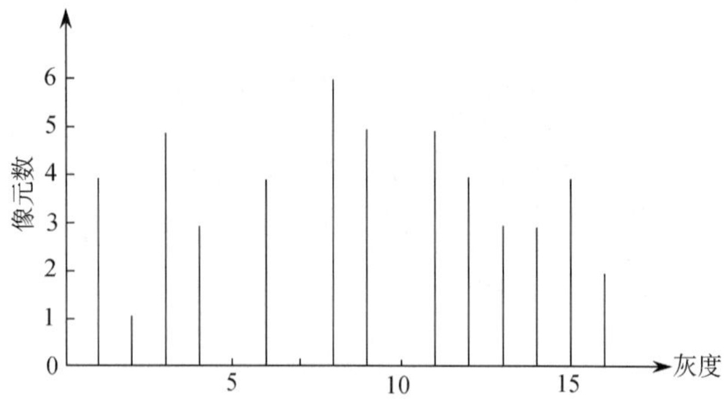

图 11.6　均衡化后直方图（汤国安等，2004）

直方图均衡化增强处理，合并了图像中频率小的亮度级，拉伸了频率高的亮度级，使亮度集中于中部的图像得到改善，增强图像上大面积地物与周围地物的反差。

直方图特定化（或规定化）是将随机分布的原图像直方图修改成特定形状的直方图，如高斯分布、某一参考图像的直方图等（图 11.7）。特定化变换后的直方图只是尽可能地接近参考直方图的形状，而不可能完全相同。直方图特定化又称为直方图匹配，这种增强方法经常作为图像镶嵌处理或遥感图像进行动态变化研究的预处理，因为通过直方图匹配可以调整两幅图像的色调差异，部分消除太阳高度角或大气影响造成的两图像色调差异。

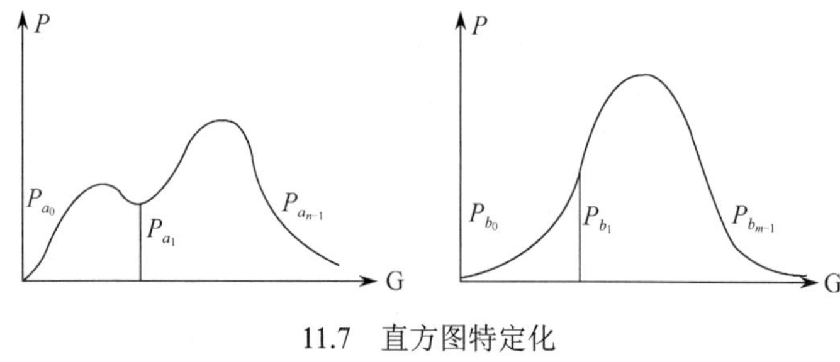

11.7　直方图特定化

11.3　密度分割和灰度颠倒

11.3.1　密度分割

密度分割是一种用于影像密度分层显示的彩色增强技术。原理是将具有连续色调的单色影像按一定密度范围分割成若干等级，经分层设色显示出一种新彩色影像。常用于遥感专题地图的表达，如分类图、植被指数图等。图像密度分割方法可以按如下步骤进行：

（1）求图像的极大值 d_{max} 和极小值 d_{min}。

（2）求图像的密度区间$\Delta D=d_{max}-d_{min}+1$。

（3）求分割层的密度差$\Delta d=\Delta D/n$；式中，n 为需分割的层数。

（4）求各层的密度区间：

第 1 层　$D_1=d_{min}\rightarrow d_{min}+\Delta d-1$

第 2 层　$D_2=d_{min}+\Delta d\rightarrow d_{min}+2\Delta d-1$

第 3 层　$D_3=d_{\min}+2\Delta d\rightarrow d_{\min}+3\Delta d-1$

⋮

第 n 层　$D_n=d_{\min}+(n-1)\Delta d\rightarrow d_{\max}$

（5）定出各密度层亮度值或颜色：

$D_1\rightarrow 0$ 或红色

$D_2\rightarrow 8$ 或绿色

⋮

$D_n\rightarrow 255$ 或黄色

（6）图像矩阵中每个像元应分在哪一层，用它原图像的亮度值在（4）中查找它落入哪个区间，就定为哪一层，再按（5）确定它的新亮度值或颜色就得到一张密度分割图像。

实际上密度分割也可看作线性变换的一种，同样能用式（11.3）计算。

$$d'_{ij}=\frac{d_{ij}-d_{\min}}{d_{\max}-d_{\min}}\cdot n \tag{11.3}$$

密度分割原理可用图 11.8 表示。同样，密度分割也可以采用非线性分割方法。

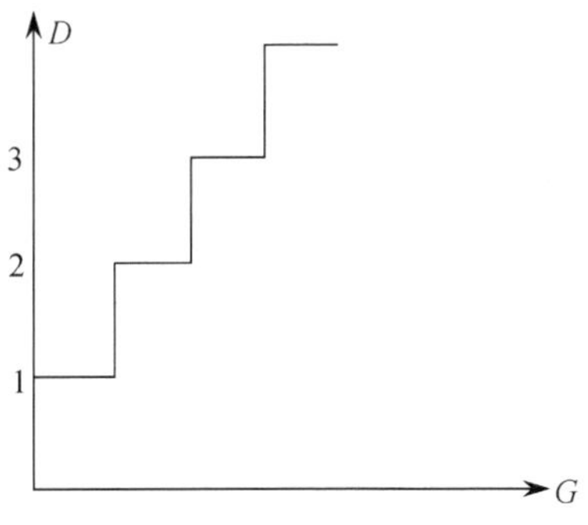

图 11.8　密度分割原理

11.3.2　灰度颠倒

灰度颠倒在光学处理中是指将负片印制成正片，或反之。数字处理是将图像的亮度范围先拉伸到显示设备的动态范围（如 0～255）成饱和状态，然后进行颠倒，有

$$d'_{ij}=255-d_{ij} \tag{11.4}$$

这样的运算，可以使正像和负像互换。

11.4　邻域法增强处理

前面介绍的增强处理方法都是从点到点的逐点计算处理方法，与周围像元不发生直接联系。邻域法增强处理则是需要被处理像元的周围像元参与下进行的运算处理，例如，一个 3×3 个像元的邻域窗口在数字图像上运算处理过程如图 11.9 所示。

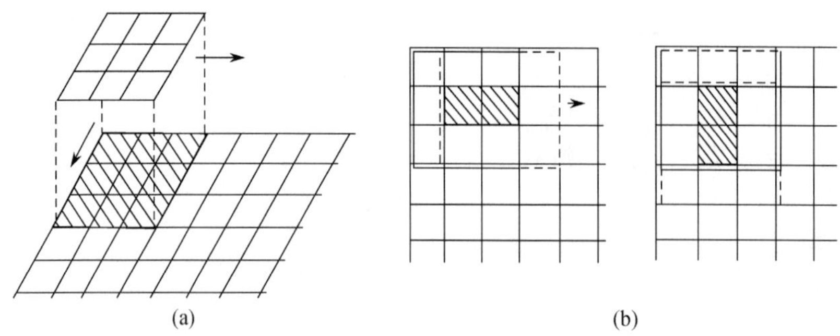

图 11.9　邻域法增强处理（张永生，2000）

（a）为邻域窗口投影叠合在数字图像上；（b）为运算时 x、y 方向上移动方式，邻域窗口运算结果的值放在窗口中心像元的位置上。邻域法处理用于图像平滑、锐化和相关运算，这里介绍前两种方法

11.4.1　平滑

图像的平滑是在图像中某些亮度变化过大，或出现不该有的亮点（噪声）时，采用平滑方法来减小变化，使亮度平缓或去除噪声。它使图像中的高频成分消退，即平滑图像的细节，使其反差降低，保存低频成分，在频域中称为低通滤波。在空间域处理中，对图像中邻域窗口 $M \times N$ 内的区域进行积分。对于离散的数字图像其平滑公式为

$$g(x,y) = \frac{1}{MN} \sum_{(n,m)\in s} f(n,m) \tag{11.5}$$

式中，g（x，y）为点（X，Y）平滑后的亮度值；f（n，m）为 S 集合中 $M \times N$ 模板各像元的亮度值。

一般是在 $M \times N$ 模板邻域窗口的每个元素中加正权，通过与窗口投影下的图像的各像元相乘再相加（称为空间卷积）的方法来运算。

窗口的大小可以根据需要选择，加权后邻域窗口也称为邻域算子或模块。一般情况下，如使用图 11.10（a）的算子，可消除图像中的孤立噪声，图 11.10（b）和图 11.10（c）分别可消除孤立的行和列的条带噪声。

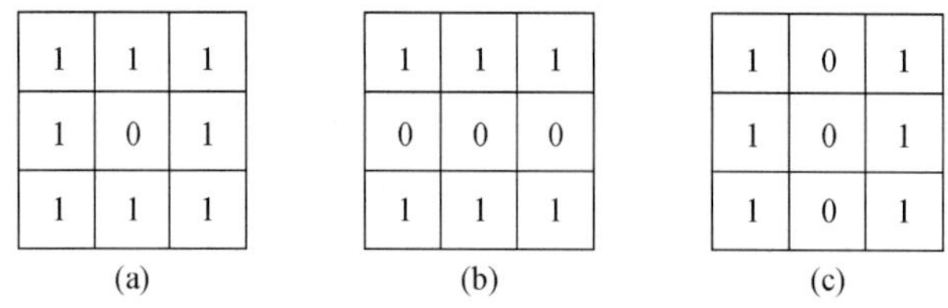

(a)

1	1	1
1	0	1
1	1	1

(b)

1	1	1
0	0	0
1	1	1

(c)

1	0	1
1	0	1
1	0	1

图 11.10　各种邻域算法（平滑）

假如邻域窗口为：

1	1	1
1	0	1
1	1	1

数字图像为：

23	26	45	32	33	30	29	23	26	25
32	128	55	48	50	42	44	33	55	43
32	22	45	43	40	49	52	49	53	48
39	52	55	49	46	89	90	78	45	43
43	33	54	56	97	88	94	88	99	41
27	30	29	44	33	97	100	98	56	48
37	32	26	33	36	44	99	47	36	39
48	57	55	43	44	46	54	47	39	40
23	26	45	32	33	30	29	23	26	25
32	22	45	43	40	49	52	49	53	48

则原图像中 128 的高亮值，就被邻域窗口的卷积运算结果所代替，新值为

$$(23\times1+26\times1+45\times1+32\times1+128\times0+55\times1+32\times1+22\times1+45\times1)\div9=31$$

同样，图像中其他高亮度区域用此处理可以平缓亮度变化。这种算法称为均值平滑算法，优点是简单，计算速度快，对整幅图像平滑的结果将使反差减小。缺点是在去掉噪声的同时也造成图像模糊，特别使得图像的边缘和细节削弱很多。而且随着邻域范围的扩大，在去噪声能力增强的同时模糊的程度也相应增加。为保留图像的边缘和细节信息，通常对上述算法进行改进，即引入阈值 T，当原图像的亮度值与平滑后的均值之差的绝对值小于阈值 T 时，图像取原值；大于阈值 T 时，图像取平滑后的均值。

11.4.2　锐化

锐化是平滑的相反增强处理方法，它增强图像中的高频成分，在频域处理中称为高通滤波，也就是使图像边缘、线状目标地物，或某些亮度变化大的区域，更加突出出来，也称为边缘增强（检测）。通过锐化的图像，可以提取需要的地物信息。锐化后的图像已不再具有原遥感图像的特征因而称为边缘图像。

锐化与平滑操作处理相反，平滑是对邻域窗口内的图像求积分，锐化则是对邻域窗口内的图像微分。常用的微分方法是梯度法。采用各种梯度算法求得各像元的梯度值后，代替原图像的亮度值。这样处理后的图像突出了边缘轮廓，而其他亮度变化均匀的区域则几乎为黑色。为了在边缘增强的同时保留背景的信息，同样采用阈值法进行处理，或者有时采用二值方法，形成二值图像，如 255 表示边缘，0 表示背景。

算法模块也可以根据需要来设计，如图 11.11 为几种加权不同和邻域大小不同的模块。其中图 11.11（a）是一维算子；图 11.11（b）称为拉普拉斯算子，3×3 模块；图 11.11（c）为方向算子；图 11.11（d）为 5×5 模块。

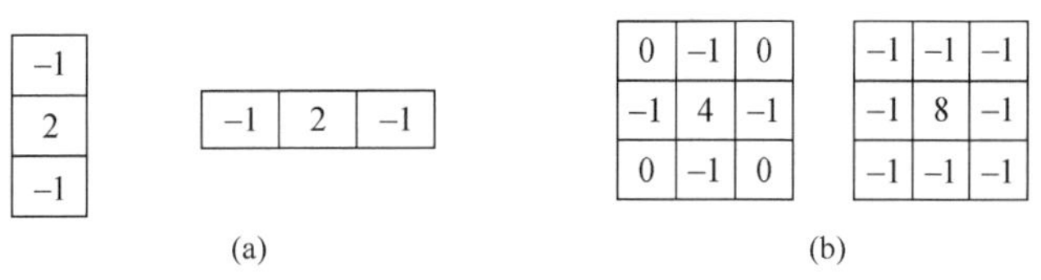

图 11.11　各种不同的模块（锐化）

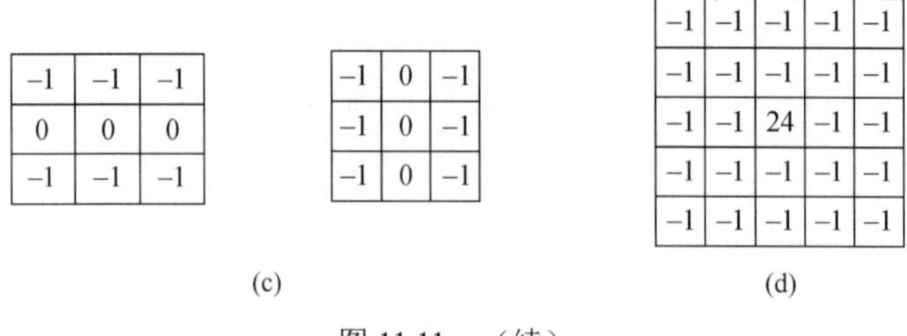

−1	−1	−1
0	0	0
−1	−1	−1

−1	0	−1
−1	0	−1
−1	0	−1

(c)

−1	−1	−1	−1	−1
−1	−1	−1	−1	−1
−1	−1	24	−1	−1
−1	−1	−1	−1	−1
−1	−1	−1	−1	−1

(d)

图 11.11　（续）

锐化模块在被处理像元邻域内是加负权，也可以看作被处理像元减去一个平滑模块的空间卷积值（图 11.12）。锐化是高通滤波，因此高通滤波图像也就是原始图像减去低通滤波图像。

$$\frac{1}{4}\times\begin{bmatrix}0&-1&0\\-1&4&-1\\0&-1&0\end{bmatrix}=\boxed{1}-\frac{1}{4}\times\begin{bmatrix}0&1&0\\1&0&1\\0&1&0\end{bmatrix}$$

图 11.12　锐化与平滑的关系

11.5　图像间运算

两幅或多幅单波段图像，完成空间配准后，通过一系列四则运算，可以实现图像的增强，达到增强某些信息，或去掉某些不必要信息的目的。

11.5.1　加法运算

加法运算就是两幅或多幅相同行列数不同波段的图像，其对应像元的亮度值相加的运算，即

$$g(X,Y)=\frac{1}{K}\sum_{i=1}^{K}f_i(X,Y) \tag{11.6}$$

式中，K=2，3，4，…，n。

例如，用 MSS4+MSS5 波段的运算为

$$g_{45}(X,Y)=\frac{1}{2}\sum_{i=4}^{5}f_i(X,Y)$$

得到的图像 g_{45}（X，Y）实际上是一个近似的缺蓝全色黑白图像。

用 MSS4+MSS5+MSS6+MSS7 波段的运算为

$$g_{4567}(X,Y)=\frac{1}{4}\sum_{i=4}^{7}f_i(X,Y)$$

得到的图像为近似的红外全色黑白图像。

11.5.2　减法运算

减法运算就是两幅相同行列数不同波段的图像，其对应像元的亮度值相减的运算，也称为差值运算，即

$$f_D(x,y)=f_1(x,y)-f_2(x,y) \tag{11.7}$$

差值运算应用于两个波段时，相减后的值反映了同一地物光谱反射率之间的差。由于不

同地物反射率差值不同，两波段亮度值相减后，差值大的地物被突显出来。例如，健康的植被在红波段（0.65μm 附近）有明显的吸收谷，反射率很低；而在近红外波段（0.8～1.3μm）形成高反射峰，反射率很高。当用近红外波段减红波段时，植被像元差值很大，而土壤和水在这两个波段反射率差值就很小，因此相减后的图像可以把植被信息突显出来，在差值图像中很容易识别出植被的分布区域和面积。如果不作相减，在近红外波段上区分植被和土壤，或在红色波段上区分植被和水体是不容易的。因此图像的差值运算能增强某些目标地物与背景之间的反差，有利于信息提取，如冰雪覆盖区、黄土高原区的界线特征；海岸带的潮汐线等。

差值运算还常用于研究同一地区不同时相的动态变化。例如，用森林火灾发生前后的图像做差值运算，在差值图像上，火灾地区因为变化明显，相减后的差值大，其他地区由于变化小，相减后的差值很小，所以火灾地区被突显出来，便于计算过火面积、损失等。差值运算还可以监测洪水灾情，即利用洪灾发生前后的遥感图像做差值运算，突出洪灾发生区域，计算洪灾面积及损失。同时差值运算在监测城市不同年份的扩展情况及计算侵占农田的比例、河口泥沙的变化等方面都有很好的应用（范海生等，2001）。

11.5.3　乘法运算

乘法运算就是两幅相同行列数不同波段的图像，其对应像元的亮度值相乘后再进行开方根的运算。例如，MSS4 与 MSS5 的乘法运算为

$$g_{45}(X,Y)=\sqrt{f_4(X,Y)\times f_5(X,Y)}$$

由于用亮度值运算，这种运算结果近似于加宽了波段的范围。

11.5.4　除法运算

除法运算就是两幅相同行列数不同波段的图像，其对应像元的亮度值相除（除数不为 0）的运算，又称为比值运算，即

$$f_R(x,y)=f_1(x,y)/f_2(x,y) \tag{11.8}$$

在比值图像上，像元的亮度反映了两个波段光谱比值的差异。因此，这种算法常用于增强和区分在不同波段的比值差异较大的地物。比值运算也可以利用不同波段的图像进行加、减、乘、除四则混合运算，该运算的典型应用实例就是 NDVI。植被指数突出了遥感影像中的植被特征，对于提取植被类别或估算植被生物量非常有效。

典型的比值运算如 NDVI，是反映土地覆盖植被状况的一种遥感指标，定义为近红外通道与可见光通道反射率之差与之和的商。常用植被指数算法如：近红外波段/红波段或（近红外－红）/（近红外+红）。

比值运算对于去除遥感图像上地形影响也非常有效。由于地形起伏及太阳倾斜照射，山坡的向阳处与阴影处在遥感影像上的亮度有很大区别，同一地物向阳面和背阴面亮度不同，给判读解译造成困难，特别是在计算机分类时造成错误。由于阴影的形成主要是地形因子的影响，比值运算可以消除这一影响，使得影像中向阳和背阴区域的值仅与地物的反射率比值有关。

比值处理还有许多其他多方面的应用，例如，对研究浅海区的水下地形、土壤富水性差异、微地貌变化、地球化学反应引起的微小光谱变化等都很有效，对与隐伏构造信息有关的

线性特征等也有不同程度的增强效果。

11.6　多波段压缩处理

遥感多波段图像的波段较多，例如，Landsat TM 图像有 7 个波段，高光谱图像则有 200 多个波段。如此海量的数据量，在数据分析和处理过程中会影响运算速度和方法。而实际上多波段图像的各波段之间有一定的相关性，各波段之间往往存在信息冗余。因此，通过对多波段的变换处理，去除相关性很高的波段，保留信息量大的某些波段，可以压缩波段数和数据量，使得遥感图像后续分析处理效率更高，目视解译效果更好。这种波段压缩的处理既是一种图像增强处理方法，又是一种图像预处理方法，因此这类处理又称为特征提取。实现多波段压缩的变换方法目前主要有两种：主成分分析和 K-T 变换。主成分分析方法在 10.1.1 节中已经介绍，这里主要介绍 K-T 变换的方法。

K-T 变换与主成分分析一样，也是一种线性组合变换，又称为“缨帽变换”。它是 Kauth 和 Thomas 在 1976 年发现的，这种变换使坐标空间发生旋转，但旋转后的坐标轴不是指向主成分的方向，而是指向另外的方向，这些方向与地面景物有密切的关系，特别是与植物生长过程和土壤有关。这样既可以实现信息压缩，又可以帮助解译分析农业特征，因此有很大的实际应用意义。目前对这个变换的研究主要集中在 MSS 与 TM 两种遥感数据的应用分析方面。

思　考　题

1. 图像增强处理的主要目的有哪些？主要处理方法有哪些方面？
2. 什么是图像直方图？在增强处理中有什么作用？
3. 平滑和锐化的增强效果有什么异同？各有何应用？
4. 评价彩色增强处理的地位和实用性。
5. 评价多波段数据压缩的意义。
6. 遥感图像处理软件的主要功能与作用是什么？
7. 对不同图像进行公式运算时出现零值该如何处理？
8. 通用的 NDVI 的计算公式是什么？
9. 图像的直方图对比度调整的原理是什么，常见的方法有哪些？

第 12 章 遥感图像的分类

12.1 概 述

遥感影像分类就是把像元归到某个类别的过程。像元是多波段数字图像的组成单元，通过像元之间相互比较或者像元与已知类别的像元比较，就可以把相似像元归并为一组，作为遥感影像用户需求的某一信息类别。这些类别在地图或影像上形成不同的区域，所以分类完成后，数字影像就表现为不同类型地块的镶嵌图，其中每一类用不同的颜色或符号标识开来（图 12.1）。理论上，同一类别地物的像元在光谱上非常相似，光谱亮度值的变化不大。但是在现实中，由于地面类别的复杂变化，同一类别地物的光谱特征也会表现出一些差异。

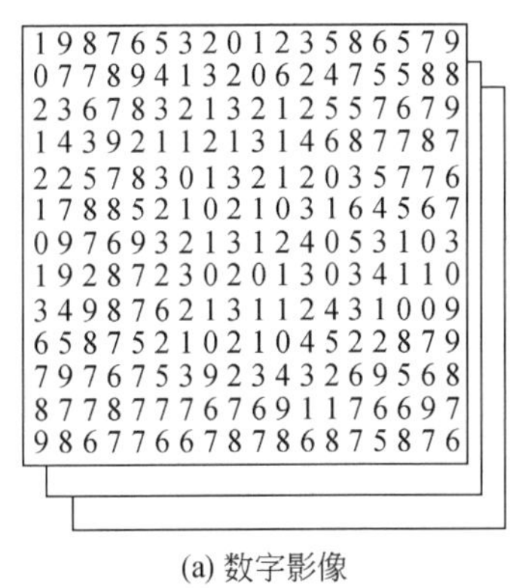

(a) 数字影像

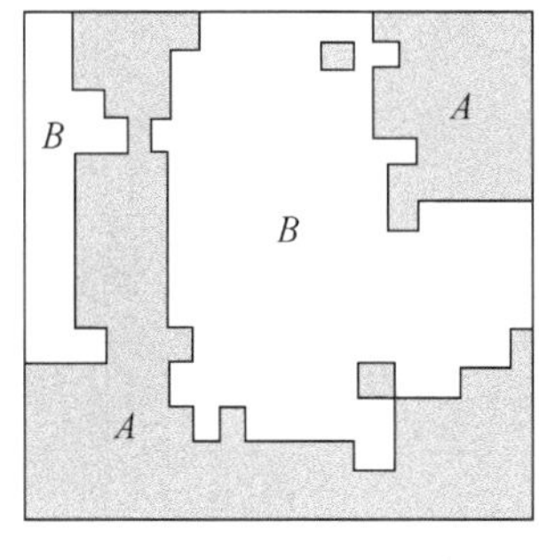

(b) 分类影像

图 12.1 数字影像和分类影像

分类影像（b）是通过分析数字影像（a）确定的，将数字影像上相似光谱值的像元集合成组，即构成分类影像。这里“*A*”类由像元值 6，7，8 和 9 组成的，“*B*”类由像元值 0，1，2 和 3 组成

影像分类是遥感、影像分析和模式识别领域的重要组成部分。影像分类是由计算机自动完成。最常用于分类的信息是光谱信息，即各波段的亮度值。另外还可以将空间结构信息，如图像纹理密度、方向等，以及其他专题信息用于分类。基于对象的分类除考虑目标像元的特征外，还可以考虑周围像元的特征。有时影像分类本身就是影像分析的目标，例如，利用遥感数据进行土地利用分类，其最终分析成果就是一幅类似于分类地图的影像。有时影像分类可能只是整个分析过程的一个中间环节，用来形成 GIS 数据中的多个图层。例如，在对水质的调查研究中，首先运用影像分类提取研究区域内湿地和开放水域信息，其次对湿地和开放水域进行详细研究，识别影响水质的因素，最后绘制水质的变化图。因此影像分类是数字影像分析的重要工具，有时用它可以形成最终分析结果，有时可以作为分析过程中提取影像信息的中间步骤。

分类器是指按照一定方法进行影像分类的计算机程序。经过多年研究，人们已经设计出许多影像分类的方法。因此分析人员只需选择一种最佳的分类方法，通过分类器就可以完成具体的分类任务。目前还没有任何一个分类器能适用于所有的任务，因为每幅影像的特征和每个研究区域的环境都有很大的不同。所以，分析人员必须要了解不同的影像分类方法和适用范围，为不同的研究任务选择最合适的分类器。

最简单的数字影像分类是基于像元在不同波段的光谱值进行分类（图 12.2）。有时，这样的分类器也称为光谱分类器或点分类器，因为它们把每个像元看作一个观测点，也就是说其数值独立于相邻像元。尽管点分类器具有简单、高效的优点，但它不能充分利用像元之间或像元邻域包含的信息。影像解译如果仅仅依据像元的亮度值用逐点分析的方法进行解译所能提取的信息量会很少，而通过像元组的亮度分布模式和联系，以及邻近像元地块的大小、形状和分布等的分析所能提取的信息多。

比较复杂的分类方法是将影像像元组的空间分布作为影像解译重要的纹理信息，这就是空间或邻域分类器。不同于点分类器，邻域分类器用光谱和纹理信息进行影像分类，识别影像内的小区域（图 12.3）。与点分类器相比，邻域分类器的程序设计更困难，运行成本更高。实践证明邻域分类器能提高影像分类精度。

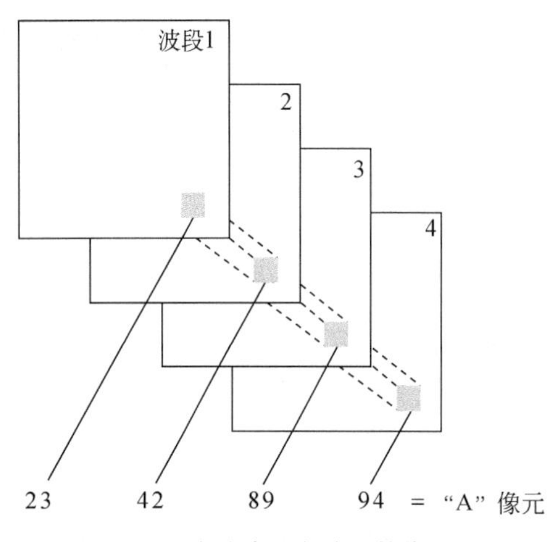

图 12.2　点分类器各波段的像元值

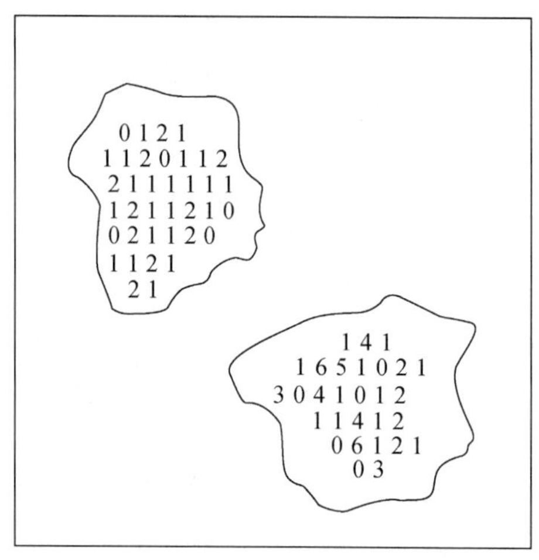

图 12.3　邻近分类器的影像纹理

图中两个区域的平均亮度值不同，而且纹理结构也不同

还有一种是把影像分类分为监督分类和非监督分类。监督分类过程需要分析人员参与大量的交互工作，通过影像上已知类别的区域来引导分类。相比之下，非监督分类过程与分析人员的交互很少，仅要求寻找影像上像元的自然分组。理解监督分类和非监督分类的区别是很有用的，特别是对影像分类的初学者。但这两种分类策略有时又不像所定义的那样界限明确，有些方法并不完全符合两者中的任何一种，既具有监督分类又具有非监督分类的特性，这就是混合分类器。

12.2　信息类别和光谱类别

信息类别是用户使用的对地面事物的信息分类。例如，地质单元的不同类型、森林的不同类型，或土地利用的不同类型等，都是信息类别，遥感数据分析的目标就是提取这些信息类别。遥感数据提取的这些类型信息，提供给规划者、管理者、决策者和科学家参考使用。信息类别并没有直接记录在遥感影像中，只能根据影像记录的亮度信息间接得到。例如，遥感影像并不能直接显示地质单元类型，只能显示地形、植被、土壤颜色、阴影等，分析人员以此来判定其可能属于的地质单元类型。

光谱类别是像元按照亮度值进行的分组，亮度信息相似度大的像元归在一个组内，光谱类别可以直接在遥感数据中观察到。如果能确定影像光谱类别与研究需要的信息类别间的匹配关系，影像就是很有价值的信息源。遥感影像分类就是进行光谱类别与信息类别的匹配。如果匹配是确定的，得到的信息也是可信的。如果光谱类别与信息类别不能对应起来，影像提供的分类信息就不能作为参考信息源。实际上光谱类别与信息类别完全匹配的情况很少，因为信息类别的光谱会随着地表自然属性的变化而变化。例如，信息类别是“森林”的区域中，树的年龄、树种组成、密度、长势等方面的不同使其光谱类别不同，但信息类别仍然是“森林”。此外，其他因素如光照和阴影的变化也可使光谱类别发生变化。

信息类别通常由多个光谱子类组成，即多个不同的光谱类别集合起来的像元组可形成一个信息类别（图 12.4）。数字分类过程中将光谱子类看作单元，用同一种符号归类若干个光谱类别，最后形成信息类别的影像或地图，提供给规划者或管理者使用。

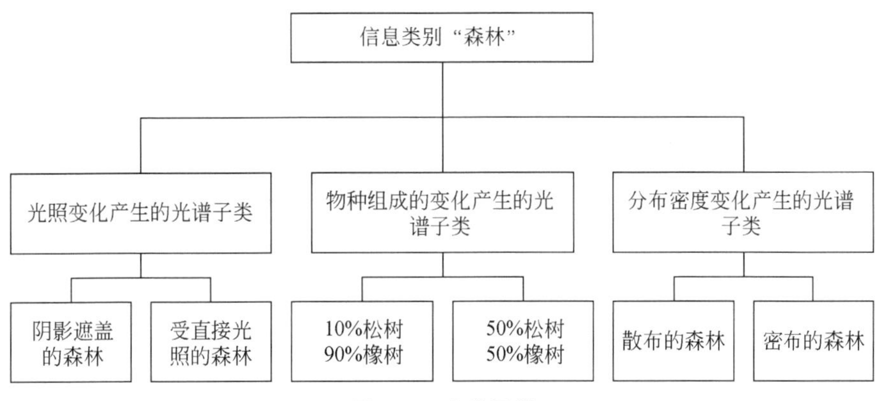

图 12.4　光谱子类

光谱类别的性质用代表该类典型亮度的平均值来表示。实际上，同一光谱类别的亮度值在平均值附近呈现出一些变化，有些像元值比平均亮度暗，而有些则较亮。这些相对于平均值的偏离程度可以用方差来量算，有时也可用方差的平方根量算，称为标准差或均方根差。

通过评估光谱类别的区别度，可以确定两个光谱类别是各属于不同的类别还是属于同一个类别。测定两个类别区别度的简单方法是计算平均值的差，该方法假定完全不同的类别平均亮度值的差应该很大，而相似的类别平均亮度值的差应该很小。但这样的计算方法太简单，没有考虑类别之间的亮度变化。

光谱类别区别度的另一个测定方法是计算归一化均值差（normalized difference，ND），计算方法是用它们平均值差的绝对值除以标准差的和。例如，平均值分别为 $\overline{X_a}$ 和 $\overline{X_b}$，标准差为 S_a 和 S_b 的 A，B 两个类别，ND 的计算公式为

$$\text{ND}=\frac{\left|\overline{X_a}-\overline{X_b}\right|}{S_a+S_b} \tag{12.1}$$

假如已知 4 种地物光谱类别的属性值（表 12.1），利用这些属性值可以计算地物不同波段的归一化均值差（ND）。显然，有些光谱类别之间的区别度较大，而有些则较小。同时，某些波段区分光谱类别更有效，例如，band3 能够有效区分森林和水体。

表 12.1　归一化均值差（ND）的类别区分度

TM		1	2	3	4		1	2	3	4
水体	$\bar{x}$	37.5	31.9	22.8	6.3	森林	26.9	16.6	55.7	32.5
	S	0.67	2.77	2.44	0.82		1.21	1.49	3.97	3.12
农田	$\bar{x}$	37.7	38.0	52.3	27.3	草场	28.6	22.0	53.4	32.9
	S	3.56	5.08	4.13	4.42		1.51	5.09	13.16	3.80

水体与森林的类别区分度（波段 3）：$\frac{55.7-22.8}{2.44+3.97}=\frac{32.9}{6.41}=5.13$

农田与草场的类别区分度（波段 3）：$\frac{53.4-52.3}{4.13+13.16}=\frac{1.1}{17.29}=0.06$

12.3　非监督分类

非监督分类是以不同影像地物在特征空间中类别特征的差别为依据的一种无先验（已知）类别标准的图像分类，是以集群为理论基础，通过计算机对图像进行聚集统计分析的方法。根据待分类样本特征参数的统计特征，建立决策规则来进行分类，也称为聚类分析或点群分析。遥感影像通常由光谱类别组成，每个光谱类别在各光谱波段中的亮度趋于一致。非监督分类是指在没有事先定义类别或标注样本的情况下，通过算法将图像数据分组并形成自然类别的过程。非监督分类不需要人工选择训练样本，仅需极少的人工初始输入，计算机按照一定的规则自动地根据像元的光谱或空间特征等组成类别，影像分析人员根据参考数据或资料将这些自然集群的光谱类别划分为具体的信息类别。长期以来，已经发展了近百种自然类别的分类算法，如 ISODATA、AMOEBADENG，但所有的算法都是基于图像像元亮度的相似度。相似度一般用距离和相关系数来衡量，例如，距离越小，相似度越大，相似度大的像元一般归并为一类。

12.3.1　非监督分类的特点

1）非监督分类的优点

非监督分类的优点如下（与监督分类相比）：

（1）非监督分类不需要预先对所要分类的区域有广泛的了解。

（2）人为误差的概率很小。在进行非监督分类时，分析人员仅仅只需要设定分类的数量（如分类数量最大最小的限制）。即使分析人员对分类区域有不准确的理解也不会对分类结果有很大影响。

（3）面积很小的独立地物均能被识别。

2）非监督分类的缺点和限制

非监督分类的主要缺点和限制有两个方面，一是对“自然”分组的依赖性，二是很难将分类的光谱类别与信息类别进行完全匹配。具体表现在以下几个方面。

（1）非监督分类形成的光谱类别并不一定与信息类别对应。因此分析人员面临着将分类得到的光谱类别与用户最终所要的信息类别相匹配的问题，而实际上两种类别几乎很少能够一一对应。

（2）分析人员很难控制分类产生的类别并进行识别。因此运用非监督分类不一定会产生令分析人员满意的结果。

（3）信息类别的光谱特征随着时间而变化，因此信息类别与光谱类别间的关系并不是固定的。而且一幅影像中某种光谱类别与信息类别间的关系不能运用于另一幅影像，使得光谱类别的解译识别工作量大而复杂。

12.3.2　非监督分类的方法

以表 12.2 和表 12.3 列出的图像数据为例，说明非监督分类的基本方法。这些原始值能在以亮度为单位直角坐标轴上绘制形成二维的散点图（图 12.5 和图 12.6），例如，波段 1、2 和波段 3、4 的散点图，两个图所代表的类别相同，但由于成像时间不同所表现出来的亮度值也不同。像元在二维、三维或多维坐标系统中的散点图是非监督分类的基本方法。二维图所表示的量测方法可以扩展到更多变量，多个变量可以在多维的数据空间中创建多维的散点图（图 12.7）。但多维数据空间很难以图的形式表示，通常只能将其想象为在各个维度上具有一定距离的点群，来表示像元的类别（图 12.7）。

表 12.2　森林地区 Landsat 影像的原始光谱值（2020.2）

序号	波段 1	波段 2	波段 3	波段 4	序号	波段 1	波段 2	波段 3	波段 4
1	19	15	22	11	21	24	24	25	11
2	21	15	22	12	22	25	25	38	20
3	19	12	25	14	23	20	29	19	3
4	28	27	41	21	24	28	29	18	2
5	27	25	32	19	25	25	26	42	21
6	21	15	25	13	26	24	23	41	22
7	21	17	23	12	27	21	18	12	12
8	19	16	24	12	28	25	21	31	15
9	19	12	25	14	29	22	22	31	15
10	28	29	17	3	30	26	24	43	21
11	28	26	41	21	31	19	16	24	12
12	19	16	24	12	32	30	31	18	3
13	29	32	17	3	33	28	27	44	24
14	19	16	22	12	34	22	22	28	15
15	19	16	24	12	35	30	31	18	2
16	19	16	25	13	36	19	16	22	12
17	24	21	35	19	37	30	31	18	2
18	22	18	31	14	38	27	23	34	20
19	23	18	25	13	39	21	16	22	12
20	21	16	27	12	40	23	22	26	16

表 12.3　森林地区 Landsat 影像的原始光谱值（2020.5）

序号	波段 1	波段 2	波段 3	波段 4	序号	波段 1	波段 2	波段 3	波段 4
1	34	28	22	6	21	26	16	52	29
2	26	16	52	29	22	30	18	57	35
3	36	35	24	6	23	30	18	62	28
4	39	41	48	23	24	35	30	18	6
5	26	15	52	31	25	36	33	24	7
6	36	28	22	6	26	27	16	57	32
7	28	18	59	35	27	26	15	57	34
8	28	21	57	34	28	26	15	50	29
9	26	16	55	30	29	26	33	24	27
10	32	30	52	25	30	36	36	27	8
11	40	45	59	26	31	40	43	51	27
12	33	30	48	24	32	30	18	62	38
13	28	21	57	34	33	28	18	62	38
14	28	21	59	35	34	36	33	22	6
15	36	38	48	22	35	35	36	56	33
16	36	31	23	5	36	42	42	53	26
17	26	19	57	33	37	26	16	50	30
18	36	34	25	7	38	42	38	58	33
19	36	31	21	6	39	30	22	59	37
20	27	19	55	30	40	27	16	56	34

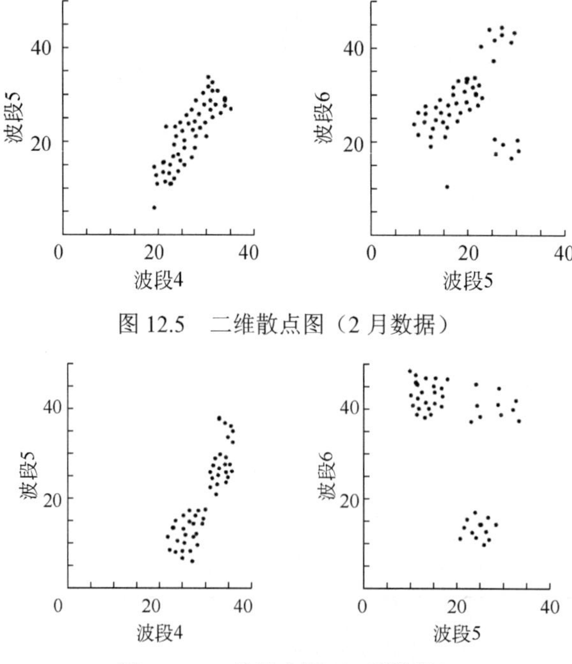

图 12.5　二维散点图（2 月数据）

图 12.6　二维散点图（5 月数据）

从散点图中能清楚地辨别出不同的类别，这些点类别可能与分析人员所需要的信息类别相对应。非监督分类就是在多维空间数据中确定点群（光谱类别）的过程，并将这些光谱类别与信息类别匹配起来。

通常点集群类别并不那么明显可辨，因为当像元的数据量很大时，有些像元值会填充在点集群类别之间的过渡空间。必须运用更进一步的方法才能识别那些确实存在但看上去不是很明显的点集群类别。多年来图像处理专家和统计学家研制了一大批用来识别这些集群类别的程序，这些程序的复杂程度和应有效果有很大的不同。

最简单的分类方法是距离的量算，图 12.8 表示了两个像元之间的距离，每个像元在不同波段的测量值可以用该图的方式绘制在多维数据空间中。为了方便说明，这里只显示两个波段。当然，可以将量算的原理扩展到任意多个波段。

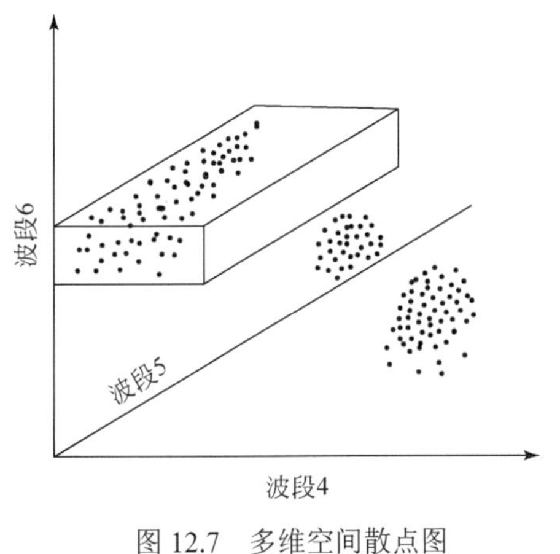

图 12.7　多维空间散点图

显示了三个波段数据

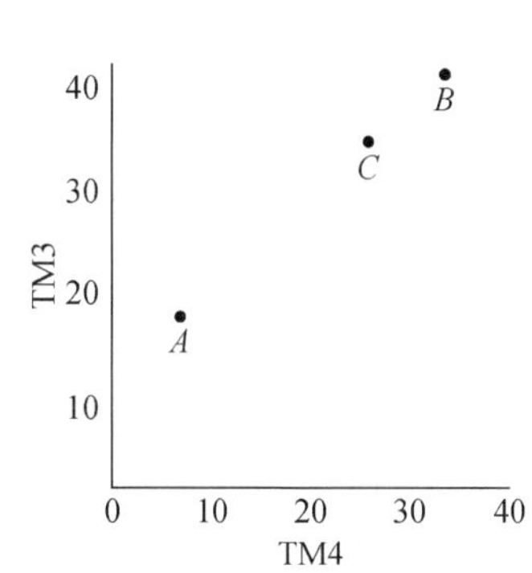

图 12.8　欧几里得距离测量

非监督分类的过程总是基于同一问题："两个像元属于同一组吗？"或"像元 *C* 应该分到 *A* 组还是 *B* 组呢？"（图 12.8）。通过计算像元两两间的距离可以回答这些问题。如果像元 *A*、*C* 间的距离大于 *B*、*C* 间的距离，那么可以说像元 *C* 属于 *B* 一组，而像元 *A* 则属于独立的一组。因此距离量算是非监督分类的核心。

下面以 Landsat TM 波段数据（表 12.4）为例介绍计算过程。

表 12.4　Landsat TM 波段数据

项目	Landsat TM 波段						
	1	2	3	4	5	6	7
A 像元	25	19	20	9	30	25	38
B 像元	16	15	40	30	10	19	15
差值	9	4	−20	−21	20	6	23
差值的平方	81	16	400	441	400	36	529

12.3.3　距离的量算方法

1）欧几里得距离

目前，有许多在多维数据空间中计算距离的方法。其中最简单的一种是欧几里得距离：

$$D_{ab}=\left[\sum_{i-1}^{n}(a_i-b_i)^2\right]^{1/2} \tag{12.2}$$

式中，a_i和 b_i为像元值，i 为第 n 个波段；D_{ab}为坐标轴上两个像元之间的距离。距离计算基于勾股定理（图 12.9）：

$$c=\sqrt{a^2+b^2} \tag{12.3}$$

这样，最核心的是距离 c；a、b 和 c 是在两个波段中以图像的距离单位测量的。

$$c=D_{ab} \tag{12.4}$$

为了计算 D_{ab}，需要先计算距离 a 和 b。距离 a 通过 MSS 的波段 7 中的像元 A 和 B 值相减得到（a=38−15=23），距离 b 通过波段 5 中像元 A 和 B 相减得到（b=30−10=20）。

$$D_{ab}=c=\sqrt{20^2+23^2}$$

$$D_{ab}=\sqrt{400+529}=\sqrt{929}$$

$$D_{ab}\approx 30.47$$

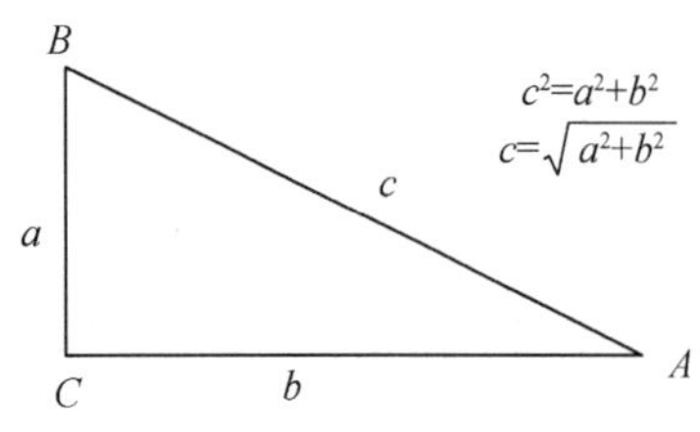

图 12.9　欧几里得距离的定义

这种量算方法可应用于任意多的光谱波段。只要计算各像元距离平方和二次方根就能得到。

因此，像元 A 和 B 的欧几里得距离是 30.47 距离单位。这个值本身没有多大意义，但与其他距离值进行比较后就可以用它来确定像元之间的相似性。例如，计算得到距离 D_{ab}=30.47，距离 D_{ac}=86.34，就知道像元 A 更靠近 B，也就是说 A 和 B 更相似，分类时应该将 A 和 B 归为一组，而不是 A 和 C。

2）绝对值距离

并不是所有的距离量算都基于欧几里得距离。另一种简单的距离量算方法是绝对值距离，即计算两个像元在不同波段中亮度差的绝对值之和（Swain and Davis，1978）。就上面给出的例子而言，绝对值距离是 73（73＝8+12+30+23）。人们还定义了其他的非监督分类距离量算方法，其中许多用非常复杂的距离量测方法来提升像元分组的有效性，如马氏距离既考虑离散度，也考虑各轴间总体分布的相关性（如协方差）。

非监督分类通常按照分析人员给定的具体条件，以一种交互的方式来搜寻像元最佳分配的类别。非监督分类的计算机程序包含有计算距离的算法（分析人员可从多个距离量算方法中进行选择）和按照分析人员给定的条件进行类别搜索、检验和纠正的处理过程。分析人员只需要指定集群类别的数量、限定各类别亮度值的范围，或者规定相邻像元组之间亮度的最小差值。具体的分类过程中对距离可能有不同的定义。例如，有的可能会计算像元到每个集群类别中心点的距离，有的则可能计算与其他集群类别最邻近像元的距离，或者计算与其他集群类别中像元最密集区域的距离。这些改进的距离量算方法，都具有各自的优势。各种图像处理软件在设计非监督分类的计算程序时，采用的距离算法有所不同，但它们的目标都是通过改进处理方法，提高运算效率和分类效果。

非监督分类的过程就是计算成千上万的距离值，然后用计算得到的距离值确定影像上每个像元和集群类别之间的相似度。通常分析人员并不了解非监督分类中大量距离值的计算方法和过程，因为计算机仅仅显示最终的分类影像，并不显示分类过程的任何中间步骤。

3）类的定义和类间距离

类的划分具有人为的规定性。一个分类的结果优劣最后只能根据实际来评价，因此，只有充分利用对研究对象的认识，才能选择合适的类别划分标准，使分类结果更加符合实际情况。这里的距离量算基于欧几里得距离原理。

下面给出几组常用的类的定义。

（1）集合 S 中任意两个元素 x_i、x_j 的距离 d_{ij} 有

$$d_{ij} \leqslant h$$

式中，h 为给定的某个域值，称 S 对于域值 h 组成一类。

（2）集合 S 中的任意两个元素 x_i、x_j 的距离 d_{ij} 有

$$\frac{1}{(k-1)}\sum_{x_i \in s} d_{ij} \leqslant h$$

式中，k 为集合 S 中元素的个数；h 为给定的某个域值，称 S 对于域值 h 组成一类。

（3）集合 S 中任意两个元素 x_i、x_j 的距离 d_{ij} 有

$$\frac{1}{k(k-1)}\sum_{x_i \in s}\sum_{x_j \in s} d_{ij} \leqslant h$$

$$d_{ij} \leqslant r$$

式中，k 为集合 S 中元素的个数；h，r 为给定的某个域值，称 S 对于域值 h、r 组成一类。

在有些聚类算法中要用到类间距离，下面给出几个常用类间距离定义。

（1）最近距离。两个聚类 ω_i 和 ω_j 之间最近距离定义为

$$D_{ij}=\min[d_{ij}]$$

式中，d_{ij} 为 $x_i \in \omega_i$ 和 $x_j \in \omega_j$ 之间的距离。

（2）最远距离。两个聚类 ω_i 和 ω_j 之间最远距离定义为

$$D_{ij}=\max[d_{ij}]$$

式中，d_{ij} 为 $x_i \in \omega_i$ 和 $x_j \in \omega_j$ 之间的距离。

（3）平均距离。两个聚类 ω_i 和 ω_j 之间平均距离定义为

$$mD_{ij} = \sqrt{\frac{1}{n_i n_j}\sum_{\substack{x_i \in \omega_i \\ x_j \in \omega_j}} d_{ij}^2}$$

式中，mD_{ij} 为 ω_i 和 ω_j 之间平均距离；n_i 为 ω_i 的元素个数；n_j 为 ω_j 的元素个数。

12.3.4　非监督分类的步骤

非监督分类主要步骤包括以下内容。

（1）确定分类数量。非监督分类从分析人员指定分类数量开始。分类数量取决于分析人员对分类区域的了解，或用户需要。

（2）选择集群类别中心点。真正的分类过程始于在影像上任意选择一系列像元作为集群类别的中心。通常这些像元是随机选择的，以确保分析人员不影响分类，而且所选择的像元

值在整个图像上有代表性。

（3）计算机处理运算类别中心点。计算机处理软件按照分类算法计算出像元间的距离，并根据分析人员给出的条件形成集群类别中心的最初估值。类别可以用单个点来表示，称为“类别中心点”。类别中心点是某一类别像元集群组的中心，但有许多严格的分类方法并不把类别中心点作为集群类别中心。由最初任意选择的作为类别中心点的像元，经过计算机分类算法运行，就形成了所需的分类类别中心点。

（4）计算机像元归类。图像中所有剩余的像元将会归入离某个类别中心点最近的集群类别中，同时满足类间的距离最大。此时整个图像的分类初步完成，但是这个分类仅仅是最终分类结果的预分类，因为这个初步过程并没有产生最佳的分类结果。

（5）计算机重新分类。在分类过程中随着新像元的加入，最初的类别中心点已不再准确，分类算法将再次计算每个类别新的中心点。然后再将每个像元分配到与新的中心点距离最近的类别中，从而将整个图像重新分类。如果此时新的类别中心点和前一次的类别中心点不同，计算机将再一次重新计算类别中心点和像元的重新归类。计算机分类算法将不断重复这样的分类过程，直到新的类别中心点与前一次的位置没有太大变化，并且分类结果基本符合操作人员提出的约束条件，此时计算机分类过程才结束。

在整个分类过程中，分析人员通常不参与交互，所以会认为非监督分类是“客观”的。同时，非监督分类识别影像的“自然”结构，相似像元的分组方法没有人为因素的影响。但是，严格地说，整个分类过程并不是“客观的”，因为分析人员要决定使用何种算法、分类的数量，或类别的相似度和区分度等。而每一个决定都会影响最终影像分类结果的特征和精度，所以非监督分类并不是在完全孤立的环境下进行的。

非监督分类的本质就是反复地进行分配和再分配像元到某个类别的过程。非监督分类算法通常包括以下几个步骤：在数据空间中计算距离、确定类别中心点，并检验类别的独特性。

K-means 算法是一种迭代求解的聚类分析算法，因为它易于实现和计算效率高，所以是使用最广泛的一种非监督分类算法。其步骤分为 5 个部分。

（1）确定分类数量。

（2）从样本集合中随机抽取 k 个样本点作为初始聚类的中心。

（3）将每个样本点划分到距离它最近的中心点所代表的聚类。

（4）用各个聚类中所有样本点的中心点代表聚类的中心点。

（5）重复（2）和（3），直到聚类的中心点不变或达到设定的迭代次数或达到设定的容错范围内。

另一种常用的非监督分类方法为迭代自组织数据分析算法（iterative self-organizing data analysis technique algorithm，ISODATA）（Duda and Hart，1973），是从最小距离法变化而来的，但其产生的分类结果常常优于最小距离法的分类结果。ISODATA 方法一开始就进行训练数据的选择，并且这些数据也可以绘制在多维数据空间中。所有未分类的像元将被分配到与训练样本类别的中心点距离最近的类别中去。接下来，分类算法将重新计算每一类别的类别中心点，如果类别的新中心点位置与原中心点位置不同，就重复进行像元到类别中心点最短距离的计算和分配过程。直到类别的新中心点位置和其前一次的位置相同或相近，分类才结束。ISODATA 分类步骤如下（赵英时等，2013）：

（1）选择初始的类别平均估值，这些值可以从训练数据中获得，类似于监督分类。

（2）在多维数据空间中，依据像元距训练样本类别中心（平均值）最短距离划分像元的类别。

（3）根据第（2）步的像元分类结果，重新计算每种类别的平均值。

（4）如果第（2）步和第（3）步产生的类别平均值相同或相近，第（3）步的结果就代表了分类结果。

（5）如果第（2）步和第（3）步产生的类别平均值不同，这个过程就返回到第（2）步重复进行计算和判断，直到类别的新中心点位置和其前一次的位置相同或相近，分类才结束。

值得注意的是，因为选用了训练数据，ISODATA 也常常被看作监督分类，但第（2）、（3）和（4）步却使用了非监督分类的方法。所以它是介于监督分类和非监督分类之间的一种混合分类方法，属于“混合”的分类技术。

12.3.5　光谱类别解译为信息类别

非监督分类的结果是由像元组所表示的光谱类别，像元组内像元的光谱亮度值是均一的。这些光谱类别只有与用户需要的信息类别对应起来才有意义。

有些光谱类别可直接对应某些信息类别。如图 12.10 所示，离原点最近的像元组对应的是“开放水体”，因为在两个波段中都是暗色值的一般就是水体类型。但仅从光谱亮度值来确定光谱类别的情况很少，通常还需要对影像上光谱类别和信息类别的分布模式进行匹配。有时根据地块的位置、大小和形状及与信息类别中已知区域空间的对应方法，也可以解译识别出许多信息类别。

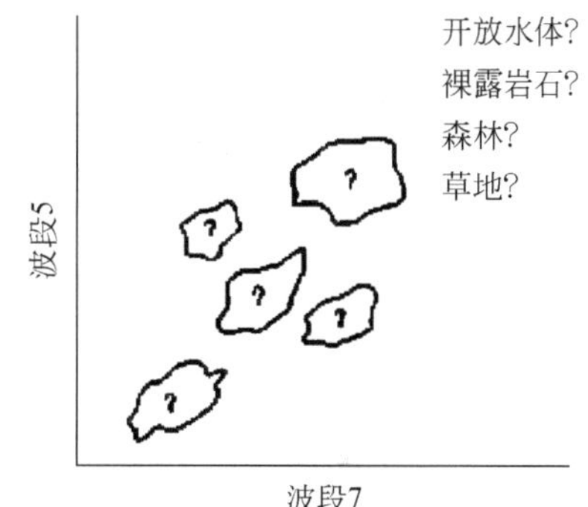

12.10　光谱类别对应的信息类别

光谱类别一般不能直接与信息类别匹配。信息类别的空间分布比较复杂，例如，森林可能是散布在广阔草地背景内的一些小区域，如果这些森林区域的范围小于传感器的空间分辨率，那么由于混合像元的影响，这些区域的光谱特性既不同于森林也不同于草地。在非监督分类中，这些区域可能既不归为森林类也不归为草地类。

有时同一信息类别会表现出多个光谱类别。例如，受到森林的密度、年龄、朝向、阴影以及其他一些会改变森林光谱特征的因素影响，区域内森林类别会产生多个光谱类别。这就是常说的同物异谱现象在非监督分类中的表现。因此分析人员必须分析分类的结果，将分类得到的光谱类别与用户需要的信息类别进行匹配。

非监督分类的光谱类别在解译为信息类别的过程中存在一个实际问题，即光谱类别和信息类别不可能总有很确定的匹配。有些信息类别就根本没有可直接匹配的光谱类别，或有些光谱类别根本没有可直接匹配的信息类别。同时分析人员无法控制非监督分类产生的光谱类别。因此，利用非监督方法进行分类时，最难处理的就是把影像分类的一系列光谱类别解译为信息类别。

12.4　监 督 分 类

监督分类是用已知类别的样本（已经被分到某一信息类别的像元）对未知类别的像元进

行分类的过程，是以建立统计识别函数为理论基础、依据典型样本训练方法进行分类的技术，即根据已知训练区提供的样本，通过选择特征参数，求出特征参数作为决策规则，建立判别函数以对各待分类影像进行分类的方法。已确定类别的样本是那些位于训练样区或训练样区内的像元。训练样区是影像上已知类别的区域，通常被设定为矩形，四个角的坐标是以它们在影像中的行列号表示的。分析人员把影像上能清晰确定类别的区域作为训练样区，训练样区必须能代表某一类别的光谱特征，并且对于相应信息类别来说必须具有典型代表性。也就是说，训练样区不能是非代表性区域，也不能跨越不同类别间的边界。训练样区的大小、形状和位置无论在影像还是地面上都必须便于识别。计算机对训练样区内的像元计算其统计特征信息，用来指导分类算法，然后对影像的每个像元和训练样区的特征作比较，将其划归到最相似的训练样本区。因此，训练样本的选择是监督分类的关键。

12.4.1　监督分类的特点

1）监督分类的优点

相对于非监督分类，监督分类的优点包括以下几点。

（1）分析人员可以控制适用于研究需要和区域地理特征的信息类别。这对于有些研究（如不同时相或不同区域的对比分析）来说很重要，可以有选择地决定分类的类别，避免出现不必要的类别。

（2）可控制训练样区和训练样本的选择。

（3）分析人员运用监督分类不必担心光谱类别和信息类别的匹配问题，因为这个问题在选择训练数据的过程中就解决了。

（4）通过检验训练样本数据可确定分类是否正确，估算监督分类中的误差。虽然训练数据的正确分类并不能保证其他数据的正确分类，但训练数据不正确的分类必定会导致分类过程严重的错误。

（5）避免了非监督分类中对光谱集群类别的重新归类。

2）监督分类的缺点和局限

监督分类的缺点和局限包括以下几点。

（1）分类体系和训练样区的选择有主观因素的影响。有时分析人员定义的类别也许并不是影像中存在的自然类别，在多维数据空间中这些类别的区别度不大。

（2）训练样区的代表性问题。训练数据的选择通常是先参照信息类别，然后再参照光谱类别，因此其代表性有时不够典型。例如，选择的纯森林训练样区对于森林信息类别来说似乎非常精确，但区域内森林的密度、年龄、阴影等有许多的差异，从而导致训练样区的代表性不高。

（3）有时训练样区的选择很困难。训练数据的选取是一项费时、费力且乏味的工作，特别是当分类区域的面积很大，用地类别非常复杂时。

（4）只能识别训练样本所定义的类别，对于某些未被分析人员定义的类别则不能识别，容易造成类别的遗漏。

3）训练数据

通常在选择训练样区之前，分析人员要先收集和研究分类区域的地图和航空影像等资料，对研究区域有一定的了解，并实地调查所选择的训练样区，确定每一信息类别具体的训练样区。训练样区内的像元就成为监督分类的训练数据，其目标是能精确代表各信息类别的光谱特征（图 12.11）。

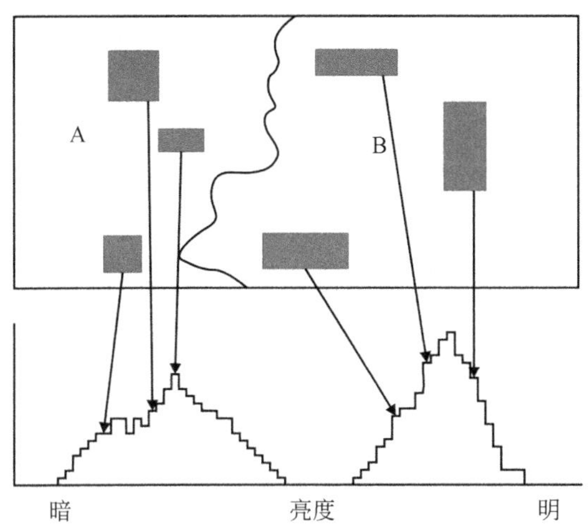

图 12.11　训练样区和训练数据

由许多像元组成的训练样区依据信息类别的光谱特征进行采样。图 12.11 中的阴影区域表示训练样区用来估计每种类别的光谱特征，这些信息是对训练样区外像元进行分类的基础

4）训练数据选择的重要性

训练数据的选择与分类算法的选择同等重要，直接影响分类精度。有学者研究认为选择不同的训练数据对分类精度的影响比选择不同的分类程序对精度的影响更大（Scholz et al.，1979；Hixson et al.，1980）。他们研究的结果表明如果使用相同的训练数据，5 种不同分类算法得到的分类精确度差别很小。然而，当某幅影像使用同一种分类算法，两种不同的训练数据所产生的分类结果有很大的不同。训练数据为什么会影响分类精度？因为如果选择的训练样区面积较大或分布较集中时，邻近训练样区内的像元往往有相似性，无法统计类别内部的差异，而只能统计信息类别之间的差异。如果训练样本是随机选择而不连片的，那么训练样区内像元的相似性就会最小，从而提高分类精度。因此选择多个随机分布的小面积训练样区比只选少数几个大面积训练样区效果要好（Campbell，1981）。

12.4.2　训练样区的选择原则

为确保选择的训练样区的有效性，在选择训练样区时应该遵循以下几个方面的原则。

1）像元的数量

选择训练样区时要考虑为每一类别选择了多少个像元，通常每种信息类别的所有训练样区的总像元至少在 100 个以上。

2）训练样区的大小

训练样区的大小非常重要。一方面，每个训练样区必须足够大，从而能精确地统计每种信息类别的特性，因此每种信息类别的训练样区需要足够多的像元来统计类别的光谱特征（最少 100 个像元）。另一方面，每个训练样区又不应该过大，因为训练样区过大会产生光谱不一致性问题。因此，确定训练样区的大小是分析人员在进行监督分类时重要的工作。遥感数据的分辨率不同，训练样区的像元数会有所不同。同样，训练样区的最佳面积随着地物均一性的不同而变化，地物类型简单训练样区可以大些，地物类型复杂训练样区就要小些。分析人员都应基于实践的经验建立合适的训练样区大小。

3）训练样区的形状

训练样区的形状不是很重要，但通常采用的最简单的形状是正方形或矩形，这样的形状使设定的中间点数量最小。

4）训练样区的位置

训练样区的位置很重要，一般要考虑两方面的因素：一是每个信息类别的训练样区应尽可能分布在影像的不同位置。为使训练数据具有代表性，训练样区就不能集中分布在影像的某一区域，否则训练数据不能代表整个影像的特征。二是训练样区的位置能便于从地图或航片上精确地转换到数字影像上，也就是说训练样区的位置要有明显的地物标志，便于地图、航片和地面的识别。分析人员在同时兼顾这两方面的因素时，会遇到实际的困难。既要训练样区平均分布，又希望直接利用实地观测信息选择训练数据，实际上是很难达到的。利用高精度的地图、航片选择训练样区，虽然是一种好方法，但不能完全取代实地调查，一定要避免完全依赖间接证据进行训练数据的选择。

5）训练样区的数量

训练样区的最佳数量取决于监督分类信息类别的多少、类别的多样性及可选为训练样区的数据量。一般每个信息类别要有多个训练样区（最少 5～10 个），以确保它们能够代表每种类别的光谱特征。同一个信息类别在影像上的光谱特征存在一定差异，因此每个信息类别必须有多组训练数据。同时确实也需要选择多个训练样区，因为在分类过程中如果发现某些训练样区不符合要求，就需要有更多的训练样区来替换它。一般的经验是选用多个小面积训练样区比只选用少数几个大面积训练样区要好。

图 12.12　训练样区的放置

图中不规则曲线包围的区域是一个地块，矩形表示训练样区，缓冲像元用来确保地块边界的像元没有包含在训练样区内，其中缓冲像元并不包含在训练数据内

6）训练样区的放置

训练样区习惯放置在影像上便于精确定位的标志性位置，例如，影像上的水体或者两个标志性地物的交点。训练样区在影像上应该均匀分布，以便能充分代表整幅影像的光谱特征。训练样区尽量不要选在地块交界处，避免训练样区包含位于边界处的混合像元（图 12.12）。

7）训练样区的均质性

一个好的训练样区最重要的特征就是它的均质性或均一性。均质性的特征是训练样区内的数据在每个波段上都表现为单峰频率分布（图 12.13）。如果直方图呈现为双峰的训练样区，通过调整其边界仍不能是单峰均质就应该丢弃。训练数据用来计算不同波段的平均值、方差及协方差。对于监督分类，每个信息类别各个波段的平均值、光谱变化特征及波段间的相互关系要与训练样区的统计值近似。训练样区的统计特征值应该能代表影像上各类别的光谱特征，从而为训练样区以外的像元分类提供基础。实际上，不同地区的分类复杂度变化很大，分析人员对分类地区的了解程度及选择训练样区的能力也不尽相同。此外，有些信息类别的光谱特征具有不一致性，所以不能仅仅用一个训练样区的数据代表一个信息类别的光谱特征。

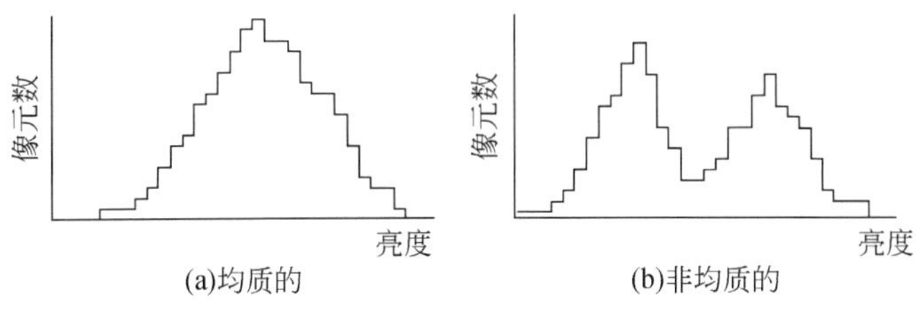

(a)均质的　(b)非均质的

图 12.13　训练数据的均质性和非均质性

图 12.13（a）训练数据的直方图只有一个峰，所以它表示训练样区是均质的，这样的训练数据就适合影像的分类。图 12.13（b）的直方图有两个峰，从而表示训练数据是非均质的，因此这样的训练数据不适合影像分类，必须被舍弃或进行改进。

12.4.3　训练数据选择的一般步骤

在进行训练数据选择时的主要步骤有以下几点。

（1）收集信息，包括分类地区的地图和航片等。

（2）进行野外调查获取研究区域的第一手信息。分析人员的野外调查工作量取决于对研究区域的熟悉程度。如果非常熟悉，并且已经有了最新的地图和航片，野外调查工作量就小些。

（3）设计野外调查路线和内容。先设计野外调查路线、内容和野外记录表格，再进行实地调查，记录实地调查的内容，并标注在地图或航片上。

（4）数字影像预分析。即定位训练样区的标志性地物、评价影像的质量和分析影像的频率直方图，以及确定是否要进行预处理。

（5）找出潜在的训练样区。依据训练样区选择的原则，找出潜在训练样区。训练样区必须位于影像和地图中容易识别的地物要素上，而航空像片能作为校正信息。

（6）定位和绘制训练样区。确保训练样区在地块边界内，从而避免在训练样区内包含混合像元。该步骤完成后，影像上的所有训练样区就以行列坐标的形式确定下来。

（7）检查每个训练样区的各波段频率直方图。通过检查各波段频率直方图及其平均值、方差和协方差等，确定训练数据的可用性。

（8）调整和去除双峰频率分布。通过调整训练数据的边界，去除双峰频率分布的训练样区。如果无法调整为单峰频率分布，就认为是不合适的训练样区而丢弃，或者重新指定新的训练样区位置。

（9）合并训练数据信息并用于分类程序，进行计算机监督分类。

12.4.4　监督分类的方法

目前基本的监督分类方法有 5 种，所有的方法都是基于训练数据的统计信息，然后对训练样区以外的像元进行分类。

1）平行算法分类

平行算法分类有时又称为盒式决策规则，它是根据训练样本的亮度值范围在多维数据空间中形成的盒子（矩形）作为分类决策依据。如果待分类像元的光谱值落到训练数据所对应的多维、盒式亮度值区域，则该像元就被划分到了训练样本的类别（图 12.14）。图中表示了 A、B 两个类别的训练数据在波段 1、波段 2 的两维数据空间中的最大和最小亮度值范围，用

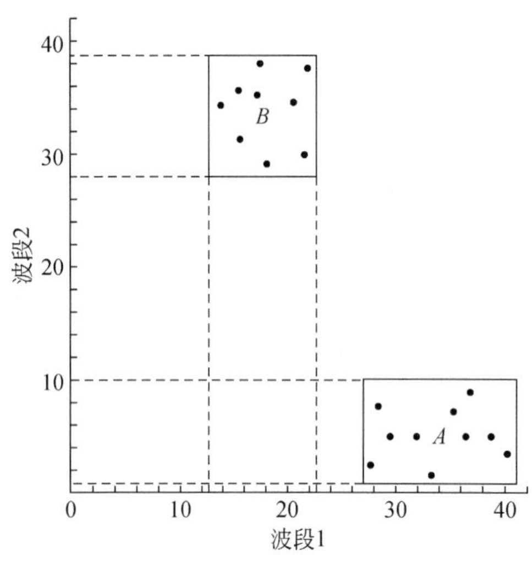

图 12.14　平行分类

训练样区内的像元值范围确定了决策的边界，如果像元落入决策区域内，就被认为是该类别的

矩形表示。在该数据空间中，如果所有其他像元在波段 1、波段 2 波段的亮度值落在 *A* 矩形，则像元就划分为 *A* 类，落在 *B* 矩形，就划分为 *B* 类。该方法中决策边界是 *A*、*B* 两个矩形，同理如果扩展到两个以上的波段或类别，则分类决策的边界就是盒式形状。此外，决策边界可以不是最大值和最小值的范围，而是通过训练数据的标准差来确定。

这种分类方法简单、直接、实用，几乎所有像元都会划归为训练数据的某个类别，无法确定其类别的像元很少。但也会产生一些分类问题：①信息类别的光谱区域可能会重叠；②训练数据的亮度范围可能比实际分类的亮度范围小，数据空间上表现为一大片空白区域，影像上就有一些区域未被指定其信息类别；③数据空间的盒式（矩形）决策区域内各类别的像元分布不均；④落在类别决策边界附近的像元可能划分为别的类别。在分类过程中，如果训练数据没能涵盖影像内全部亮度值范围（这种情况常常遇到），那么影像上会有大片区域不属于任何一类，只能将这些无法分类的像元划分为逻辑类别。

虽然该方法不是最有效的分类方法，但它是最早用于 Landsat 影像分类的方法之一，并且目前仍在使用。

2）最小距离分类法

最小距离分类法是利用训练数据各波段的光谱均值，根据像元离各训练样本平均值距离的大小，将像元划分到距离最短的信息类别中。训练样区的光谱数据可以绘制在多维数据空间中，形成训练样本的类群，每个类别群可以用它的类别中心点来表示，它通常是训练样本的平均值。其方法与非监督分类相同，但这些类别群是由训练样区中的像元亮度值产生的。

最小距离分类法的概念和处理都很简洁，但在遥感图像分类中使用并不广泛。因为最小距离分类没有考虑不同类别内部方差的不同，从而造成有些类别在边缘处会重叠，引起分类误差。因此需要通过运用更高级更复杂的距离算法来改进这一问题。

3）最大似然法分类（maximum likelihood classification）

平行算法和最小距离法都没有考虑到各类别在不同波段的类别内的亮度变化，也没有解决光谱类别在频率分布重叠时所引起的问题。最大似然法分类是根据训练样本的均值和方差，通过概率评价待分类像元与训练样本之间的相似性，依此对像元进行分类。假设样本类别森林（*F*）和农田（*C*），其像元的亮度值频率分布有重叠，但其重叠部分两个类别的频率是不同的。假设有一个像元的亮度值 45 落在重叠区域（图 12.15），按照平行算法和最小距离法的决策规则，则很难对亮度值 45 进行归类。最大似然法则是采用概率决策规则来确定该像元值是更相似于类别 *F* 还是类别 *C*，以便对该像元进行归类。它是利用训练数据统计类别的均值和方差，在此基础上估算类别概率。

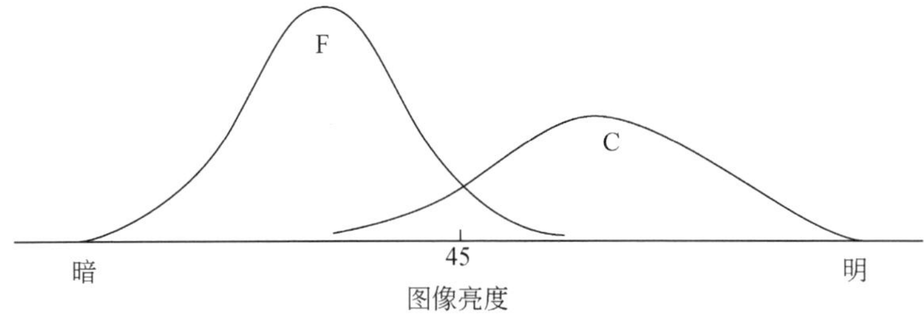

图 12.15　最大似然分类

图 12.15 中是两个训练样区的频率分布，其中重叠的区域表示两种类别共有的像元值。重叠区域内的像元值和每种类别频率分布之间的关联程度是决定像元属于何种类别的基础。

最大似然法可以同时定量地考虑两个以上的波段和类别，是一种应用广泛而且有效的分类技术。但它的计算量很大，与前面提到的大多数方法相比，需要的计算机资源更多，而且对训练数据的方差变化比较敏感。此外，该方法中概率的计算是假设训练数据和类别本身都服从多元正态分布（高斯分布），要求训练数据服从单峰分布。通常遥感影像中得到的数据并不是严格的正态分布，但差异也并不是很大，如果精心选择训练数据，最大似然法仍然适用，而且分类误差不会很大。

4）贝叶斯法分类

贝叶斯法分类（Baye's classification）是建立在贝叶斯准则基础上的。它通过计算变量属于各类的概率，将该变量归为概率最大的一组。假定观测到的亮度值为 45 时，该像元属于森林类别的概率和属于农田类别的概率就是条件概率计算问题，写成“P（F|45）”和“P（C|45）”，分别读作“当像元的亮度值为 45，像元属于森林类别的概率”以及“当像元的亮度值为 45，像元属于农田类别的概率”。其实这就是在一个事件已发生的条件下（如像元的亮度值是 45），计算另一事件发生的概率（像元属于哪个类别）。如果没有约束条件，计算像元属于这两种类别的随机概率［如 P（F）和 P（C）］非常简单，正如最大似然法提到的分类概率，在例子中 P（F）=0.50、P（C）=0.50。而条件概率则是基于两个独立的事件。根据训练数据得到的这两个类别的信息，也可以计算 P（45|F）和 P（45|C），前者是指在给定类别是森林的条件下，像元值为 45 的概率，后者是指给定类别是农田的条件下，像元值为 45 的概率，本例中，P（45|F）=0.75，P（45|C）=0.25。

对于亮度值为 45 的像元，其属于森林的概率［P（F|45）］及属于农田的概率［P（C|45）］，可以为像元选择最可能的类别。但这些概率值不可能直接从训练数据中计算得到，也无法凭直接观察估计其概率值。

有一种依据亮度信息可以估计 P（F|45）和 P（C|45）的方法，这就是贝叶斯定理。Thomas Bayes（1702～1761）定义了未知的 P（F|45）和 P（C|45）与已知的 P（F）、P（C）、P（45|F）和 P（45|C）之间的关系。本例的计算公式为

$$P(F|45)=\frac{P(F)P(45|F)}{P(F)P(45\mid F)+P(C)P(45\mid C)} \tag{12.5}$$

$$P(F\mid 45)=\frac{P(C)P(45\mid C)}{P(C)P(45\mid C)+P(F)P(45\mid F)} \tag{12.6}$$

贝叶斯定理的一般形式可以写为

$$P(b_1 | a_1) = \frac{P(b_1)P(a_1 | b_1)}{P(b_1)P(a_1 | b_1) + P(b_2)P(a_1 | b_2 + \cdots)} \tag{12.7}$$

式中，a_1 为已知的条件；b_1 和 b_2 为要进行条件概率计算的事件。

对本例套用贝叶斯定理，计算过程为

$$\begin{aligned} P(F | 45) &= \frac{P(F)P(45 | F)}{P(F)P(45 | F) + P(C)P(45 | C)} \\ &= \frac{1/2 \times 3/4}{(1/2 \times 3/4) + (1/2 \times 1/4)} \\ &= \frac{3/8}{4/8} = \frac{3}{4} \end{aligned}$$

$$\begin{aligned} P(C | 45) &= \frac{P(C)P(45 | C)}{P(C)P(45 | C) + P(F)P(45 | F)} \\ &= \frac{1/2 \times 1/4}{(1/2 \times 1/4) + (1/2 \times 3/4)} \\ &= \frac{1/8}{4/8} = \frac{1}{4} \end{aligned}$$

因此可以得出结论，该像元更可能是森林类别。这个例子是非常简单的，通常分类要考虑多个波段、两种以上的类别。可以将这个过程扩展到任意多个波段和任意多种类别，当然，所要计算的表达式会比这里所讨论的复杂得多。

对于遥感影像分类来说，当类别在光谱数据空间中不容易区分或是重叠时，运用贝叶斯定理进行分类效果特别好。它还能将辅助数据方便地合并到类别中去，因为这些辅助信息能用条件概率来表示。此外，贝叶斯定理还可以与其他分类方法组合使用，例如，先运用平行算法对多数像元进行分类，然后应用贝叶斯分类器对边界附近的像元或者重叠区域的像元进行分类。有研究表明用这种组合方式进行分类，分类结果更加精确（Story et al.，1984）。

贝叶斯分类方法的弱点是训练样本要服从多元正态分布。只要计算出确切的概率值，贝叶斯方法就可以进行有效的分类。从纯数值计算的角度看，程序总能计算出一个表示概率的数值。但从分类精度看，训练样本非常重要，训练数据必须充分代表它们的类别。依据训练数据的统计特征，如波段亮度平均值、方差-协方差矩阵、训练数据每个波段内的变化性及与其他波段的关系，推断计算整个类别的平均值、方差和协方差。这种外推计算基于训练数据的多元正态分布特点，如果训练数据不服从正态分布，那么分类结果可能就不准确了。

只要保证选择类别和子类是合理的，同时训练数据是精确的，贝叶斯分类方法就和其他分类方法一样有效。但如果确定的类别有问题，且训练数据不能代表其类别，那么贝叶斯分类的效果就不如采用其他分类器的效果。

贝叶斯分类既运用了类别的相对差异信息，又利用了其他分类方法所用的均值和亮度范围信息，是非常有效的分类方法。但它的分类效果受制于概率估值的准确性，如果这些概率估值是准确的，那么就能产生出最佳分类效果。如果概率估值不准确，可能就会产生严重的错误分类。

5）ECHO 法分类

ECHO（extraction and classification of homogeneous objects）法，即基于均质目标的提取和分类方法（Kettig and Landgrebe，1975）并不像其他方法使用的那么广泛，但也描述了一

种重要的分类思想。ECHO 法在对像元进行分类之前，按照像元光谱的相似性先要将整个影像分成若干个区域。然后分类程序针对这些区域进行分类，而不是针对像元进行分类。ECHO 法试图模拟人类信息识别和分类的过程，即像元分类之前先将像元划分为几个光谱值比较均质的区域。

ECHO 法首先寻找光谱相似的邻近像元成为一组，然后扩展范围搜寻与它们光谱值相似的所有邻近像元。例如，算法先搜寻邻近的四个像元［图 12.16（a）］。然后分类算法检查每一组成员的同质性，检查的方法可以使用与距离量测相类似的方法。分析人员可以设定每个组的像元相似度，还可以设定形成像元组的其他变量。如果像元与任何组都不相似，即没有哪个组会接受它，那么就认为它们是边界像元或者某个小地块，这些像元就会用传统的点分类器进行单独的分类。

其次每个均质的斑块将与其相邻斑块进行比较。如果有公共边界的斑块是相似的，它们就合并成更大的斑块。斑块的面积可以逐渐增加，直到它们遇到有光谱差异的斑块边缘为止；当斑块的范围按照分析人员设定的约束条件达到最大时，斑块合并过程停止［图 12.16（b）］。到此为止，影像已经分割成了多个不同质的区域，但还没有给任何区域分配类别。所以最后就是要计算每个区域中的平均亮度值，作为分类的基础。所不同的是分类单元不是像元，而是在前面步骤中定义的区域［图 12.16（c）］。对于分类程序，Kettig 和 Landgrebe 选择的是最大似然分类器，但也可以采用其他的分类算法，既可以是监督分类也可以是非监督分类的算法。

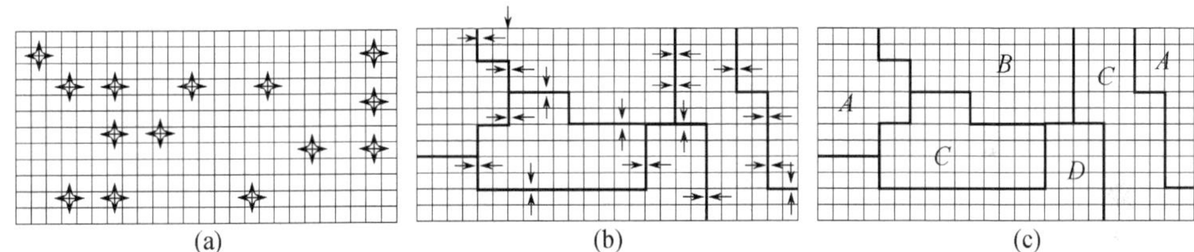

图 12.16　ECHO 法分类过程示意

（a）ECHO 通过邻近像元寻找影像上的均质区域；（b）当不同区域边缘相遇时停止增长，此时影像已被分割为区域，但还没有进行分类；（c）用常用的分类算法对（b）中分割的区域进行分类

ECHO 法的重要思想是分类过程针对的是像元区域而不是像元。但它是根据每个斑块的亮度均值进行分类的，而不是影像的纹理特征。纹理分类器是利用区域的亮度变化规则指导分类，而不是斑块的均值。如果 ECHO 分类方法和训练样本数据一同使用，分类结果将非常有效而且精确。

12.4.5　执行监督分类的一般步骤

监督分类的实现过程远比非监督分类要复杂。分析人员必须评估每个步骤的执行情况，如果发现某个步骤的执行结果需要改进和提高，那就必须返回到前面的步骤重新进行，以确保最后的分类精度。监督分类的一般步骤包括以下几点。

（1）确定分类的类别列表。根据影像的区域特征和研究内容，确定出相应的监督分类列表。

（2）选择和确定训练数据。这个步骤是分类过程中最重要和最费时的阶段。分析人员需要在影像上确定每个训练样区的边界，通常用鼠标在计算机屏幕上确定一个多边形，并要仔细地比较训练样区在地图、航片上的位置与在屏幕的数字影像上的位置。因此，训练样区必须能利用地图和数字影像上的标志性地物进行定位。然后影像预处理系统利用多边形边界的影像坐标来确定训练样区内的像元值。选择确定了训练样区之后，就可以显示训练数据的直方图，以此来评估每个训练样区内的均质性。

（3）修改类别和训练样区，确保训练数据的均质性。通过检查训练数据，可以从类别列表中删除部分类别、合并一些类别，或者再细分出一些光谱子类别。只有在修改后的训练数据达到均质性的要求，才可以用于下一步的分类。否则就必须回到第一步，重新开始整个过程。

（4）实施分类。每个影像分析系统会执行一系列命令来实施分类，但分析人员只需为程序提供有效的训练数据和要分类的影像，最后的分类结果可以直接显示在计算机屏幕上。

（5）评估分类效果。应用分类的误差和精度评价方法来进行评估。

以上是监督分类的基本步骤，具体细节可能因不同的图像处理软件而不同，但其基本要点是相同的，即确定均质的训练样区。

12.5 其他分类方法

12.5.1 纹理分类

实际地面区域通常是由不同光谱的地物要素集合而成。例如，低密度的居住用地大部分是由树冠、屋顶、草地、人行道、车行道和停车场组成。有时候，人们感兴趣的是按照这些地物的组合形态进行分类而不是其中的各个组成部分。因此，分类过程更关注每种类别的变化模式特点，而不只是亮度平均值所表示的类别之间差异。解译人员可以通过目视识别这种复杂模式。但是利用常规数字分类算法进行精确分类就很困难，因为数字分类算法是以不同的光谱亮度值划分信息类别的。

纹理分类器用于测量影像纹理结构，即测量相邻像元之间的空间和光谱关系。如用一定大小（窗口）邻域内的亮度值标准差，系统地移过整个影像，可以量测影像在一定短距离内的光谱变化，这是简单的测量影像纹理结构的方法。如用 5×5 大小的窗口内像元的亮度值标准差和像元之间的空间关系，系统地移过整个影像，可以量测影像简单的纹理结构，将这种测量得到的纹理结构以函数的形式作为图像新的层，叠加到原始图像的光谱层中，从而对图像进行纹理分类。对于影像纹理结构的测量，使用较大的窗口，如 32×32 或 64×64，分类效果会比较好，精度会明显提高。但大的窗口在跨越不同类别边界时会产生问题，同时大窗口也会降低分类图的分辨率。

如何测量影像的纹理结构是利用纹理分类器的关键问题。只有利用复杂的纹理测量方法，才能形成满意的分类结果。例如，系统地移过整个影像时，纹理测量方法要能测量不同距离范围内的亮度值的变化和以某个像元为中心的不同方向上亮度值的变化。

利用影像纹理结构进行分类已被广泛接受和采用。实际的研究结果也表明，利用影像纹理结构特征对进行城市土地利用分类及高分辨率影像（如 QuickBird 影像）的计算机分类非常重要。

12.5.2 分层分类策略

分层分类方法是指基于一个分类层级（分类树）而逐步进行分类的过程。常规的分类只有一个层级，并应用某一算法对图像所有数据形成信息类别的分类结果。而分层分类在每个相对独立的层级步骤中需要应用不同的数据子集。分层结构策略是首先将难以分类的类别与其他容易分类的类别区分开来，然后再收集最有效的分类数据对难以分类的类别作出分类决策。这种数字分类策略模拟了人工目视解译方法中的从易到难的筛选分类特征。

这种建立分类树的方法常被用于处理复杂的景物、现象或一组复杂的数据等。面对复杂的景物或现象人们不可能用一个统一的分类算法（模式）来描述或者进行区域景物的识别与分类。因而，对于那些看似杂乱无章、错综复杂的景物往往需要深入研究其总体规律及内在联系，理顺其主次或者因果关系，建立一种树状结构的分类层级，即分类树，并根据分类树的结构逐级分层次地把研究区域的目标地物一一区分、识别出来，这就是分层分类法。

只有分类逻辑层次结构组织合理，使决策树上层的误差最小化，分层分类方法才有用。如果在分层结构的顶层就存在误差，它们会传递给较低的层级，此时不管接下来的决策有多合理，这些误差都会累积到最终的分类影像图上。例如，在分类开始前，可依据植被指数将植被区和非植被区域划分开来，防止后续分类过程中将植被与非植被类别混淆。

12.5.3 模糊分类

模糊分类提出了隐含在所有分类过程中的一个问题，即每个像元必须划分为某个类别。虽然这些分类方法都设法使分类的正确性最大化，但它们只允许像元和类别之间直接进行一一对应。这种像元和信息类别进行对应匹配的方法会使得许多像元划分为不正确的或逻辑上错误的类别。模糊逻辑就是要试图应用不同的分类逻辑来解决这个问题。

模糊逻辑（Kosko and Isaka，1993）在很多领域都有应用，但它在遥感领域有特殊的重要性。模糊逻辑允许部分隶属关系的存在，这个特性在遥感领域非常有意义，因为部分隶属关系的问题和混合像元的问题非常接近。传统的分类器必须将像元划分为“森林”或“水体”类别，而模糊分类器可以将像元划分为“部分森林”和“部分水体”，如“隶属于水体 0.3”和“隶属于森林 0.7”的混合类别，而将这个像元完全归于某一单独类别是不合理的。隶属关系用隶属度衡量，隶属度的值通常从 0 到 1.0 不等，0 表示不属于某一类，1.0 表示完全属于某一类别，而介于 0～1.0 的值则意味着与某一类别的隶属关系（表 12.5）。

表 12.5　模糊分类的隶属关系

类别	像元						
	A	*B*	*C*	*D*	*E*	*F*	*G*
水体	0.00	0.00	0.00	0.00	0.00	0.00	0.00
城市	0.00	0.01	0.00	0.00	0.00	0.00	0.85
交通	0.00	0.35	0.00	0.00	0.99	0.79	0.14
森林	0.07	0.00	0.78	0.98	0.00	0.00	0.00
草地	0.00	0.33	0.21	0.02	0.00	0.05	0.00
农田	0.92	0.30	0.00	0.00	0.00	0.15	0.00

运用模糊分类的关键是确定像元的隶属度。确定像元的隶属度的数学模型和方法很多。例如，可以由普通的相关关系确定，或者由数据和类别之间的相关关系确定。而在遥感分类中，隶属关系更多是从特定研究区域的经验数据得来的。例如，在遥感图像模糊分类中采用

最大似然分类算法来确定像元属于各类的隶属度。

图 12.17 表示了单个波段内三种类别简单的隶属度，同时这种隶属关系还能用于多个波段的情况。横轴表示像元的亮度；纵轴代表隶属某个类别的程度（%），“水体”类别由亮度值小于 20 的像元组成，而像元值小于 8 的为纯水体。“农田”类别的亮度值为 22～33，但其中代表农田的纯像元的亮度值为 27～29。例如，亮度是 28 的像元只会是“农田”，而亮度是 24 的像元是由部分森林和部分农田组成。亮度值不在图中亮度范围的像元不属于任何类别。

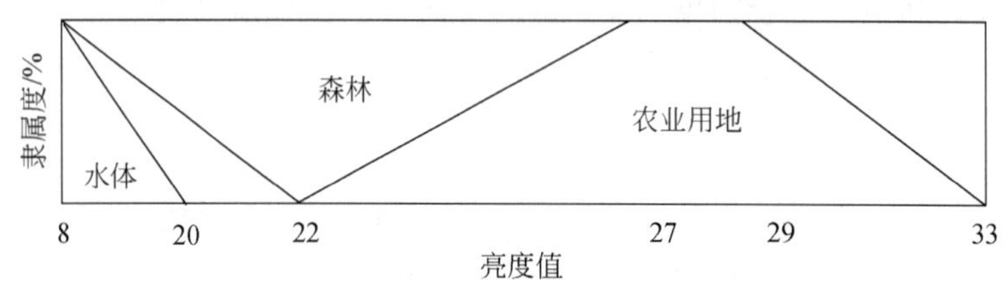

图 12.17　模糊分类的隶属关系函数

有时可以将像元对于某种类别的隶属度设置为 1.0，而对于其他类别的隶属度设置为 0.0 来进行增强（表 12.6）。类别增强后的像元分类就等同于传统的分类方法，即针对像元进行的分类。

表 12.6　对表 12.5 像元增强后的分类隶属关系

类别	像元						
	A	*B*	*C*	*D*	*E*	*F*	*G*
水体	0.00	0.00	0.00	0.00	0.00	0.00	0.00
城市	0.00	0.00	0.00	0.00	0.00	0.00	1.00
交通	0.00	1.00	0.00	0.00	1.00	1.00	0.00
森林	0.00	0.00	1.00	1.00	0.00	0.00	0.00
草地	0.00	0.00	0.00	0.00	0.00	0.00	0.00
农田	1.00	0.00	0.00	0.00	0.00	0.00	0.00

12.5.4　人工神经网络分类

人工神经网络（artificial neural network，ANN）是利用计算机模拟人类学习过程，建立输入和输出数据之间联系的算法。人类在影像分类识别过程中必须考虑空间位置、光谱特征等构成图像类别特征的多种因素，而且人类具有学习的能力，能够建立分类识别的联系。人工神经网络模拟类似于人类学习的过程，它通过在训练阶段不断地建立输入和输出之间的关系，建立它们之间的联系或者路径，从而使得在没有训练数据的情况下，这些联系或者路径也可以用来确定输入和输出之间的关系。

通常人工神经网络由 3 个要素层组成，即输入层、输出层和隐含层。输入层由数据源组成，对于遥感而言就是不同时期的多光谱数据。人工神经网络可以处理相当大容量的数据，包括不同时期的多波段数据，以及与其相关的辅助数据。

输出层由分析人员所需要的信息类别组成。利用训练数据，人工神经网络通过一个或多个隐含层内确定的权重，来建立输入层和输出层数据之间的联系（图 12.18），对于遥感来说，训练数据内不断重复的类别和数字值之间的关系增加了隐含层内的权重，从而使得在没有训练数据的条件下给定光谱值之后，人工神经网络能正确地分配类别标识。

隐含层由神经元（也被称为节点）组成，负责从输入层接收的信息中提取关键特征，进一步处理后被输入到输出层。

此外，人工神经网络也可以进行反向传播（back propagation，BP）训练。一般影像分类所建立的训练数据是“前向传播”的结果，而 BP 可以返回去检验输入和输出数据间的联系，通过输入和输出数据之间的反向差异来调整权重，修改分类结果。这样反复多次进行训练，直到所得出的输出分类类别与实际的类别相符或误差减至最小。这个过程建立了转移函数（transfer function），即输入和输出层的定量关系，用来确定输入层和输出层之间最有效关联的权重。例如，这些权重能知道用哪些波段的合成图像对区分哪些类别最有效。在后向传播的过程中，隐含层记录数据和类别匹配所产生的错误，并通过不断调整权重来改正这些错误。

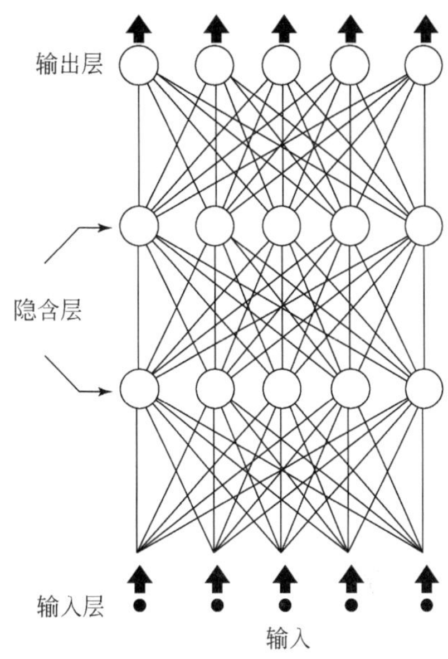

图 12.18　人工神经网络

12.5.5　支持向量机分类

在机器学习中，支持向量机（support vector machine，SVM）是在分类与回归分析中分析数据的监督式学习模型与相关的学习算法，它从线性可分情况下的最优分类超平面发展而来（图 12.19）。给定一组训练实例，每个训练实例被标记为属于两个类别中的一个或另一个，SVM 训练算法创建一个将新的实例分配给两个类别之一的模型，使其成为非概率二元线性分类器。SVM 模型是将实例表示为空间中的点，这样映射就使得单独类别的实例被尽可能宽的明显的间隔分开。然后，将新的实例映射到同一空间，并基于它们落在间隔的哪一侧来预测所属类别（Mountrakis et al.，2011）。

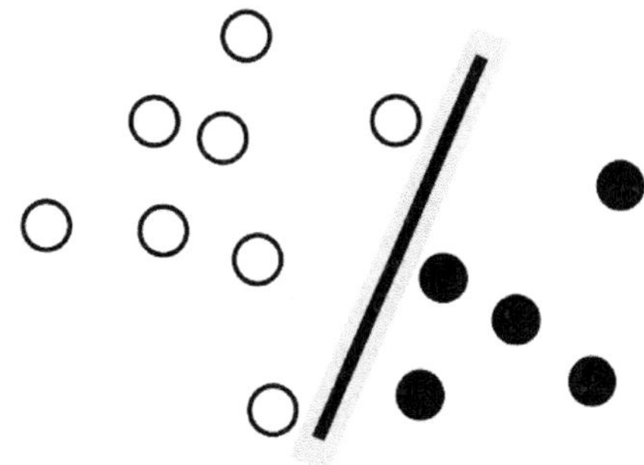
图 12.19　SVM 最优分类超平面

除了进行线性分类之外，SVM 还可以使用核技巧有效地进行非线性分类，将其输入隐式映射到高维特征空间中。当数据未被标记时，不能进行监督式学习，需要用非监督式学习，它会尝试找出数据到簇的自然聚类，并将新数据映射到这些已形成的簇。将 SVM 改进的聚类算法被称为支持向量聚类，当数据未被标记或者仅一些数据被标记时，支持向量聚类经常在工业应用中用作分类步骤的预处理。

12.5.6 半监督学习与分类

在许多机器学习实际应用中，很容易找到海量的无类标签的样例，但为了得到有标签的样本，通常需要使用特殊设备或经过昂贵且耗时的实验过程进行人工标记。这导致了有标签样本稀缺，而无标签样本却过剩的情况。因此，人们尝试将大量的无类标签的样例加入到有限的有类标签的样本中一起训练来进行学习，期望能对学习性能起到改进的作用，由此产生了半监督学习（semi-supervised learning，SSL）。SSL 是监督学习与无监督学习相结合的一种学习方法。

SSL 按照统计学习理论的角度包括直推（transductive）SSL 和归纳（inductive）SSL 两类模式。直推 SSL 只处理样本空间内给定的训练数据，利用训练数据中有类标签的样本和无类标签的样例进行训练，预测训练数据中无类标签的样例的类标签；归纳 SSL 处理整个样本空间中所有给定和未知的样例，同时利用训练数据中有类标签的样本和无类标签的样例，以及未知的测试样例一起进行训练，不仅预测训练数据中无类标签的样例的类标签，更主要的是预测未知的测试样例的类标签。

12.5.7 深度学习与分类

深度学习（deep learning）作为机器学习算法中的一个新兴技术，其目的在于建立模拟人脑进行分析学习的深层网络。它能够通过海量的训练数据和具有很多隐藏层的深度模型学习更有用的特征，最终达到提升分类精度的目的。近年来深度学习在图像分类应用中取得了令人瞩目的成绩，越来越多的学者开始将深度学习应用于遥感图像处理中。几种常用的深度学习方法包括自动编码器、卷积神经网络、深度信念网络和针对小训练样本的迁移学习等（Yuan et al.，2020）。

深度学习的出现，显著地提升了遥感图像分类的效果。一方面，与需要大量专业知识和经验的人工特征描述的分类方法相比，深度学能通过深层架构自动学习数据特征，这是深度学习方法的关键优势；另一方面，与常用的浅层机器学习模型相比，由多个处理层组成的深度学习模型可以学习到更强大的具有多个抽象层次的数据特征，这些抽象的深层特征更适用于语义级别的目标分类。

12.6 不同分类方法的精度差异

在过去的几十年里，不同学者对遥感图像的分类有很多研究，提出了许多分类方法，基于人工特征描述的分类方法在早期为遥感图像的分类提供了解决方案，随后建立在概率统计基础上的机器学习进一步提高了分类精度。深度学习的出现，使人们不再需要完全依赖人类专家去设计特征，并且使分类精度有了质的飞跃，但深度网络建模可视化困难和数据集的缺乏制约了分类精度的进一步提高。分析人员在选择分类算法时，除了考虑方便实用和运算速度快等因素外，也要考虑分类方法的分类精度。

人们在运用不同方法进行分类的过程中积累了丰富的经验，但是很少有人去系统地研究不同方法的相对分类精度。典型的精度检验方法是在其他因素（如训练数据）保持不变的情况下，使用不同的分类算法对同一地区进行分类。这里假设分类精度的差异是分类方法的差异引起的。

多数学者通过研究认为分类方法的选择要大于训练数据的选择对精度的影响，改变了过去认为训练数据的选择对精度的影响要远大于不同分类方法的观点（Scholtz，1979; Hixson et al.，1980）。Story 等（1984）在美国弗吉尼亚州土地利用模式比较复杂的区域，应用不同的分类方法研究其分类精度。研究的结果表明不同的分类方法确实影响分类精度，例如，将平行分类器和贝叶斯分类器相结合进行分类的结果精度比单独使用平行算法的精度要高，因为它对平行分类器未能分配的像元用贝叶斯分类器能再进行分类。Sun 等（2019）提出了一种改进的卷积神经网络（convolutional neural network，CNN）与支持向量机（SVM）的遥感影像分类方法，并通过分类试验证实改进的方法相比传统分类方法，遥感分类的精度得到了显著的提高。

随着科技的进步，各类型数据呈现海量增长，因此可以考虑将多类型传感器、智能终端、社交网站等多源异构数据融合进行遥感图像分类处理。多源异构数据能够能从不同方面提供目标图像特征和信息。不同特征和信息的融合，既保留了参与融合的多特征的有效鉴别信息，又在一定程度上避免了单一数据的不确定性，令分类结果更加可靠，使遥感图像目标分类的结果精度更高。

目前对不同分类方法的有效性和精度比较的研究才刚刚开始，相关方面并没有太多的结论。但有一点很明确，没有哪个分类器对所有的分类结果都是最好的，只能说某些方法更适合某些分类情况，而另一些方法则更适用于其他情况。因此还需要更广泛地研究地面地物类别与分类器的最佳组合模式。

12.7　分类中应用的辅助数据

辅助数据是指以非遥感方式获得的辅助影像分类或遥感影像分析的数据。长期以来对于航片的目视识别和解译来说，辅助数据是非常有用的。有时，单靠解译人员知识和经验进行解译是不够的，各类地图、报告和野外考察资料等辅助数据也是解译的重要依据。对于数字遥感影像来说，辅助数据必须转化为数字格式才能融入到分析中，例如，数字格式的地形数据、土壤数据、地质数据、植被数据及经济社会普查数据等。数字影像分析中使用的辅助数据必须满足 3 个先决条件：①辅助数据必须是数字形式的；②辅助数据与研究的问题有关；③辅助数据与遥感影像有很好的兼容性。兼容性主要是数字格式的匹配、比例尺的匹配、分辨率的匹配、获取日期一致性，以及数据精度的兼容性等。如果这些数据与遥感数据兼容性不是很好，它们的辅助分析作用就会减弱。

辅助数据的选择非常关键。例如，对于山区的植被分类，利用高程数据作为辅助信息是非常有效的，这是因为植被的类型与海拔高度、坡度和坡向密切相关。但是在地势平坦的地区，高程数据对植被的分类就没有太大帮助。

辅助数据有两方面的应用：①数字化的辅助数据作为一个图层，简单地与遥感图像复合而产生一个新的波段，这个新波段有助于提高影像分类的效果。②分层分类。例如，植被分类与地形高度、坡度和坡向密切相关，因此将高程数据和遥感数据相结合就形成了一个强有力的分层分析工具。分层是指使用辅助信息把影像细分成一些容易识别的区域，而这些区域仅仅用遥感数据是很难确定的。

有学者利用辅助数据修改最大似然分类中的概率（Strahler，1980）。例如，植被类别的概率随地形和海拔的变化而变化，因此除了光谱值以外，像元所处位置的高程和坡度也具有植被类别的意义。

总而言之，使用辅助数据有很多好处，但有时分析人员很难获得对研究问题最有用的辅助数据。许多辅助数据都来源于为其他研究而设计的数据库中，很少有专门为某个遥感分类项目而设计的辅助数据。此外最有用的辅助数据也可能不是数字格式的，分析人员必须投入大量精力数字化这些辅助信息。同时，辅助数据的兼容性也会影响分类的效果。

12.8　图像分类的有关问题

遥感图像计算机分类算法设计的主要依据是地物光谱数据。因此，图像分类存在如下问题（梅安新等，2001）。

1）未充分利用遥感图像提供的多种信息

遥感数字图像计算机分类的依据是像素具有的多光谱特征，并没有考虑相邻像素之间的关系。例如，被湖泊包围的岛屿，通过分类仅能将陆地与水体区别，但不能将岛屿与邻近的陆地（假定二者地面覆盖类型相同，具有同样的光谱特征）识别出来。这种方法的主要缺陷在于地物识别与分类中没有利用到地物空间关系等方面的信息。

2）提高遥感图像分类精度受到限制

这里的分类精度是指分类结果的正确率。正确率包括地物属性被正确识别，以及它们在空间分布的面积被准确度量。遥感数字图像分类结果在没有经过专家检验和多次纠正的情况下，分类精度一般不超过90%。其原因除了与选用的分类方法有关外，还存在着制约遥感图像分类精度的几个客观因素：

（1）大气状况影响。地物辐射电磁波，必须经过大气才能到达传感器，大气的吸收和散射会对目标地物的电磁波产生影响，其中大气吸收使得目标地物的电磁波辐射衰减，到达传感器的能量减少，散射会引起电磁波行进方向的变化，非目标地物发射的电磁波也会因为散射而进入传感器，遥感图像灰度级产生一个偏移量。对多时相图像进行分类处理时，不同时间大气成分及湿度不同，散射影响也不同，因此遥感图像中的灰度值并不完全反映目标地物辐射电磁波的特征。为了提高遥感图像分类的精度，必须在图像分类以前进行大气纠正。

（2）下垫面的影响。下垫面的覆盖类型和起伏状态对分类具有一定影响。下垫面的覆盖类型多种多样，受传感器空间分辨率限制，农田中的植被、土壤和水渠，石质山地稀疏的灌丛和裸露的岩石均可以形成混合像元，它们对遥感图像分类的精度影响很大。这种情况可以在分类前首先进行混合像元分解，把它们分解成子像元后再分类。分布在山区向阳面与背阳面的同一类地物，单位面积上接收太阳光能不同，地物电磁波辐射能量也不同，其灰度值也存在差异，容易造成分类错误。在地形起伏变化较大时，可以采用比值图像代替原图像进行分类，以消除地形的影响。

（3）其他因素的影响。图像中的云朵会遮盖目标地物的电磁波辐射，影响图像分类。对于图像中仅有少量云朵时，分类前可以采用去噪声方法进行清除。多时相图像分类时，不同景的图像由于成像时光照条件的差别，同一地物电磁波辐射量存在差别，这也会对分类产生影响。地物边界的多样性，使得判定类别的边界往往是很困难的事。例如，湖泊和陆地具有明确的界线，但森林和草地的界线则不明显，不少地物类型间还存在着过渡地带，要精确将其边界区别出来，并非一件容易的事情。因此，提高遥感图像分类精度，既需要对图像进行分类前处理，也需要选择合适的分类方法。

本章介绍了一些具体的分类器，引导学生认识目前可供使用的各种不同的分类方法、基本分类策略和算法等内容，为他们更进一步地学习不同的分类过程提供基础。许多学生在以后很可能会用到新的分类方法，其基本原理与本章所介绍的分类方法是一样的。只要掌握了影像分类的基本策略和方法，即使遇到不熟悉的新的分类方法时，也能认识到其实质是基本方法的改进或变体。

思　考　题

1. 为什么会有多种不同的影像分类方法?

2. 在对影像分类前确定影像是否需要进行预处理很重要，为什么?

3. 影像分类方法在不同研究领域中的分类效果是不同的。选择某一个领域或主题（如土地利用、森林学），列举进行影像分类的方法和意义。列举出对该领域适用的分类方法。

4. 展望遥感影像分类的发展方向，说明传感器技术和设计分类策略之间的关系。

5. 监督分类适用于哪些遥感图像类型?

6. 谈谈图像的目视解译和深度学习分类方法之间的关系。

第 13 章　分类精度评价

13.1　精度的概念和意义

进行遥感影像分类，必然会涉及分类结果的精度问题。本章重点介绍如何对影像的分类精度进行评价，以及评价中存在的问题。

精度是表示观测值与真值的接近程度。在遥感分类中，精度是指正确性，即一幅不知道质量的图像和一幅假设准确的图像（参考图）之间的吻合度。如果一幅分类影像的类别和位置都和参考图相近，就称这幅分类影像是精确的，精确度高。

详细度是指“细节”，通过降低详细度可以提高精度，也就是说分类类别少，分类精度就会提高。例如，将植被分为森林、针叶林、松树林、短叶松树林或成熟短叶松树林等，分类越详细，越容易产生误差。虽然分类类别详细度越低，分类精度就越高，但类别详细度要能满足研究的需要。例如，区分水体和森林的精度可以达到95%，但这种分类结果对于确定森林地区常绿和落叶林类别的分布是没有意义的。

遥感数据分类的精度直接影响由遥感数据生成的地图和报告的正确性、将这些数据应用于土地管理的价值及用于科学研究的有效性。因此，研究不同分类方法的精度评价对于遥感数据使用是非常重要的。目前，关于目视分类和计算机分类的相对精度、不同的预处理和分类算法分类的相对精度、不同人进行分类的相对精度、同一解译人员在不同时间分类的相对精度，或者是同一地区不同影像的分类精度的系统研究工作还比较少。所以，精度评价不能仅凭借地图的外观、个人经验或者个人对区域的了解程度进行，还应该采用系统、定量的方法，加强对分类精度的研究，这对于遥感的理论和实践均具有重要意义。

20 世纪 70 年代开始进行计算机数字分类的应用，并逐步替代了传统的分类方法。但计算机分类的方法比较抽象，又没有分析人员的直接控制，对于分类结果的有效性评价就成为该领域研究的重要内容，它直接关系到分类结果能否被接受和应用。

13.2　分类误差的来源

任何分类中都存在误差。在目视解译中，误差由地物类别的误分、过度概括、配准误差、解译详细程度不够等因素引起。在计算机分类过程中，误差主要由同物异谱和同谱异物、混合像元及不合理的预处理等因素引起，例如，裸露花岗岩与城市混凝土的光谱值很容易混淆，分类过程中可能错误地将信息类别指定给光谱类别；混合像元值可能不同于任何一种类别的光谱值，而被误分到其他类别。混合像元主要出现在地块边界，无论使用哪种分类方法，都不可避免产生误分现象（图 13.1）。此外，在遥感图像的预处理中进行的辐射和几何校正可能会对后续分类引入某些误差，例如，几何校正的重采样可能会改变某些像元的原始数据，引起分类结果的不正确。

地面景观特征也是误差的重要来源，例如，复杂的地面景观更容易产生误差，而大面积的、均质的类别组成简单的地面景观就不容易产生误差。影响地面景观变化的主要因素包括：地块大小、地块大小的变化、地块特征、类别数量、类别排列、每种类别的地块数量、地块形状和与周围地块的光谱反差等。不同区域、同一区域的不同季节地面景观因素都呈现不同特征。因此，某一具体影像的误差不能根据其他区域或其他时间已有的经验进行预测。

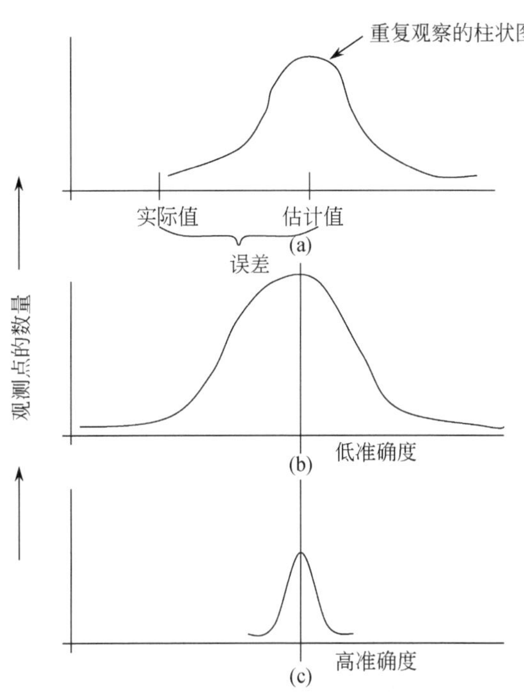

图 13.1　偏差和准确度

精度由偏差和准确度构成。估计值和实际值的差异就产生了偏差（a）；（b）和（c）描述了准确度的概念：估计值的变化大表示低准确度（b），而估计值的变化小就表示高准确度（c）

13.3　误差特征

分类产生的误差主要有两种类型，即位置误差和分类误差。位置误差是指各类别边界不准确；分类误差是指在分类过程中将属于某一类别（由地面观察点确定）的像元分配到另一类别中。误差的特征主要有以下几点。

（1）误差并非随机分布在影像上，而是显示出空间上的系统性和规则性。不同类别的误差并非随机分布，而是可能优先与某一类别相关联。

（2）一般来说，错分像元在空间上并不是单独出现的，而是按照一定的形状和分布位置成群出现。例如，误差像元往往成群出现在类别的边界附近。

（3）误差与地块有着明确的空间关系，例如，它们出现在地块边缘或地块内部。

13.4　精度评价方法

精度评价就是进行两幅地图的比较，其中一幅是基于遥感数据的分类图，也就是需要评价的图，另一幅是假设精确的参考图，作为比较的标准（图 13.2）。显然参考图本身的准确性对评价非常重要。精度评价有时只是比较两幅图之间是否有差异和差异的大小，并不需要假设一幅图（参考图）比另一幅图更精确，例如，比较不同传感器获得的同一区域数据的差异，或是比较由不同解译人员对同一区域的影像分类的结果图的差异，这时就不需要假设哪幅图的精度高，因为目标只是要确定两幅图之间的差异有多大。

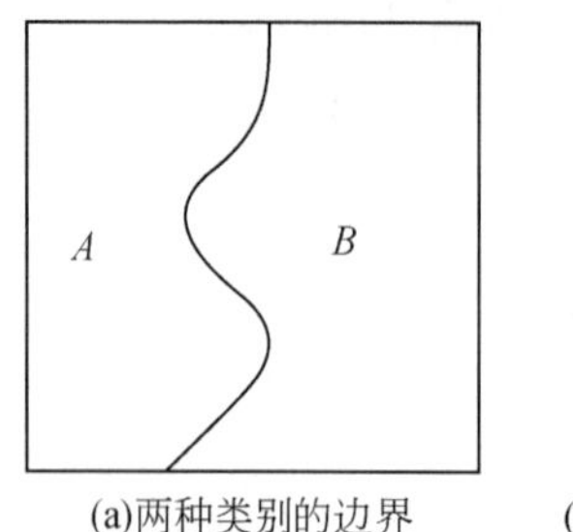

(a)两种类别的边界

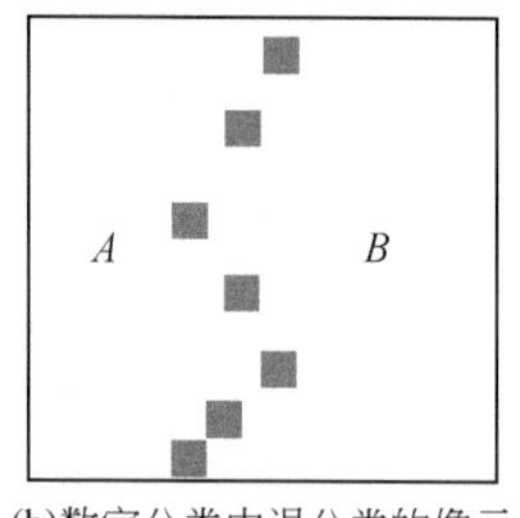

(b)数字分类中误分类的像元（黑色方格）

图 13.2　地块总计行列的误分类边界像元

一般认为参考图是“正确的”专题图，另一幅图要进行精度评价。两幅专题图必须进行配准，使用相同的分类系统，以及具有相当的详细度。如果两幅图在细节度、类别数量或内容等方面不一致，就不适合进行精度定量评价。

精度评价的方法一般有面积精度评价法，位置精度评价法和误差矩阵评价法。

13.4.1　面积精度评价法

最简单的定量评价方法是比较两幅图上每种类别的面积差异，用面积比例表示(图 13.3)。比例值显示了两幅图上每种类别总面积之间的一致程度，但它没有考虑到类别误分的误差，因此该精度评价方法本身就不够精确。例如，在影像的某些区域估计的森林面积比参考值偏大，而在另一区域却偏小，两者可以补偿，因此在类别总面积的报表中并不能把该误差显示出来。面积精度评价法又称为非具体位置精度评价法，因为它没有考虑两幅图在位置方面的一致性，而只是考虑了类别面积总计的一致性（图 13.3）。

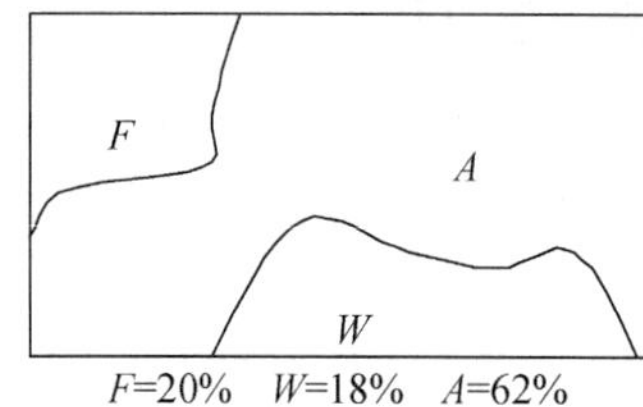

F=20%　W=18%　A=62%

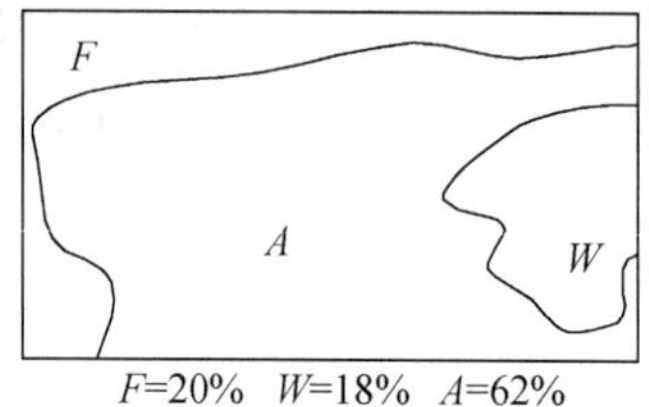

F=20%　W=18%　A=62%

图 13.3　面积精度

这里的两幅影像每种类别面积相似，但边界位置有很大不同。这种评价方法会产生很大的位置误差

13.4.2　位置精度评价法

一般误差区分为分类误差和边界定位误差。分类误差是错误地识别像元的类别所引起的，而边界定位误差是错误地放置类别边界引起的。在自动分类过程中，边界定位误差主要是由影像与参考图的几何配准过程中的误差引起，使得影像上正确分类的像元投影到参考图上不正确的位置，从而被统计为误差。

位置精度是通过比较两幅图位置之间一致性的方法进行评价的（图 13.4），位置误差又称为分类误差。一般两幅图进行位置比较时是以遥感影像中的像元为单元的，也可以是两幅图中由均质像元形成的范围为单元进行比较。位置精度评价方法有很多种。通常把用于影像分类的训练数据分为两组，一组进行监督分类，另一组用于评价分类精度。

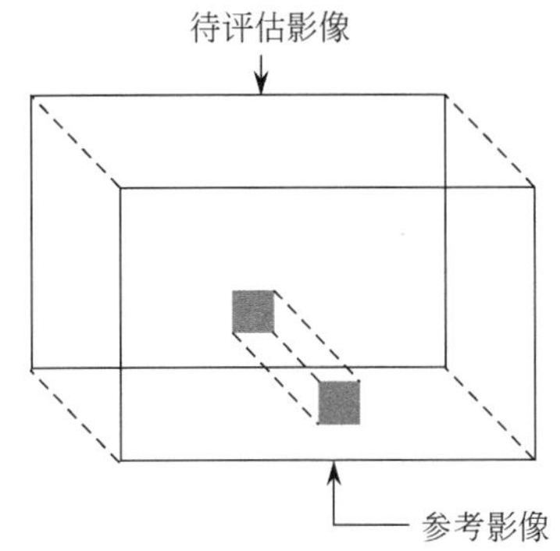

图 13.4　位置精度

按照两幅影像位置对比分析精度，这里只显示了整幅影像的一组网格

13.4.3　误差矩阵评价法

表示误差的标准形式是误差矩阵，它不仅能表示每种类别的总误差，还能表示类别的误分（混淆的类别）。一般的精度评价研究都需要编制误差矩阵，它由 $n \times n$ 的数据元构成，式中，n 为类别的数量（表 13.1 和图 13.5）。

表 13.1　误差矩阵示例

		待分类影像						
	类别	城市	作物	山地	水体	森林	裸地	总和
参考影像	城市	150	21	0	7	17	30	225
	作物	0	730	93	14	115	21	973
	山地	33	121	320	23	54	43	594
	水体	3	18	11	83	8	3	126
	森林	23	81	12	4	350	13	483
	裸地	39	8	15	3	11	115	191
	总和	248	979	451	134	555	225	2592

矩阵的纵轴（左边）标注的是参考影像上的数据类别，横轴（上边）标注的是需要进行精度评价的分类影像上相同的类别。矩阵内的值表示评价影像与参考影像进行比较后，有误差的像元数量（主对角线除外），这些数值可以由整幅影像组成，也可以由影像的一部分（如样本）组成。误差矩阵内的值一般用错分像元的绝对数来表示，也可以用错分像元所占的百分比表示。矩阵的最右边总和列给出了参考影像上每种类别的总像元数。底部的总和行显示了待评估分类影像上每种类别的像元总数。

误差矩阵反映分类结果对实际地面类别的表达情况。例如，在表 13.1 中，参考影像总共有 225 个城市用地的像元，其中有 150 个像元被分为了城市类别，这些是正确分类的城市像元，其他是未正确分类的像元，例如，错误分类为农田类别有 21 个像元，错误分类为山地类别有 0 个像元，错误分类为水体类别有 7 个像元，错误分类为森林类别有 17 个像元，错误分类为裸地类别有 30 个像元。矩阵的对角线为分类正确的像元数，其总和表示分类正确的像元数，该值与总的像元数之比就是分类正确百分比，如本例中为 1748÷2592=67.4%，表示总体分类精度，即是对每一个随机样本，所分类的结果与检验数据类型相一致的概率。

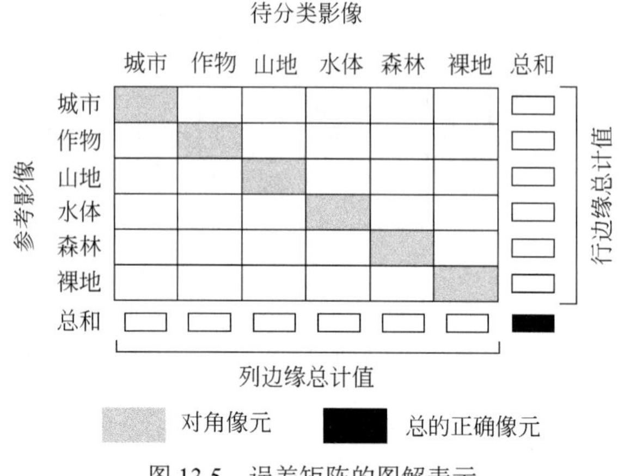

图 13.5 误差矩阵的图解表示

这里矩阵的元素与文档信息和表 13.1 的数据相对应

13.4.4 误差矩阵的构建

构建误差矩阵需要分析人员对待分类影像与参考影像进行点对点的比较，准确地确定参考影像上的每个点在分类影像中所对应点的位置。参考影像不一定都是遥感影像，也可以是同一地区的土地利用图等。关键要考虑的问题不是两幅影像的形式，而是它们要能相互配准及有相同或相似的分类体系。配准过程中的误差也会成为分类误差，所以两幅图的配准误差会产生精度评价的误差。一般以均质像元区域作为两幅影像进行比较的单元（图 13.6）。这些单元不能过大，以避免混合像元（落在地块边界上的像元）和运算成本过大，又不能过小，以便能提供足够多的像元来作为有效的统计样本，这类似于分类中训练样区的选择。

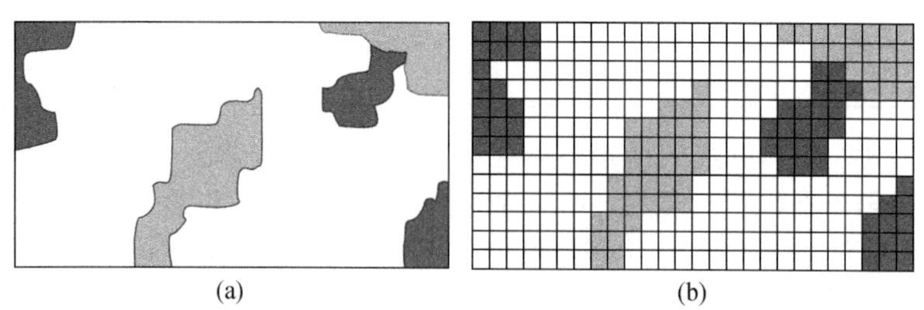

图 13.6 网格表示的类别图

网格为位置精度评价的比较单元

然后两幅影像要进行叠置。如果是人工编辑误差矩阵，则两幅影像以目视的方式直接叠置。如果是用计算机编辑误差矩阵，则两幅影像以图形对应的方式叠置。对手工编辑而言，分析人员要逐个单元系统地检查叠置影像，制作表格记录每个单元在参考影像上的类别和在待评价影像上相应的类别（表 13.2），统计待评价分类影像上每种类别分类情况，表格整理后就可构造误差矩阵。

表 13.2　误差矩阵数据的统计表

单元	参考影像	待分类影像
1	F	F
2	F	U
3	W	W
4	W	W
5	C	C
6	C	F
7	C	C
……	…	…
	合计	
森林类别分为森林类别		350
森林类别分为城市类别		23
森林类别分为农田类别		81
森林类别分为水体类别		4
……	…	…
农田类别分为农田类别		730
农田类别分为森林类别		115
农田类别分为水体类别		14
……	…	…

如果两幅影像都是数字形式的，编辑单元就可以是像元，或是由多个像元组成的单元。当两幅影像中有一幅是纸质形式的（通常是参考影像），而另一份是数字格式时（通常为待分类影像），它们之间的配准、类别的对应和误差矩阵的构造就会很困难。因此必须将两幅影像转换成相同的格式，一般是将纸质影像进行数字化。

理想的情况是两幅影像的分类系统一致，这在实际中较难碰到。如表 13.3 所示，如果分类系统的差别只是详细程度的问题，只要将分类更细的类别进行归类，使其与分类较粗的类别一致起来就可以进行叠置比较。如果两幅影像的分类系统完全不同，两者的类别根本就不匹配（表 13.3），这时两幅影像就无法进行比较。或者两幅影像分类系统的名称相同，但意义却完全不同，也是无法进行比较的。所以两幅影像在进行比较之前，需要仔细地检查和对比，确保两幅影像的分类系统是一致的或匹配的。

表 13.3　分类系统的匹配示例

参考影像	待分类影像
匹配	
水体	水体
	城市居住地
城市和建成地	城市商业地

续表

参考影像		待分类影像
		城市工业地
落叶林		
针叶林		森林
混合森林		
		庄稼地
农业用地		牧场
	不匹配	
开阔土地		庄稼地
密集的居住区		森林
条带状发展地区		城市和城镇
水体		湖泊与河流
粗糙不平的土地		分散土地
道路和高速公路		

13.4.5　漏分误差和错分误差

误差矩阵能反映各类别的漏分误差和错分误差（表 13.4）。漏分误差（error of omission，EO）是指对于参考影像上某种类型，被错分为其他不同类型的概率。而错分误差（error of commission，EC）是指对于待分类影像上的某一类型，其与参考影像类型不同的概率。某一类别的错分误差有时也是另一类别的漏分误差。漏分误差和错分误差有本质上的区别，否则只要将漏分像元全部指定为森林类别，就可实现森林类别 100%的精确。但从误差表（表 13.4）中说明这样做是毫无意义的，因为两种误差是平衡的。

表 13.4　漏分误差和错分误差

		待分类影像									
		城市	作物	山地	水体	森林	裸地	总计	制图精度/%	漏分误差/%	错分误差/%
参考影像	城市	150	21	9	7	17	30	234	64.1	35.9	39.5
	作物	0	730	93	14	115	21	973	75.0	25.0	25.4
	山地	33	121	320	23	54	43	594	53.9	46.1	29.0
	水体	3	18	11	83	8	3	126	65.9	34.1	38.1
	森林	23	81	12	4	350	13	483	72.5	27.5	36.9
	裸地	39	8	15	3	11	115	191	60.2	39.8	48.9
	总计	248	979	451	134	555	225	1748			
	用户精度/%	60.5	74.6	71.0	61.9	63.1	51.1				

从用户角度来看，误差矩阵表示的是“用户精度”（consumer’s accuracy，CA），“用户精度”指从分类结果中任取一个随机样本，其所具有的类型与地面实际类型相同的条件概率；而从分析人员角度来看，误差矩阵表示的是“制图精度”（producer’s accuracy，PA），表示相

对于检验数据中的任意一个随机样本，待分类影像上同一地点的分类结果与其相一致的条件概率。两者之间的区别在于误差评价的角度不同。例如，以表 13.4 的数据来说，森林类别的制图精度是 350/483 或 72.5%，而它的用户精度是 350/555 或 63.1%。用户精度用来说明待分类影像的可信度，例如，告诉用户分类图中森林类别有 63.1%是与地面上的森林区域相对应的，即待分类影像上森林类别的可信度为 63.1%。制图精度是用来告知执行分类的分析人员，地面的森林区域中有 72.5%是正确分类的，即森林类别的分类正确率为 72.5%。

13.5　误差矩阵的应用

13.5.1　误差矩阵表示的误差

表 13.1 是一个误差矩阵的例子。误差矩阵最右边的总和列表示参考影像上每种类别的像元总数，最底下的总和行表示待分类影像上每种类别的像元总数。从左上角延伸到右下角的一系列值叫主对角线，主对角线表示了分类正确的像元数量。每一行中非对角线的值是这一行所代表类别的漏分误差。例如，当读第 3 行（表 13.1）时，可以知道山地类别被划归为其他类别的像元数量，即划归城市的是 33 个，农田 121 个，水体 23 个，森林 54 个，以及裸地 43 个，可见山地类别最有可能被误划归为农田（121 个）。这些都是漏分误差，是分析人员在分类过程中错误地将真正的山地遗漏了。

相反，每一列上除对角线以外的值表示的是错分误差。以山地类别为例，错分误差是指将其他类别错误地划归为山地类别。通过读第 3 列的值我们可以知道这些误差（表 13.1），其中城市误分为山地的像元数是 0 个，农田 93 个，水体 11 个，森林 12 个，以及裸地 15 个。本例中漏分误差和错分误差都表明山地类别和农田类别容易混淆，即待评估分类影像上将这两种类别混淆的可能性很大。

表 13.4 是表示漏分误差和错分误差的矩阵。例如，土地利用图上有 234 个像元表示城市用地，其中有 150 个像元在待分类影像上被正确地划分为城市用地类别，制图精度是 64.1%。而城市用地类别 36%的像元（84 个像元）被误分为裸地及其他类别，这些值就是城市用地的漏分误差，即城市用地类别的漏分误差为 36%。在该例中，可以看出城市用地和裸地很容易混淆，这是城市用地分类误差的主要原因。

从漏分误差和错分误差的相对关系可以发现山地类别容易被分为城市用地类别，而很少有城市用地类别会误分为山地类别。误差矩阵反映了分类过程中产生的各种误差，并能反过来提高分类图的可信度及今后的分类精度。

13.5.2　正确率的概念

正确率是最广泛使用的精度测量方法之一，它表示影像上或者样本中正确分类像元占总像元的比例。正确率的计算也很简单，即误差矩阵对角线上（正确分类）的像元数目总和，除以整个影像或样本总的像元数，就可以得到分类的正确率（表 13.1）。

正确率是一种简单的精度测量方法，表示分类的精度。一般认为用于资源管理的土地利用数据要求达到 85%以上的正确率。同时土地利用图的正确率与比例尺也有关，分别为 85%（1∶24000），77%（1∶100000），和 73%（1∶250000）。

正确率只能表示分类的相对有效性，但如果没有对整个误差矩阵进行检验的话，正确率并不能提供令人信服的分类精度。正确率的完整评价应该针对分类的各类别，例如，对主要由开放水域组成的地面进行分类时，很容易得到很高的正确率，因为开放水域易于正确分类。但有些类别的精度却很低，因为不容易准确确定其类别。一般类别越简单，分类精度就越高，但分类的类别详细程度取决于用户的需要。

正确理解分类精度，需要考虑 5 个方面：①分类决策的正确率。②能正确分类的类别比例。③各类别的分类正确率。④某类别分类是过多还是过少。⑤误差是否随机分布。因此除了分类正确率外，还要通过检验完整的误差矩阵，才能解决以上分类误差问题。

13.5.3　Kappa 分析

Kappa 分析是一种定量评价待分类影像与参考影像之间一致性或精度的方法。它采用离散的多元方法，更加客观地评价分类质量，克服了误差矩阵过于依赖样本和样本数据的采集过程。该方法于 1980 年引入遥感分类评价领域，其公式为

$$K_{\text{hat}} = \frac{\text{观察值} - \text{期望值}}{1 - \text{期望值}} \tag{13.1}$$

这个公式是在 Bishop 等（1975）所提出的完整公式的基础上简化得到。其中“观察值”等于正确率值，即误差矩阵对角线像元总计除以总样本像元数；“期望值”是用分类误差矩阵行列边缘总计值的乘积所构建的新误差矩阵，再用新矩阵的对角线元素总计除以总像元数，这个计算方法与正确率的计算方法相同，得到的值相当于“期望”正确率值。表 13.5 是一个计算 K_{hat} 的例子。

表 13.5　Kappa 的计算

第一部分：计算观测的正确率

	待分类影像			
参考影像	35	14	11	1
	4	11	3	0
	12	9	38	4
	2	5	12	2

总像元数=163

正确像元总数=86

观测正确率=86/163=0.528

第二部分：计算预期正确率

$$\text{预期正确率} = \frac{\text{对角线元素总和}}{\text{所有矩阵元素总和}} = \frac{8114}{26569} = 0.305$$

第三部分：用第一部分和第二部分计算来的数据计算 K 的估计值

$$K\text{的估计值} = \frac{\text{观测正确率} - \text{预期正确率}}{1 - \text{预期正确率}} = \frac{0.528 - 0.305}{1 - 0.305} = \frac{0.223}{0.695} = 0.321$$

K_{hat} 既考虑了误差矩阵对角线上正确分类的像元，同时也考虑了漏分误差和错分误差，即包含了分对角线元素的信息（行列边缘总计值的乘积）。它利用误差矩阵的总体精度、用户精度、制图精度等信息综合测度分类结果与参考图之间的一致性。

K_{hat} 实质上是通过正确率与随机分配像元类别结果的比较来衡量的。因此 K_{hat}=0.83，可

以解释为分类得到的结果比随机分配像元类别的结果要精确 83%。

K_{hat} 用于调整分类的"正确率"，以估计吻合度的贡献。因此，K_{hat}=0.83 可以解释为分类精度比把像元随机分配到不同类别中的预期精度高 83%。一方面，当正确率接近 100%，随机吻合度趋于 0 时，K_{hat} 的值就接近 1.0，它表示分类的有效性近乎完美（表 13.5）。另一方面，如果随机吻合度增加而正确率下降，K_{hat} 会呈现出负值。

长期以来不少学者对于分类精度的评价进行了研究。研究结论认为，K_{hat}>0.8（即 80%）认为待评估分类图与地面参考图之间有很好的一致性，即分类精度很高；K_{hat} 值在 0.4～0.8，表示待分类影像与地面参考影像之间的一致性中等；K_{hat}<0.4（即 40%）认为待分类影像与参考影像之间一致性很差。任何负的 K_{hat} 值都表示分类效果差，但负值的范围取决于待评价的误差矩阵，因此负值大小并不能表示分类效果。

K_{hat} 比总体精度（或正确率）能尽可能多地从误差矩阵中搜集误差信息，因此其与总体精度并不一致。例如，总体精度为 89.79%，K_{hat} 值为 85.81%。一般总体精度越高，K_{hat} 值就越接近于 1。当总体精度接近 100%，K_{hat} 值接近 1.0，表示分类有效性近乎完美。

在遥感分类应用研究中，一般精度评价应同时计算正确率和 K_{hat}，以便得到全面的分类精度信息。K_{hat} 系数也可用于：①比较误差矩阵表示的分类结果与随机分类结果一致性。②比较两个相似分类误差矩阵（由同样类别组成）的差异。

有学者（Foody，1992；Ma and Redmond，1995）建议使用 Γ 统计量来作为 K_{hat} 的改进。Γ 方法类似于 Kappa 统计法，但它是基于分类前概率，而 K_{hat} 计算是使用分类后观察的值。

13.5.4 误差矩阵的比较

误差矩阵的比较分析可以评价不同影像的解译效果。对某个区域而言，不同时间的影像形成的分类数据、应用不同的分类程序形成的分类数据，或者是由不同的分析人员监督下得到的分类数据，通过误差矩阵的比较，就能确定最适合某分类目标的影像数据类型、数据获取时间、预处理过程，分类方法等。

表 13.6 是某个区域采用两种分类方法分类后得到的误差矩阵，其中一个用的是欧几里得距离分类器，而另一个用的是平行算法分类器。通过误差矩阵的比较可以看出，不论是从正确率还是 K_{hat}，都显示平行算法分类更为精确。有时直接对比误差矩阵的每一项也是非常有用的，但当非对角线元素比较多时，直接比较两个误差矩阵也是很困难的。

有学者（Congalton，1991）通过误差矩阵的正态化方法，解决了这个问题。正态化就是一个迭代程序，它通过不断变更矩阵内元素的值使得最终的总计行列值全部成为 1。因此，一个完美分类的误差矩阵应该对角线和总计行列要素都由 1 组成，而其他的矩阵元素都是 0。但对于实际分类而言，误差矩阵的对角线值都小于 1，非对角线元素的值都大于 0，并与原来误差矩阵的误差值成正比，满足总计行列值等于 1 的约束条件（表 13.6）。

表 13.6 标准化矩阵示例

	欧氏距离分类							
	城市用地	农业用地	道路用地	森林	水体	湿地	裸地	1.00
城市用地	0.28	0.44	0.04	0.11	0.03	0.02	0.08	1.00
农业用地	0.05	0.42	0.32	0.09	0.02	0.03	0.097	1.00
道路用地	0.02	0.04	0.58	0.06	0.02	0.23	0.05	1.00

续表

				欧氏距离分类				
森林	0.46	0.04	0.01	0.39	0.02	0.02	0.06	1.00
水体	0.06	0.04	0.01	0.11	0.68	0.02	0.08	1.00
湿地	0.05	0.01	0.02	0.09	0.11	0.65	0.07	1.00
裸地	0.08	0.01	0.02	0.15	0.12	0.03	0.59	1.00
	1.00	1.00	1.00	1.00	1.00	1.00	1.00	
				平行算法分类				
	城市用地	农业用地	道路用地	森林	水体	湿地	裸地	
城市用地	0.45	0.23	0.03	0.08	0.05	0.05	0.08	1.00
农业用地	0.07	0.59	0.14	0.06	0.05	0.03	0.06	1.00
道路用地	0.04	0.03	0.69	0.04	0.04	0.12	0.04	1.00
森林	0.12	0.04	0.04	0.54	0.09	0.06	0.11	1.00
水体	0.11	0.04	0.03	0.09	0.58	0.06	0.09	1.00
湿地	0.09	0.03	0.03	0.08	0.07	0.62	0.08	1.00
裸地	0.12	0.04	0.04	0.11	0.09	0.06	0.54	1.00
	1.00	1.00	1.00	1.00	1.00	1.00	1.00	

正态化过程，即迭代成比例适应（iterative proportional fitting）很难简单地描述或手工计算。误差矩阵中每个单元的值不断增加或减少，以保证总计行列值越来越接近 1。当总计行列值达到离 1 极小的区间时，程序停止。有学者（Congalton，1983）用程序计算形成了如表 13.6 中的两个标准误差矩阵。正态化误差矩阵的验证表明，平行算法分类器比欧氏距离分类器更适合农业用地分类。

正态化误差矩阵过程中，为了完成精度评价需要编辑大量的样本数据，而收集足够的参考样本数据代价很大也很费时，因此在实例中，即使已经确定了 186 个样本点，但每个类别的样本数还是不足以进行严格的分类精度评价。这也说明了正态化误差矩阵程序不适合实际应用的原因。

思 考 题

假设有误差矩阵 A 和 B，它们是同一地区不同影像数据或不同分析人员进行分类后所形成的误差矩阵。

误差矩阵 A

		土地利用分类影像					
		城市	农业	山地	森林	水体	总计
参考影像	城市	146	4	31	2	31	214
	农业	23	715	127	19	85	969
	山地	9	93	310	11	10	433
	森林	7	21	26	81	6	141
	水体	19	119	57	10	338	543
	总计	204	952	551	123	470	2300

误差矩阵 B

		土地利用分类影像					
		城市	农业	山地	森林	水体	总计
参考影像	城市	150	0	33	3	23	209
	农业	21	730	121	18	81	971
	山地	9	93	320	11	12	445
	森林	7	14	23	83	4	131
	水体	17	115	54	8	350	544
	总计	204	952	551	123	470	2300

依据误差矩阵 A 和 B，回答下列问题。

1. 误差矩阵 A 中，土地利用分类影像上哪种类别的土地类型空间范围最大？参考影像中的哪种类别的土地类型空间范围最大？
2. 误差矩阵 A 中，哪种类别的土地类型错分误差最高？
3. 误差矩阵 A 中，哪种类别的土地类型最容易和农业用地相混淆？
4. 在误差矩阵 A 中，哪种类别的土地类型分类精度最高？哪种类别的土地类型分类精度最低？
5. 在误差矩阵 A 中，哪种类别的土地类型漏分误差最高？
6. 请问哪幅影像分类比较准确？计算它们的 Kappa 系数。
7. 再次比较误差矩阵 A 和 B。如果要想使农业用地分类精度比较高，你会选择哪幅影像？如果要使森林类别的分类精度高，你又会选择哪幅影像？
8. 如果没有有效的评价遥感影像分类精度的方法，会有什么后果？
9. 误差矩阵 A 和 B 的数据可以来自整幅影像，也可以是参考影像和土地利用分类影像上的样本像元。比较这两种方法的优点和缺点。

主要参考文献

柏延臣，冯学智，李新，等. 2001. 基于被动微波遥感的青藏高原雪深反演及其结果评价. 遥感学报，5（3）：161-165

曹梅盛，李新，陈贤章，等. 2006. 冰冻圈遥感. 北京：科学出版社

常庆瑞，蒋平安，周勇，等. 2004. 遥感技术导论. 北京：科学出版社

陈俊勇，胡建国，晁定波，等. 1998. 国际大地测量技术的新发展. 北京：测绘通报，（1）：2-4

陈良富，尚华哲，范萌，等.2021. 高分五号卫星大气参数探测综述. 遥感学报，25（9）：1917-1931

陈良富，徐希孺，张仁华. 1998. 地表温度遥感反演的现状与发展趋势. 地理科学进展，17（增刊）：208-215

陈钦峦，陈丙咸，严蔚芸，等. 1989. 遥感与象片判读. 北京：高等教育出版社

陈述彭. 1990. 遥感大辞典. 北京：科学出版社

陈述彭. 1995. 地球信息科学与区域可持续发展. 北京：测绘出版社

陈述彭，童庆禧，郭华东. 1998. 遥感信息机理研究. 北京：科学出版社

陈述彭，赵英时. 1990. 遥感地学分析. 北京：测绘出版社

陈轶，郑福海，张南雄，等. 1999. 星载微波遥感对中国 1998 年洪涝的观测统计研究. 电波科学学报，14（3）：241-245

党安荣，王晓栋，陈晓峰，等. 2003. ERDAS IMAGINE 遥感图像处理方法. 北京：清华大学出版社

邓薇，郭晗. 2017. 风云四号卫星. 卫星应用，（1）：86

杜培军，夏俊士，薛朝辉，等. 2016. 高光谱遥感影像分类研究进展. 遥感学报，20（2）：236-256

范海生，马蔼乃，李京. 2001. 采用图像差值法提取土地利用变化信息方法：以攀枝花仁和区为例. 遥感学报，5（1）：75-80

房宗绯，邓明德，钱家栋，等. 2000. 无源微波遥感用于地震预测及物理机理研究. 地球物理学报，43（4）：464-470

宫鹏. 2009. 遥感科学与技术中的一些前沿问题. 遥感学报，13（1）：13-23

郭德方. 1987. 遥感图象的计算机处理和模式识别. 北京：电子工业出版社

郭华东. 2001. 对地观测技术与可持续发展. 北京：科学出版社

韩春明，郭华东，王长林. 2002.一种新型雷达图像边缘提取技术. 遥感学报，6（6）：485-489

胡秀清，卢乃锰，邱红. 2006. FY-1C/1D 全球海上气溶胶业务反演算法研究. 海洋学报，28（2）：56-65

胡著智，王慧麟，陈钦峦. 1998. 遥感技术与地学应用. 南京：南京大学出版社

黄韦艮，张鸿翔. 1995. 美国 SeaStar 海洋水色卫星简介. 国土资源遥感，7（1）：41-44，6

姜景山. 1999. 面向 21 世纪的中国微波遥感技术发展. 中国工程科学，1（2）：78-81

黎夏. 1992. 悬浮泥沙遥感定量的统一模式及其在珠江口中的应用. 环境遥感，7（2）：106-196

李德仁，李明. 2014. 无人机遥感系统的研究进展与应用前景. 武汉大学学报（信息科学版），39（5）：505-513，540

李四海，恽才兴. 2001. 河口表层悬浮泥沙气象卫星遥感定量模式研究. 遥感学报，5（2）：154-160

李小文，万正明. 1998. 互易原理在二向反射研究中的适应性. 自然科学进展，8（2）：281-300

李小文，汪骏发，王锦地，等. 2001. 多角度与热红外对地遥感. 北京：科学出版社

李小文，王锦地. 1995. 植被光学遥感模型与植被结构参数化. 北京：科学出版社
李小文，王锦地. 1999. 地表非同温象元发射率的定义问题. 科学通报，44（15）：1612-1617
李焱磊，刘静博，刘文成，等. 2023. 一种用于多视角雷达图像配准的改进 RIFT 算法. 信号处理，39（9）：1633-1650
梁顺林，李小文，王锦地. 2013. 定量遥感：理念与算法. 北京：科学出版社
刘春，陈华云，吴杭彬.2010. 激光三维遥感的数据处理与特征提取. 北京：科学出版社
刘纪远. 1996. 中国资源环境遥感宏观调查与动态研究. 北京：中国科学技术出版社
刘良明. 2005. 卫星海洋遥感导论. 武汉：武汉大学出版社
龙飞，赵英时. 2002. 多角度 NOAA 卫星数据地面 BRDF 反射率的大气校正. 遥感学报，6（3）：173-178
吕国楷，洪启旺，郝允充，等. 1995. 遥感概论. 修订版. 北京：高等教育出版社
马蔼乃. 1984. 遥感概论. 北京：科学出版社
马蔼乃. 1997. 遥感信息模型. 北京：北京大学出版社
梅安新，彭望琭，秦其明，等. 2001. 遥感导论. 北京：高等教育出版社
牛铮，陈永华，隋洪智，等. 2000. 叶片化学组分成像光谱遥感探测机理分析. 遥感学报，（4）：125-130
彭望琭，白振平，刘湘南，等. 2021. 遥感概论. 2 版. 北京：高等教育出版社
浦瑞良，宫鹏. 2000. 高光谱遥感及其应用. 北京：高等教育出版社
钱乐祥，等. 2004. 遥感数字影像处理与地理特征提取. 北京：科学出版社
秦其明. 1993. TM 图像特征抽取研究//冯恩波. 中国博士后首届学术大会论文集. 北京：国防工业出版社
覃志豪，高懋芳，秦晓敏，等. 2005. 农业旱灾监测中的地表温度遥感反演方法. 自然灾害学报，14（4）：64-71
仇肇悦，李军，郭密俊. 1998. 遥感应用技术. 武汉：武汉测绘科技大学出版社
施润和. 2006. 高光谱数据定量反演植物生化组分研究. 北京：中国科学院地理科学与资源研究所学位论文
舒宁. 2000. 微波遥感原理. 武汉：武汉测绘科技大学出版社
孙家抦. 2003. 遥感原理与应用. 武汉：武汉大学出版社
孙伟伟，杨刚，陈超，等. 2020. 中国地球观测遥感卫星发展现状及文献分析. 遥感学报，24（5）：479-510
汤国安，张友顺，刘咏梅，等. 2004. 遥感数字图像处理. 北京：科学出版社
唐新明，周平. 2013. 中国首颗民用测绘卫星——“资源三号”数据处理和应用. 中国科学院院刊，(z1)：98-106
童庆禧. 1990. 中国典型地物波谱及其特征分析. 北京：科学出版社
童庆禧，张兵，张立福. 2016. 中国高光谱遥感的前沿进展. 遥感学报，20（5）：689-707
童庆禧，张兵，郑兰芬. 2006. 高光谱遥感：原理、技术与应用. 北京：高等教育出版社
万余庆，谭克龙，周日平. 2006. 高光谱遥感应用研究. 北京：科学出版社
王人潮，黄敬峰. 2002. 水稻遥感估产. 北京：中国农业出版社
徐冠华. 1999. 构筑数字地球：促进中国和全球可持续发展. 遥感信息，14（4）：1015-1018.
徐冠华，柳钦火，陈良富，等. 2021. 遥感与中国可持续发展：机遇和挑战. 遥感学报，20（5）：679-688
徐兴奎，田国良. 2000. 中国地表积雪动态分布及反照率的变化. 遥感学报，4（3）：178-182
杨彬，毛银，陈晋，等. 2023. 深度学习的遥感变化检测综述：文献计量与分析. 遥感学报，27（9）：1988-2005
杨清华，齐建伟，孙永军. 2001. 高分辨率卫星遥感数据在土地利用动态监测中的应用研究. 国土资源遥感，50（4）：20-27，68
姚展予，王广河，游来光，等. 2001. 寿县地区云中液态水含量的微波遥感. 应用气象学报，12（S1）：88-95
詹庆明，肖应辉. 1999. 城市遥感技术. 武汉：武汉测绘科技大学出版社
张兵. 2017. 当代遥感科技发展的现状与未来展望. 中国科学院院刊，32（7）：774-784

张俊荣. 1997. 我国微波遥感现状及前景. 遥感技术与应用，12（3）：59-65

张良培，沈焕锋. 2016. 遥感数据融合的进展与前瞻. 遥感学报，20（5）：1050-1061

张良培，张立福. 2005. 高光谱遥感. 武汉：武汉大学出版社

张永生. 2000. 遥感图象信息系统. 北京：科学出版社

张永生，王仁礼. 1999. 遥感动态监测. 北京：解放军出版社

张云华. 1997. 海洋综合微波遥感技术. 电子科技导报，(2)：27-29

赵英时，等. 2013. 遥感应用分析原理与方法. 2 版. 北京：科学出版社

郑兰芬，王晋年. 1992. 成像光谱遥感技术及其图像光谱信息提取分析研究. 环境遥感，7（1）：49-58，84

郑威，陈述彭. 1995. 资源遥感纲要. 北京：科学技术出版社

周成虎，骆剑承，杨晓梅，等. 1999. 遥感影像地学理解与分析. 北京：科学出版社

周军其，叶勤，邵永社，等. 2014. 遥感原理与应用. 武汉：武汉大学出版社

朱述龙，张占睦. 2000. 遥感图象获取与分析. 北京：科学出版社

庄逢甘，陈述彭. 1997. 卫星遥感与政府决策. 北京：宇航出版社

Bernstein B A L S，Robertson D C. 1989. MODTRAN：A Moderate Resolution Model for LOWTRAN7. Hanscom：US Air Force Geographysics Laboratory

Bishop Y M M，Fienberg S E，Holland P W. 1975. Discrete Multivariate Analysis：Theory and Practice. Cambridge：MIT Press

Campbell B A，Shepard M K.2003.Coherent and incoherent components in near-nadir radar scattering：Applications to radar sounding of Mars. Journal of Geophysical Research：Planets，108（E12）：5132-5145

Campbell J B. 1981. Spatial correlation effects upon accuracy of supervised classification of land cover. Photogrammetric Engineering and Remote Sensing. 47：355-363

Campbell J B. 2002. Introduction to Remote Sensing. 3rd ed. New York：The Guilford Press

Carper W R，Lillesand T M，Kiefer R.1990. The use of intensity-hue-saturation transformations for merging SPOT panchromatic and multispectral image data. Photogrammetric Engineering and Remote Sensing，56：457-467

Carter D B. 1998. Analysis of multi-resolution data fusion techniques. Blacksburg：Virginia Polytechnic Institute and State University

Chavez P S ，Sides S C，Anderson J A. 1991. Comparsion of three different methods to merge multi-resolution and multi-spectral data：Landsat TM and SPOT. Panchromatic Photogrammetric Engineering and Remote Sensing，57：265-303

Colcord J E. 1981. Thermal imagery energy surveys. Photogrammetric Engineering and Remote Sensing，47（2）：237-240

Colvocoresses A P. 1974. Space Oblique Mercator，a new map projection of the Earth. Photogrammetric Engineering and Remote Sensing，40：921-926

Congalton R G. 1983. The use of discrete multivariate techniques for assessment of Landsat classification accuracy. Blacksburg：Virginia Polytechnic Institute and State University

Congalton R G. 1991. A review of assessing the accuracy of classifications of remotely sensed data. Remote Sensing of Environment，37（1）：35-46

Cook R，Connell I M，Oliver C. 1994. MUM （Merge Using Moments） segmentation for SAR images. SAR Data Processing for Remote Sensing，23（16）：92-103

Curran P J. 1989. Remote sensing of foliar chemistry. Remote Sensing of Environment，30（3）：271-278

Davis J C. 1986. Statistics and Data Analysis in Geology. 3rd ed. New York：John Wiley & Sons

Duda R O，Hart P E. 1973. Pattern Classification and Scene Analysis. New York：John Wiley & Sons

Fjortoft R，Lopes A，Marthon P，et al. 1998. An optimal multiedge detector for SAR image segmentation. IEEE Transactions on Geoscience and Remote Sensing，36（3）：793-802

Floyd F，Sabins J R. 1978. Remote Sensing Principles and Interpretation. 2nd ed. New York：W.H. Freeman and Company

Foody G M.1992. On the compensation for chance agreement in image classification accuracy assessment. Photogrammetric Engineering and Remote Sensing. 58（12）：1459-1460

Gillespie A R，Kahle A B. 1978. Construction and interpretation of a digital thermal inertia image. Photogrammetric Engineering and Remote Sensing，43（8）：983-1000

Goldstein R M，Zebker H A，Werner C L. 1988. Satellite radar interferometry：Two dimensional phase unwrapping. Radio Science，23（4）：713-720

Hixson M，Scholz D，Fuhs N，et al. 1980. Evaluation of several schemes for classification of remotely sensed data. Photogrammetric Engineering and Remote Sensing，45（10）：1143-1149

Hudson R D. 1969. Infrared System Engineering. New York：John Wiley & Sons

Jiménez-Munoz J C，Sobrino J A. 2003. A generalized single-channel method for retrieving land surface temperature from remote sensing data. Journal of Geophysical Research，108（D22）：1-9

Kneizys F X，Shettle E P，Abreu L W，et al. 1988. Users Guide to LOWTRAN7. Hanscom：US Air Force Geographysics Laboratory

Kosko B，Isaka S. 1993. Fuzzy logic. Scientific American，269（1）：76-81

Leckie A，Donald G. 1982. An Error analysis of thermal infrared line-scan data for quantitative studies. Photogrammetric Engineering and Remote Sensing，48（9）：945-954

Lillesand T M，Kiefer R W. 1994. Remote Sensing and Image Interpretation. 3rd ed. New York：John Wiley & Sons

Lougeay R. 1982. Landsat thermal imaging of alpine regions. Photogrammetric Engineering and Remote Sensing，48（2）：269-273

Ma Z K，Redmond R. 1995. Tau coefficients for accuracy assessment of classification of remote sensing data. Photogrammetric Engineering and Remote Sensing，61（7）：435-439

Mountrakis G I J，Ogole C. 2011. Support vector machines in remote sensing：A review. ISPRS Journal of Photogrammetry and Remote Sensing，66（3）：247-259

Nyberg J，PeEri S，Catoire S，et al. 2020. An overview of the NOAA ENC re-scheming plan. The International Hydrographic Review，24：7-20

Oliver C，Blacknell D，White R G. 1996. Optimum edge detection in SAR.IEEE Proceedings：Radar，Sonar，and Navigation，143（1）：31-40

Parker D C，Wolff M F. 1965. Remote sensing. International Science and Technology，43：20-31

Ranchin T，Wald L. 2000. Fusion of high spatial and spectral resolution images：The ARSIS concept and its implementation. Photogrammetric Engineering and Remote Sensing，66（1）：49-61

Snyder J P. 1981. Map projections for satellite tracking. Photogrammetric Engineering and Remote Sensing，47（2）：205-213

Strahler A H. 1980. The use of prior probabilities in maximum likelihood classification of remotely sensed data. Remote Sensing of Environment，10（2）：135-163

Switzer P，Kowalik W，Lyon R J P. 1981. Estimation of Atmospheric Path-Radiance by the covariance Matrix Method. Photogrammetric Engineering and Remote Sensing，47（10）：1469-1476

Tompkins S，Mustard J F，Pieters C M，et al. 1993. Objective determination of image end-members in spectral mixture analysis. Lunar and Planetary Science Conference，75：177-180

Toth C，Jozkow G. 2016. Remote sensing platforms and sensors：A survey. ISPRS Journal of Photogrammetry and Remote Sensing，115：22-36

Tupin F，Maitre H，Mangin J F，et al.1998. Detection of linear features in SAR images：Application to road network extraction. IEEE Transactions on Geoscience and Remote Sensing，36（2）：434-453

Wald L，Ranchin T，Mangolini M. 1997. Fusion of satellite images of different spatial resolutions：Assessing the quality of resulting images. Photogrammetric Engineering and Remote Sensing，63（4）：691-699

Weast R C. 1986. CRC Handbook of Chemistry and Physics. Boca Raton：CRC Press

Yuan Q Q，Shen H F，Li T W，et al. 2020. Deep learning in environmental remote sensing：Achievements and challenges. Remote Sensing of Environment，241：111-117

Zhou Y Y，Smith S J，Elvidge C D，et al. 2014. A cluster-based method to map urban area from DMSP/OLS nightlights. Remote Sensing of Environment，147：173-185